全国交通土建高职高专规划教材

Gonglu Shigong Jianli

公路施工监理

唐杰军　蒋　玲　主编
巩德胜[中国交通建设监理协会]　主审

人民交通出版社

内 容 提 要

本书为全国交通土建高职高专规划教材，全书共分6篇，第一篇为监理概论，主要介绍公路工程施工监理的基本概念、监理的组织模式、监理的基本要求等内容；第二篇是公路工程质量监理的内容，分别介绍了路基、路面、桥涵和隧道工程施工质量监理，交通工程及机电设施施工质量监理和交工及缺陷责任期的质量监理等内容；第三篇主要介绍公路工程进度监理的内容；第四篇主要介绍了公路工程费用监理的内容；第五篇主要介绍了工程监理信息管理；第六篇主要介绍了工程项目安全监理与环境监理等内容。

本书既可作为工程监理专业教材，也可作为交通土建类相关专业及公路工程施工监理人员参考用书。

图书在版编目（CIP）数据

公路施工监理/唐杰军，蒋玲主编．—北京：人民交通出版社，2006.9（重印 2007.7）
21世纪交通版全国交通土建高职高专规划教材
ISBN 978-7-114-06150-9

Ⅰ.公...　Ⅱ.①唐...②蒋...　Ⅲ.道路工程-工程施工-监督管理-高等学校：技术学校-教材
Ⅳ.U415.1

中国版本图书馆 CIP 数据核字（2006）第 105861 号

全国交通土建高职高专规划教材
书　　名：公路施工监理
著 作 者：唐杰军 蒋 玲
责任编辑：卢仲贤
出版发行：人民交通出版社
地　　址：（100011）北京市朝阳区安定门外外馆斜街3号
网　　址：http://www.ccpress.com.cn
销售电话：（010）59757973
总 经 销：人民交通出版社发行部
经　　销：各地新华书店
印　　刷：大厂回族自治县正兴印务有限公司
开　　本：787 × 1092　1/16
印　　张：17
字　　数：411千
版　　次：2006年9月　第1版
印　　次：2019年8月　第9次印刷
书　　号：ISBN 978-7-114-06150-9
定　　价：30.00元

全国交通土建高职高专规划教材编审委员会

总　　序

针对高职高专教材建设与发展问题,教育部在《关于加强高职高专教材建设的若干意见》中明确指出:先用2至3年时间,解决好高职高专教材的有无问题。再用2至3年时间,推出一批特色鲜明的高质量的高职高专教育教材,形成**一纲多本、优化配套**的高职高专教育教材体系。

2001年7月,由人民交通出版社发起组织,15所交通高职院校的路桥系主任和骨干教师相聚昆明,研讨交通土建高职高专教材的建设规划,提出了28种高职高专教材的编写与出版计划。后在交通部科教司路桥工程学科委员会的具体指导下,在人民交通出版社精心安排、精心组织下,于2002年7月前完成了28种路桥专业高职高专教材出版工作。

这套教材的出版发行,首先解决了交通高职教育教材的有无问题,有力支持了路桥专业高职教育的顺利发展,也受到了全国各高职院校的普遍欢迎。

随着高职教育教学改革的深入发展、高职教学经验的丰富与积累,以及本行业有关技术标准、规范的更新,本套教材在使用了2至3轮的基础上,对教材适时进行修订是十分必要的,时机也是成熟的。

2004年8月,人民交通出版社在新疆乌鲁木齐召开了有19所交通高职院校领导、系主任、骨干教师共41人参加的教材修订研讨会。会议商定了本套教材修订的基本原则、方法和具体要求。会议决定本套教材更名为"交通土建高职高专统编教材",并成立了以吉林交通职业技术学院张洪滨为主任委员的"交通土建高职高专统编教材编审委员会",全面负责本套教材的修订与后续补充教材的建设工作。

2005年6月,编委会在长春召开了同属交通土建大类、与路桥专业链接紧密的"工程监理专业、工程造价专业、高等级公路维护与管理专业"主干课程教材研讨会,正式规划和启动了这三个专业教材的编写出版工作。

2005年12月,教育部高等教育司发布了"关于申报普通高等教育'十一五'国家级规划教材"选题的通知(教高司函[2005]195号),人民交通出版社积极推荐本套教材参加了"十一五"国家级规划教材选题的评选。

2006年6月,经教育部组织专家评选、网上公示,本套教材中有十五种入选为"十一五"国家级规划教材,2008年1月,又有六种教材在"十一五"国家级规划教材补报中列选,共计21种,标志着广大参与本套教材编写的教师的辛勤劳动得到了社会的认可、本套教材的编写质量得到了社会的认同。

2006年7月,交通土建高职高专统编教材编审委员会及时在银川召开会议,有24所各省区交通高职院校或开办有交通土建类专业的高等学校系部主任、专业带头人、骨干教师以及人民交通出版社领导共39位代表出席了本次会议。会议就全面落实教育部"十一五"国家级规划教材的编写工作进行了研讨。与会代表一致认为必须以入选的十五种国家级规划教材为基本标准,进一步全面提升本套教材的编写质量,编审委员会将严格按照国家级规划教材的要求审稿把关,并决定本套教材更名为**"全国交通土建高职高专规划教材"**,原编委会相应更名为**"全国交通土建高职高专规划教材编审委员会"**。以期在全国绝大多数交通高职院校和开办有交通土建类专业的高等院校的参与、统筹、规划下,本套教材中有更多的进入"十一五"国家级规划教材行列。

2007年5月,编委会在湖南长沙召开工作会议,就"十一五"国家级规划教材主参编人员的确定和教材的编写原则作出了具体安排,全面启动"十一五"国家级规划教材的编写与出版工作。

2008年4月,编委会在广东珠海召开工作会议,研讨了**"工学结合"**高职高专教材编写思路,决定在"十一五"国家级规划教材编写过程中,注重高职教学改革新方向,注重工程实践经验的引入,倡导**"工学结合"**。

本套高职高专规划教材具有以下特色:

——顺应交通高职院校人才培养模式和教学内容体系改革的要求,按照专业培养目标,进一步加强教材内容的针对性和实用性,适应学制转变,合理精简和完善内容,调整教材体系,贴近模块式教学的要求;

——实施开放式的教材编审模式,聘请高等院校知名教授和生产一线专家直接介入教材的编审工作,更加有利于对教材基本理论的严格把关,有利于反映科研生产一线的最新技术,也使得技能培训与实际密切结合;

——全面反映2003年以来的公路工程行业已颁布实施的新标准、规范;

——服务于师生、服务于教学,重点突出,逐章均配有思考题或习题,并给出本教材的参考教学大纲;

——注重学生基本素质、基本能力的培养,教材从内容上、形式上力求更加贴近实际;

——为加强学生的实际动手能力,针对《工程测量》、《道路建筑材料》等课程,本套教材特别配套有实训类辅导教材;

——为方便教学,本套教材配套有《道路工程制图多媒体教材》、《公路工程试验实训多媒体教材》、《路基路面施工与养护技术多媒体教材》、《桥涵设计多媒体教材》、《桥涵施工技术多媒体教材》、《现代道路测量仪器与技术多媒体教材》等。

本套教材的出版与修订再版,始终得到了交通部科教司路桥工程学科委员会和全国交通职教路桥专业委员会的指导与支持,凝聚了交通行业专家、教师群体的智慧和辛勤劳动。愿我们共同向精品教材的目标持续努力。

向所有关心、支持本套教材编写出版的各级领导、专家、教师、同学和朋友们致以敬意和谢意。

全国交通土建高职高专规划教材编审委员会
人民交通出版社
2008年5月

前　言

目前，各省交通职业技术院校都把培养学生的职业技能作为首要目标，并且都开设有工程监理专业，而该专业的主干课程《公路施工监理》没有自己编写的教材，一直是以交通部1998年组织编写的公路工程监理工程师的培训教材，即《监理概论》、《工程进度监理》、《工程质量监理》、《工程费用监理》、《合同管理》等5本培训教材作为学生的教学用书。而将此套培训教材用做在校学生的教学用书，各院校一直认为不合适，针对各高职院校所反映的上述情况，在2004年8月交通高职教材新疆会议上，交通土建高职高专统编教材编审委员会制订了本书的编写计划，交由湖南、南京、吉林等交通职业院校共同完成编写工作。

本书编写的目的在于详细介绍公路工程施工监理的基本原理、基本方法及监理的基本内容。在编写时参考了2006年交通部新颁布的《公路工程施工监理规范》、新出版的公路工程监理培训教材《公路施工环境保护监理》和《交通部公路、水运工程监理工程师执业资格考试大纲》(2004年版、2005年版、2006年版)，以使学生在学完该课程之后即能参加监理工程师的培训考试。本书共六篇，第一篇为监理概论，主要介绍公路工程施工监理的基本概念，监理的组织模式、监理的基本要求等内容；第二篇是公路工程质量监理的内容，分别介绍了路基工程施工质量监理、路面工程施工质量监理、桥涵工程施工质量监理、隧道工程施工质量监理、交通工程及机电设施施工质量监理和交工及缺陷责任期的质量监理等内容；第三篇主要介绍公路工程进度监理的内容，详细说明公路施工进度计划监理的方法；第四篇主要介绍了公路工程费用监理的内容；第五篇主要介绍了工程监理信息管理；第六篇主要介绍了工程项目安全监理与环境监理等内容。

本书由唐杰军、蒋玲担任主编，最后由唐杰军负责统稿。第一篇、第五篇、第二篇的第九章由湖南交通职业技术学院唐杰军编写；第二篇的第一章、第二章、第三章、第四章、第五章及第六篇由南京交通职业技术学院蒋玲编写；第二篇的第六章、第七章、第八章由南京交通职业技术学院沈秋雁编写；第三篇由湖南交通职业技术学院何湘宁编写；第四篇由吉林交通职业技术学院肖昆编写。

全国交通土建高职高专规划教材编审委员会特邀中国交通建设监理协会巩德胜(秘书长、高工)担任本书主审。

人民交通出版社2006年4月在贵阳召开审稿会，参加审稿会议的除了主编、参编外，还有贵州陆通监理公司总工程师古红兵(高级工程师)，他们为本书提出了许多修改意见；另外，本书在编写过程中得到湖南交通职业技术学院文德云老师的大力支持，尤其是文德云老师先后对本书提出了非常宝贵的意见，并进行三次修改审稿，在此深表感谢。

由于作者水平有限，加之时间仓促，书中不足乃至错误之处在所难免，恳请广大读者批评指正。

作　　者
2006年7月于长沙

目　　录

第一篇　监理概论

第二篇　工程质量监理

第三篇　工程进度监理

第四篇　工程费用监理

第五篇　工程监理信息管理

第一篇 监理概论

第一章 绪 论

第一节 我国公路工程施工监理的意义及必要性

一、我国公路工程施工监理的意义

自20世纪80年代后期以来，随着我国的改革开放和社会主义市场经济的不断发展，为适应按照国际惯例组织工程建设的需要，我国工程建设管理体制进行了重大改革，以项目法人负责制、工程招标制、工程监理制、项目合同管理制为代表的公路工程管理制度逐步建立，并在建设中实施。这项制度的建立和实施对全面管理工程建设活动，控制工程施工质量、施工工期和工程建设投资及安全生产，提高管理水平和投资效益，发挥了重要的作用。

公路工程施工监理是以《公路工程国内招标文件范本》(以下简称《范本》)的合同条件为基础，形成建设单位(业主)、施工单位(承包人)、监理单位(监理工程师)三方之间相互制约，且以监理单位为核心的管理新模式。该模式使建设参与各方的责、权、利更趋合理和明确，突破了传统的由建设单位“自编、自导、自演”的管理模式，促使工程建设项目管理向法制化、规范化、专业化、社会化方式转变；突出监理单位的管理作用，有利于减少建设单位与施工单位之间的争端和纠纷，提高管理水平，促使建设活动顺利进行。

二、我国实行工程监理制度的必要性

我国自建国以来到1978年十一届三中全会近30年时间里，主要实行的经济体制是高度集中的计划经济体制。这种计划经济运行机制存在着严重缺陷，如：①所有制形式过于单一；②权力过分集中；③分配上的平均主义；④忽视商品经济和价值规律的作用；⑤党政职能不分；⑥民主和法制建设不够；⑦官僚主义严重存在等。随着生产力的发展，计划经济体制的缺陷越来越清楚地显露出来，不适应社会生产力发展的需要，并严重地阻碍了社会生产力的发展。因此，经济体制的改革势在必行。

十一届三中全会以后，我国实施了改革开放的政策，确定逐步建立、完善社会主义市场经济体制，计划经济体制将被社会主义市场经济新体制所代替。

在中共十二大以后，国家把交通、能源、通信建设作为国家重点建设的项目，采取了多种政策扶助公路事业的发展，公路建设资金由单一的国家投资向多元化发展。采取多方集资、利用

贷款等措施来扩大财源,使我国公路建设资金有了一个比较稳定的渠道。在利用世界银行贷款后,要求必须采用国际惯例的监理工程师制度。这套制度与多年来我国实行的施工单位内部质量监督制度完全不是一个概念,而施工单位内部管理制度也不适应那些国际金融组织对公路工程建设的资金管理的需要,因此必须要按国际惯例来进行有效的管理。

随着国家在建筑行业中积极推行工程监理制度,公路工程监理工作取得了很大的成绩。近20年来,利用世界银行及其他方式如国际金融组织和国内资金贷款修建的一些公路工程都实行了监理制度。如我国最早修建的京津塘高速公路等工程率先实行了工程监理制度,其后利用外资修建的大中型公路工程和独立大桥中工程监理制度得到广泛实施。实施监理制度的工程一般都取得了降低造价、控制投资、加快工程进度等效果。

工程监理制度的实施不仅有利于满足国际金融组织、外商投资工程必须实行监理的贷款条件,有利于吸引外资,而且还减少了国外贷款和中外合资工程中外国监理人员的数量。工程监理制度是对工程管理职能分工的一种调整,赋与它以必要的协调与约束机制,不但不增加管理人员,相反可减少管理人员编制,避免许多繁杂的问题。

综上所述,实行工程监理制度,是深化公路建设领域改革的需要,是坚持对外开放、加强国际交流与合作,发展我国对外承包工程和劳务合作的需要。

第二节　国内外工程监理制度的产生和发展

一、国内工程监理制度的产生和发展

在漫长的封建社会里,在民间建设活动中,对个人修建的砖木结构、茅草或泥瓦房顶,由于建筑规模较小、工程简单,建筑材料由建设单位自己备办,施工的管理与监督都是建设单位自己负责。而官府组织的建设活动多为宫殿、防御工事、陵墓、道路、水利工程等,建造过程中虽有官吏负责组织设计与施工活动,但主要靠刀枪棍棒监督,工匠除吃住外,无任何报偿。官府的建设活动,实行的是奴役式监督,施工中不计成本,不讲核算,监督的重点是迫使工匠干活,保证质量。但随着商品经济的发展,到封建社会后期,资本主义生产方式开始萌芽,建设活动中出现了具有商品色彩的包工制度,建设单位将修建工程作价包给一个工匠,由这个工匠独自或另找合伙人一起施工,这样一种经济关系,使得建设单位对施工过程的监督变得越来越重要。

1840年鸦片战争以后,随着帝国主义列强侵入中国,一些资本主义的生产方式开始传入我国,使我国建设活动的经营管理体制发生了很大的变化,由中国人自营或与外国人合营的承揽建筑工程业务的营造厂相继成立,逐渐形成了土建工程承包业。与此同时,设计与施工进一步分离,出现了专营设计的建筑师事务所。建设单位营造工程,先请事务所的建筑师进行设计,设计完成后刊登招标启事,凡愿承包的均可投标,建筑师便帮助建设单位进行比较优选,营造厂选中后,建设单位就与之签订工程承包合同。

在施工过程中,涉及建筑工程的各方都派监工员。建设单位要派监工驻扎地现场对工程的进度、质量进行监督;建筑事务所派出监工对营造厂是否按设计要求执行进行监督;营造厂为维护本身的利益,厂部和工地都有监工进行监督,另外管理城市建设的部门如工部局、工务局也要派出监工人员。建设单位的监工往往委托事务所监工代行职权,其他三种监工也都对施工过程行使监督权,只是各自角度不一,所起的作用也不同。在工程营造中实行的这套监工制度,虽也弊病累累,但对监督工程进度、质量和造价起到了一定的作用。

新中国成立以后，社会主义公有制迅速占据了国民经济主导地位，工程建设的管理也随国民经济的发展而不断完善。

从1949年建国到70年代末，我国基本是实施政府部门的单向行政监督和施工单位的自我监督制度。这30年期间，我国实行的高度集中计划经济体制形成了一种自然经济色彩浓厚的工程建设管理格局。在工程建设的具体实施中，由于工程费用实报实销，不计盈亏，不讲核算，工程建设各参与者为了保进度，不惜投入大量人力，采用兵团式的人海战术。而对工程质量的保证则主要依靠施工单位的自我监督。

20世纪80年代以后，我国实行了改革开放政策，工程建设活动发生了一系列重大的变化，这些变化使得原有的工程建设管理方式和体制模式越来越不适应发展的要求。主要表现在建筑市场混乱，出现了无证设计、无图施工、盲目蛮干的现象。另外，施工企业自评自报的工程质量合格率、优良率水分很大，准确率低。因此，必须建立一种严格的外部监督机制，形成企业内部保证和外部的监督认证的双控体制。在1983年我国开始实行工程质量监督制度。1984年9月国务院颁发《关于改革建筑业和基本建设管理体制若干问题的暂行规定》，明确提出了改变工程质量监督制度，建立有权威的工程质量监督机构。交通部也于1987年10月成立了交通部基本建设工程质量监督总站，并颁布了《交通部基本建设工程质量监督管理暂行办法》，各省、市、自治区的交通部门也相应建立了工程质量监督站。经过几年的努力，政府对工程质量的监督工作取得了很大的发展，带来了明显的成效。

1988年上半年，随着我国土木建筑行业管理体制的深化改革和按照国际惯例组织工程建设的需要，国务院作出了在土木建筑领域中实施工程监理的决定。其后，国务院有关部委如建设、交通、铁道、能源等部委和各省、市、自治区有关部门就工程监理的推广实施做了大量、细致的工作。

在总结全国各地的经验和教训的基础上，交通部于1989年4月颁发了《公路工程施工监理暂行办法》，1997年9月15日交通部又公布了《公路工程施工监理合同范本》等，初步建立了一套符合我国公路工程实际情况、结合国际惯例的监理工程师制度。这个制度的核心，是以我国的法律、法规为依据，以科学为手段，以经济为杠杆来实施监理活动，具体来说就是把公路工程施工活动中的各项管理工作交给监理单位，树立其在项目管理和监督中的权威，对质量、计划、支付、变更、索赔等方面，用技术、经济和合同手段全面实行监督管理，对工程支付有签认和否决权，从而控制项目施工过程，保证合同的履行。这样一个制度，既符合国际惯例，又考虑了公路行业的现行体制。交通部基本建设工程质量监督总站建站以来，做了大量深入细致的工作，并且适时地制定有关规定和办法，指导公路工程监理制度的正确实施。如1992年5月制定了《公路工程施工监理办法》，同时废止了1989年4月制定的《公路工程施工监理暂行办法》。在监理制度执行的十多年里，交通部在1995年颁布实施了《公路工程施工监理规范》(JTJ 077—95)，对培育和规范监理市场、推动公路建设体制改革和保证工程质量起到了非常重要的作用。但随着交通部下达《关于下达2001年度公路工程标准制修订工作计划的通知》(厅公路字[2002]36号)和《关于下达2002年度公路工程标准制修订项目计划的通知》(厅公路字[2002]220号)两通知的要求，再结合十余年来公路施工监理实践经验，2006年交通部又将颁布实施中华人民共和国行业标准《公路工程施工监理规范》。实践使人们认识到，推行的以国际通用FIDIC土木工程合同为基础，形成了建设单位、监理单位、施工单位三方相互制约、以监理单位为核心的工程施工监理制度管理模式，是对内深化改革、对外继续开放的需要；是提高施工企业素质，为其尽快走向世界市场的需要；同时，也对公路行业治理整顿起到了很好的促进作用。

前面提到监理工作必须“以法蒙、法规为依据，以科学为手段，以经济为杠杆”，现择其主要予以说明。例如：

(1)《中华人民共和国合同法》(1999 年 3 月 15 日第九届全国人大第二次会议通过，1999 年 10 月 1 日起施行)、《中华人民共和国招标投标法》(1999 年 8 月 30 日第九届全国人大常务委员会第十一次会议通过，2000 年 1 月 1 日施行)、《中华人民共和国反不正当竞争法》(1993 年 9 月 2 日第八届全国人大第三次会议通过)等及其各种相关的合同法规，它为监理进行合同管理，参与施工招标投标工作提供法律的依据；

(2)《建设工程质量管理条例》(2000 年 1 月 10 日国务院第 25 次常务会议通过，2000 年 1 月 30 日施行)；

(3)《中华人民共和国公路法》(2004 年 8 月 28 日第十届全国人大常务委员会第十一次会议通过，2004 年 8 月 28 日施行)；

(4)《中华人民共和国安全生产法》(2002 年 6 月 29 日第九届全国人大常务委员会第二十八次会议通过，2002 年 11 月 1 日施行)及其各种相关的法规与条例；

(5)《中华人民共和国环境保护法》(1989 年 12 月 26 日第七届全国人大常务委员会第十一次会议通过 1989 年 12 月 26 日施行)及其各种相关的法规；

(6)《中华人民共和国标准法》(1988 年 12 月 29 日第七届全国人大常务委员会第 5 次会议通过，1989 年 4 月 1 日施行)。

相关的法律法规还有很多，在此不可能全部列出，要特别指出的是根据上述国家相关的根本大法，结合我国经济发展与生产建设的实际，国家和各行各业还制定了很多技术法规，例如相关的国家质量标准，技术标准等。就公路建设来说，如：

(1)《公路工程技术标准》(JTG B01—2003)；

(2)各种设计、施工、养护、试验、安全等规范、规程，如：《公路勘测规范》(JTJ 061—99)、《公路路基施工技术规范》(JTJ 033—95)、《公路路基设计规范》(JTG D30—2004)、《公路沥青路面设计规范》(JTJ 014—97)、《公路沥青路面施工技术规范》(JTG F40—2004)等；

(3)《公路工程国内招标文件范本》(2003 年版)；

(4)《公路工程施工监理规范》(2006 年版)；

(5)《公路工程质量检验评定标准》(JTG F80/1—2004)；

(6)《公路工程施工安全技术规程》(JTJ 076—95)。

上述所择列的各种法律、法规及技术法规是监理工程师以法律为依据，以科学为手段，以经济为杠杆，实施全天候、全方位、全过程展开监理工作，并达到合同规定目标的依据。其详细情况将在下面章节中说明。

二、国外工程监理制度的产生和发展

工程监理制度在国外具有悠久的历史。监理制度的起源可以追溯到产业革命以前的 16 世纪。

16 世纪以前的欧洲，建筑师就是总营造师，他受雇或从属于建设单位，负责设计，购买材料，雇佣工匠，并组织管理工程施工。

进入 16 世纪以后，随着产业革命的深入和发展，社会对土木工程建造技术要求的不断提高，传统的做法开始发生变化，建筑师队伍出现了专业分工，设计和施工逐步分离，并各自成为一门独立的专业。另有一部分的建筑师转向社会传授技艺，为建设单位提供技术咨询，解答疑难问题，或受聘监督管理施工，工程监理制度就应运而生。

此后，随着整个欧洲大陆城市化和工业化的发展进程，社会大兴土木带来了建筑业的空前繁荣。相应要求采取一种效率高而又精确的工作方式和建立一种新的雇佣关系来达到工程建设的高质量要求。同时，建设单位已越来越感到单靠自己监督管理工程建设活动的困难性。工程监理的必要性逐步被认识，监理制度得到了充分的肯定。

第二次世界大战以后，欧美各国在恢复建设中加快了向现代化发展的速度。由于科学技术的发展，工业和国防建设以及人民生活水平不断提高的要求，需要建设许多大型、巨型工程，如航天工程、大型水利工程、核电站、大型钢铁企业、石油化工企业和新型城市开发等。这些工程投资多、风险大、规模浩繁、技术复杂，无论投资者和承建者都难以承担由于投资不当或项目组织管理的失误而造成的损失。竞争激烈的社会环境，迫使建设单位更加重视项目建设的科学管理。建设单位为了减少投资风险，节约工程费用，保证投资效益和工程建设顺利实施，需要有经验的咨询监理人员进行全面有效的监理。

近一二十年来，欧、美、日等西方工业发达国家的监理制度正向法律化、程序化发展，有关的法律规则都对监理的内容、方法以及从事监理的社会组织做了详尽的规定。监理制度逐步成为工程建设组织体系的一个重要部分，在西方工程建设活动中形成了建设单位、施工单位和监理单位三足鼎立的基本格局。进入 20 世纪 80 年代以后，监理制度在国际上得到了很大的发展。一些发展中国家，也开始效仿发达国家的做法结合本国的实际，确立或引进社会监理机构，对工程建设实行监理，世界银行和亚洲、非洲发展银行等国际金融机构，也都把实行监理作为提供建设贷款的条件之一。监理成为工程建设必循的制度。

第三节　工程施工监理的相关学科

工程监理是一项全新的工作，具有一个标准化、规范化的模式，虽在国际上广为使用，但在我国却刚刚起步。结合中国国情，我们应该从西方发达国家的工程监理制度中学习借鉴些什么？首先是学习借鉴西方国家先进的管理理论，其次是学习借鉴他们先进的组织管理方法。就工程施工监理来说，与其相关的理论学科，主要是组织论和工程监理学。

一、组　织　论

组织论是研究一个系统的组织结构和工作流程结构的学科理论，即通过系统组织和工作流程组织的研究而达到目的。

系统是指由相互作用和相互依赖的若干组成部分结合而成的具有特定功能并处于一定环境之中的有机集合体，如同将学校看成一个系统，或把企业看成一个系统，或把项目看成一个系统。若把项目看成一个系统，那么，研究这个系统就是研究项目的组织结构。

系统组织包括：①组织结构模式，主要反映的是一套命令系统、指挥系统；②一个系统里的任务分工，主要反映的是工程项目的目标控制的分工及落实情况；③管理职能分工，即在项目实施过程中，对其提出问题、规划、决策、执行、检查等 5 个职能的分工。

工作流程组织是指工作顺序的组织，即先做什么，后做什么。包括物质流程组织和信息流程组织。其中，物质流程组织是指工程项目施工中的施工工序，生产的工艺流程等；信息流程则是指监理工作中产生的大量信息的传递途径，如费用控制流程、进度控制流程等。

根据组织学的原理和我国的实际情况，现场监理机构一般按工程招标合同段设置基层监理单位，可视工程情况分别设置一级、二级或三级机构。一级监理机构设置总监理办公室（总监办），二级监理机构设置总监办和驻地监理办公室（驻地办），三级驻地监理机构是当地工程项目为两个或两个以上独立工程项目或跨省区项目，在总监办与驻地办中间设立项目监理部。

二、工程监理学

工程监理学是研究工程建设在实施阶段组织与管理规律的科学，是一门工程技术科学和管理科学的交叉学科。现将其研究的领域、对象、任务和特点分述如下：

(1)工程监理学主要研究项目实施阶段管理的思想、组织、方法和手段；

(2)研究的对象是项目总目标（质量、安全、环保、费用、时间）的控制；

(3)研究的任务是协调建设、设计、施工等单位的相互关系和内部关系，即对建设、设计、施工等单位采取相应措施，控制投资、进度、质量、安全、环保、管理合同和信息，以使项目总目标最优地实现；

(4)研究应正确贯彻执行国家相关法律、法规，确保工程建设的法制化要求。

以上简要介绍了与工程项目实施监理服务有关的两门主要学科。而与工程项目决策咨询服务有关的学科，则是投资学和经济技术学等，因限于篇幅，不再叙述。

工程施工监理特别强调了控制手段的作用，现就控制进行简要的说明。

控制的需要产生于社会化的生产活动，控制的基本理论服从于控制论的基本思想。其要点如下：

(1)控制是一定主体为实现一定的目标而采取的一种行为。

要实现最优化的控制，首先要有一个合格的控制主体，其次要有明确的系统目标，这是必须满足的两个条件。

例如：公路工程施工项目控制的行为对象是施工项目，控制的行为主体则是该项目的经理部，控制对象的目标包括成本目标、质量目标、工期目标、安全生产目标、环境保护目标、合同管理目标等，构成目标体系。

(2)控制是按事先拟定的计划和标准进行的。

例如：对于施工进度，在实施性施工组织设计（已被监理工程师批准）中列有的施工进度计划，而施工的实际进度是否达到了进度计划规定的要求？如果实际进度延迟，则应分析原因，加以控制，采取有针对性的相应措施，以在保证质量、安全的条件下加快进度，确保工期目标的实现。

(3)控制的主要标准与方法。

例如：各施工项目的质量标准等，其控制方法主要包括：测量、试验、观察、分析、监督检查、总结提高等。

(4)控制是针对被控制系统而言的。

即既要对控制系统进行全过程的控制，又要对其所有的生产要素进行全面的控制。

(5)控制是动态的。

公路工程施工过程是一个动态的过程，因此，控制也是动态的，应视施工中的实际情况进行动态控制。

(6)提倡主动控制。

控制活动必须是主动控制，应坚持事前控制、事中控制、事后控制的原则要求。

(7)控制是一个大系统。

控制应采取系统的方法，即将相互关联的施工过程作为系统加以识别、理解和管理。

动态控制原理框图见图 1-1-1，施工项目控制的系统模式见图 1-1-2。

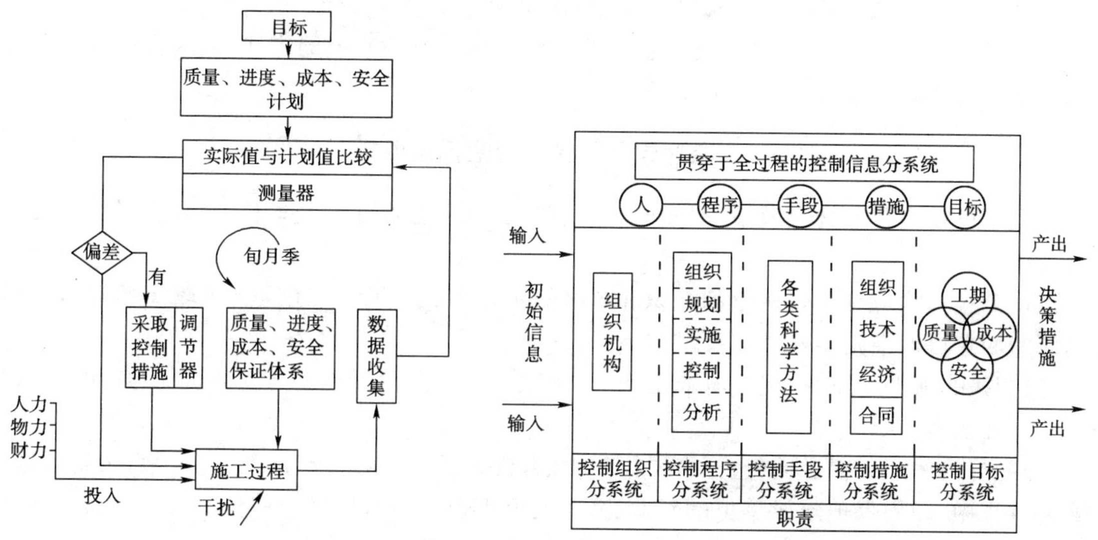

图 1-1-1　动态控制原理框图

图 1-1-2　施工项目控制的系统模式框图

根据组织论、控制论、监理学及其他相关的各种理论，并结合我国的实际情况，明确我国公路工程质量管理控制体制是：实行建设单位或项目法人全面负责，监理单位控制，设计、施工单位保证和政府监督管理相结合的质量管理体制，并明确公路工程建设必须建立"政府监督、社会监理、企业自检"三级质量保证体系，以加强对工程质量的管理控制。下面章节将分别对其进行详细说明。

第四节　监理工程师的基本要求

一、监理工程师的知识结构要求

监理机构中具有交通部核准的公路工程监理工程师或专业监理工程师资格的人员统称为监理工程师。

首先，监理工程师应是高智力人才，必须具有成熟而全面的专业技术知识和丰富的实际工作经验，能够发现和解决工程设计、施工单位不易发现和解决的复杂的技术问题；其次，监理工程师必须懂得与工程建设有关的国家的法规和相应的制度，必须具有丰富的工程建设管理知识和管理经验，具有一定的行政管理知识和行政管理经验；再次，监理工程师必须懂得经济管理，必须通晓工程建设招标投标业务，具备工程建设合同管理的知识和经验；此外，监理工程师作为建设单位和施工单位双方之间纠纷的调解人，要公正、公平处理问题，在必要时还须出庭作证，因此，他必须懂得法律知识，且必须具备独立的第三方的品格。

综上所述，监理工程师应具备如下知识结构：

(1)法律。要了解与工程建设密切相关的各种法律和法规，如经济合同法、仲裁法、公路法、工程建设监理规定、有关的合同条款、范本等。

(2)工程技术。要具备本专业扎实的理论知识和丰富的工程实践经验，且应熟悉并全面掌握相关的工程技术知识、技术规程、规范等。

(3)工程管理。要懂一些项目管理学的知识，掌握现代化管理的方法和手段，如网络计划技术，费用、进度、质量的控制方法，以及计算机辅助管理技术等。

(4)工程经济。主要指技术经济分析知识。应掌握可行性研究的方法，能进行技术方案的经济比较，以及概、预算的编制与审核等。

二、监理原则与监理道德标准要求

监理单位和监理人员应遵循"严格监理、热情服务、秉公办事、一丝不苟"的监理原则展开监理工作。

监理工程师除应具备较广泛的知识和丰富的工程实践经验外，还须具备较高的政治素质和高尚的职业道德准则。其具体要求如下：

(1)拥护四项基本原则，热爱本职工作，忠于职守，认真负责，具有高度的责任感，并能为建设单位严守机密。

(2)能严格按照工程合同(包括合同协议书、合同条件、技术规范等)对工程项目实施监理。在监理过程中，即要保护建设单位的利益，又要能公正合理地对待施工单位。

(3)廉洁奉公，不得接受建设单位所支付酬金之外的任何报酬及回扣、提成津贴或其他间接报酬。

(4)应坚持自己的正确判断和观点，当发现建设单位的判断或决定不可行时，应向建设单位提出书面劝告，并阐明其可能给建设单位带来的不良后果。

(5)当发现自己处理的问题有错误时，应及时向建设单位承认错误，并提出改进意见。

(6)对本监理机构的介绍要实事求是，不得向建设单位隐瞒本机构的人员状况和过去的业绩及可能影响服务质量的因素。

(7)作为工程监理的单位或个人，不得再参与或经营承包施工，采购设备、材料或经营销售业务等有关活动，也不得再在政府部门、施工单位和设备、材料供应单位任职或兼职。

(8)不得用谎言欺骗建设单位和施工单位，也不得采用伤害、诽谤他人名誉的方式来提高自己地位。

复习思考题

1.我国实行公路工程施工监理的意义是什么？

2.简述国内工程监理制度的产生和发展。

3.公路工程施工监理的法律依据是什么？

4.详述工程施工监理的相关理论学科。

5.工程施工监理的控制手段有哪些？控制论的要点是什么？

6.监理工程师的知识结构的具体要求是什么？

7.监理工作的基本原则是什么？

8.监理工程师道德标准具体要求是什么？

第二章　工程施工监理

第一节　概　　述

一、工程施工监理的定义和目的

1.工程施工监理的含义

监理是监理人员依据监理合同对工程质量、安全、环保、费用、进度实施的监督和管理活动。具体的讲是监理机构(监理单位或称监理工程师)在工程施工中受建设单位的委托,并在建设单位的授权下,依据国家法律、法规、行业规范、施工合同及监理服务协议,运用有关合同协议中的规定、方法和手段对工程施工的施工单位在施工准备阶段、施工阶段及缺陷责任期阶段及其成品、半成品进行监督检查和评价,使其行为符合合同约定,保证工程合同顺利实施,使工程建设费用管理、进度计划、质量目标和安全生产目标得以实现的管理活动。

监理单位是指具有法人资格并取得交通主管部门颁发的公路工程施工监理资质证书的企业。它是依法成立的、独立的、智力密集型的、从事工程监理业务的经济实体,与建设单位签订监理合同,并受其委托承担工程建设的监理业务。

合同文件指合同条件、技术规范、图纸、工程量清单、投标书、中标通知书、合同协议书以及构成合同组成部分的其他文件。监理服务合同是由建设单位与监理单位签署的明确在工程实施中责权利的协议。

缺陷责任期是自监理工程师签发工程交工证书到监理工程师签发工程缺陷责任终止证书的时间。工程缺陷责任终止证书是工程缺陷责任期满,经施工单位维护的工程完全满足合同的有关规定,监理工程师签发的解除施工单位工程缺陷责任的证明;工程交工证书指工程全部完成,根据施工单位申请,监理工程师按照合同有关规定对工程进行验收后签发的证明。

2.工程施工监理的目的

施工监理的目的是为加强公路工程质量管理,控制工期、工程费用、安全生产和环境保护,提高投资效益及工程管理水平,使施工管理工作法制化、标准化、规范化、程序化。

二、施工监理的相关单位及相互关系

1.施工监理的相关单位

建设单位(又称业主):是指执行建设项目投资计划的单位,或被指定的负责管理该建设项目的代表机构,以及取得该当事人(单位)资格的合法继承人(单位)。

施工单位(又称承包人、承包单位或承包商):是指和建设单位签订承建合同或材料、设备制造与供应合同的当事人(单位),以及取得该当事人(单位)资格的合法继承人(单位)。

监理单位(又称监理机构、监理工程师):是指依法注册、独立从事工程监理业务的,受建设单位委托或指定,与其签订监理服务协议,执行施工监理业务的单位及其驻地代表。

2.施工监理与相关方面的关系

建设单位和监理单位是委托与被委托关系。监理工程师依据监理合同和监理服务协议规定,独立承担现场施工监督和管理。建设单位授予监理工程师履行监理合同和监理服务协议中规定的职权并支持其工作,监理工程师在监理合同和监理服务协议规定的职权范围内尽其职责,正确执行合同,坚持公平、公正,既维持建设单位合法利益,也不损害施工单位的正当利益。

监理单位和施工单位是监理与被监理关系,体现在建设单位与施工单位签订的施工合同中。在工程实施过程中,施工单位应按施工合同规定接受监理工程师的监督和管理,执行监理工程师的指令。监理工程师根据施工合同正确而公正的开展监理工作,不与施工单位有经济联系。施工单位对不公正的监理行为有权向建设单位及有关部门申诉。

三、工程施工监理阶段的划分

工程监理是一个施工全过程的监理,它贯穿于整个合同执行过程的始终。根据施工的过程,我们将公路工程施工监理阶段划分为施工准备、施工、交工验收与缺陷责任期三个阶段。

监理合同签订之日至合同工程开工令确定的开工之日为施工准备阶段;合同工程开工之日至合同工程交工验收申请受理之日为施工阶段;合同工程交工验收申请受理之日至缺陷责任终止证书签发之日为交工验收与缺陷责任期阶段。

公路机电工程监理应增加试运行期阶段。

由于每个阶段有不同的特点,所以监理的内容和重点也不尽相同。

1.施工准备阶段监理

监理单位在与建设单位签订监理服务合同之后,即进行施工准备阶段监理。施工准备阶段监理的主要内容是进一步熟悉和研究合同文件(包括监理合同及施工单位与建设单位签订的合同协议书、招投标文件)、审批实施性施工组织设计、复核施工图纸、参加施工招标和放样定线、督促施工单位提交施工组织设计、准备第一次工地会议、准备发布开工通知等。

(1)发布开工令。监理工程师应根据施工合同具体规定的日期和施工单位开工准备情况,在确认开工准备工作达到规定要求后,根据施工方的申请报告向施工单位发出开工令并报建设单位备案。如无特殊原因,开工令发出的日期不应提前或推后。为此,监理工程师要注意检核和督促施工方做好开工的准备工作并达到规定的要求。

(2)召开第一次工地会议。第一次工地会议应由监理工程师主持,建设单位、施工单位的授权代表必须出席会议,各方将要在工程项目中担任主要职务的部门(项目)负责人及指定分包单位也应参加会议。会议的内容主要是介绍人员及机构组织,介绍施工进度计划,施工单位陈述施工准备,建设单位说明开工条件,明确施工监理例行程序等。

(3)审批施工单位的实施性施工组织设计。如发现问题,应要求施工方进行修改、调整和补充,直到达到监理工程师的要求为止,并在合同规定或满足施工需要的合理时间内审查完毕。在执行过程中应经常检查计划的执行情况。

(4)审批施工单位的质量保证体系、进度计划及安全生产保障措施。监理工程师应按合同要求施工单位建立一套完整的以自检为主的质量保证组织体系,并检核其各级自检人员是否符合在投标书中的承诺,是否具有相应的施工经验、专业技术职称,是否熟悉规范和图纸,同时要检查进度计划的科学合理性、可行性和可靠性,检查安全生产保证体系和安全生产技术设计的科学性、可操作性、有效性和可靠性。

(5)检验施工单位的进场材料是否符合规定要求。在材料或商品构件订货之前,应要法定施工单位提供生产厂家的产品合格证书及试验报告。必要时监理人员还应对生产厂家生产设备、工艺及产品的合格率进行现场了解，或由施工单位提供样品进行试验，以决定同意采购与否。材料或商品构件运入现场后，应按规定的频率进行抽样试验，不合格的材料或商品构件不准用于工程，并由施工单位运出场外。

(6)审批施工单位的标准试验。标准试验是对各项工程的内在品质进行施工前的数据采集，包括各种标准击实试验、集料的级配试验、混合料的配合比试验、结构的强度试验等，它是控制和指导施工的科学依据。审查所使用的试验仪器设备、试验标准方法、试验成果是否符合要求。

(7)检查施工单位的保险及担保是否办理妥当，核批并支付动员预付款。

(8)审查施工单位的施工机械设备。审查其是否符合在投标书中的承诺，监理工程师应按其批准的施工单位工程进度计划，分期审查施工单位在实施施工时所使用的施工机械设备是否符合合同文件中的规定的要求。

(9)验收施工单位的施工定线。监理工程师应在合同规定的时间内或在施工单位的施工定线进行之前的合同时间内，向施工单位书面提供原始基准点、基准线、基准高程的方位和数据，并对施工单位的施工定线进行检查验收。

(10)验收施工单位测定的地面线。监理工程师应要求施工单位对全部工程或开工段落的原始地面线进行实际测定，并对测定工作进行检查验收，以作为路基横断面施工和土石方工程计量的依据。

(11)审批施工单位提交的施工图。在各项工程开工前合同规定的时间内，监理工程师应对施工单位依据合同规定完成的各种施工图进行审核批准。

(12)检查施工单位占用的工程场地。在合同规定的开工令发出之前及各项工程开工前合适的时间内，监理工程师应督促建设单位将全部工程或施工段落的工程场地移交给施工单位使用。

(13)监理其他与保证按期开工有关的施工准备工作。

对上述各项内容，如果没有达到有关规定的要求，则通知施工单位进行补充和修正，直到符合合同要求或使得监理工程师满意为止。否则不允许进入正式施工阶段。

(14)检查试验路段的实施计划、实施及成果，并进行检评。

2.施工阶段监理

这个阶段是工程实施的阶段。施工单位按规范规定的施工方法和监理工程师批准的施工组织设计中的施工方案及进度计划等进行工程施工，以达到设计文件的要求。在这一阶段中，监理工程师应加强对各工序的控制确保达到质量要求，具体有以下几项：

(1)对进入现场的材料、设备、构件、配件、混合料要进行检验，不符合规定要求的要拒收。已经进入现场的应通知施工方进行处理，如退出现场。

(2)对构件、设备和重要材料的生产、制造和装配场所要实行监督。

(3)抓好工序控制，每道工序开工都要申请和审批，只有最后验收合格才能进行下一道工序的施工。

(4)落实合同要求的试验，并对实际工程的重要部位和薄弱环节安排增加试验。

(5)按照制定的巡视工地次序和周期，对重要部位或操作实行旁站监督。

(6)审批设计变更和图纸修改。

(7)开好经常工地会议，组织质量专题会议，形成现场质量管理的制度。

(8)监理工程师在必要时下达停工令,以处理工程质量事故。

(9)审批分包合同和分包工程内容。

(10)抓紧隐蔽工程的检验,未经监理人员检查或同意,不得将隐蔽工程覆盖。

(11)监理工程师认为必要时,可以要求施工单位撤换工作不力的人员。

(12)严格进行中间交工验收。

3.交工验收与缺陷责任期阶段监理

一项工程完工后,首先需进行交工验收,验收合格后才能投入使用。但施工单位仍需在合同规定的期限内继续完成交工验收时未完工的项目或修补在使用条件下因施工质量问题而出现的任何缺陷,监理工程师应继续检查该部分工程的质量。这个规定期限即为质量缺陷责任期,一般合同规定为一年,起算日期必须以签发的交工验收日期为准,而对有一个以上交工日期的工程,缺陷责任期应分别计算。在缺陷责任期内监理工程师的工作内容主要包括:

(1)按合同要求进行竣工工程的检查和验收。对工程交接时存在的缺陷及签发交工证书之后发生的工程缺陷情况进行记录,并指示施工单位进行修复。

(2)审阅施工单位关于未完工作的计划和保证。审批和检查施工单位未完工程计划的实施,并视工程具体情况,建议施工单位对未完工程的计划进行调整。

(3)确定缺陷责任和修复费用。监理工程师首先应对工程缺陷发生的原因和责任者进行调查。对非施工单位原因造成的工程缺陷,监理工程师应核实情况并审核施工单位提出的方案及费用报告,对修复工作做出费用估价,安排施工单位修复时应向建设单位签发追加费用的证明。

(4)监督工程项目的试运行,及时解决质量问题。监督施工单位完成未完工程和缺陷修补,直至签发缺陷责任证书。

(5)督促施工单位按合同规定完成竣工资料和图纸,并审核竣工资料和竣工图纸。

对照上述监理工作内容,监理工程师应配备缺陷责任期的监理工作人员,包括现场巡视和旁站、试验检测、合同事宜、资料整理等方面人员。

四、工程施工监理的任务

工程施工阶段监理的主要任务是监理工程师必须从组织、技术、合同和经济的角度抓好“五控、两管、一协调”的工作,即质量控制、安全控制、环境保护、费用控制、进度控制、合同管理、信息管理和组织协调。根据监理工作职责,认真履行施工合同规定的具体要求,充分运用建设单位授权,采取符合施工合同规定的组织、技术、合同和经济措施,对工程质量、安全、环保、费用、进度实行全面监理,严格合同管理和高效的信息管理,保证合理地实现工程建设的质量、安全、环保、费用、进度5大预期目标。

(1)质量监理　质量是工程建设的关键,影响工程质量的因素很多,监理工程师应按照合同规定和要求对影响工程质量的各个因素从原材料、施工工艺等进行全过程检查、监督和管理控制,任一环节出现疏忽大意都会给公路工程的质量带来影响。因此,监理工程师必须对整个工程实行全过程监理,以确保施工单位提交的工程符合合同、技术规范、使用要求和验收标准的规定。

(2)安全监理　监理工程师应审批施工方提交的安全生产保证体系,并要求其有效、可行、可靠,以达到安全生产的目标。

(3)环境保护　监理工程师应审查施工组织设计是否按设计文件和环境影响评价报告的有关要求制订施工环境保护措施,以满足公路施工环境保护的要求。

(4)费用监理　监理工程师还应在工程质量、工期符合合同要求的基础上,对工程费用进行监理。工程费用包括合同文件中工程量清单内所列,以及因工程变更、施工单位的索赔或建设单位未履行义务所涉及的一切费用,监理工程师应尽可能减少工程量清单中所列费用以外的附加支出,使工程总费用控制在预定额度之内。

(5)进度监理　一个工程项目在合同文件内规定具体的施工工期,施工单位根据实际情况制订出切实可行的工程进度计划,提交监理工程师进行审批。监理工程师根据施工合同规定的工期对施工单位施工中的组织、资源投入、施工方案、工期安排进行的监督与管理,采取具体措施努力减小计划进度和实际进度的差距,协调整条路线的平衡进度和保证在合同期限内全面完成并交付工程。

(6)合同管理　监理工程师应依照合同约定,对执行施工合同过程中发生的包括工程分包、工程变更、工程延期、费用索赔、争端与仲裁、工程保险、违约和转让等有关合同的问题进行检查和处理。

(7)信息管理　是指在工程施工过程中,对反映工程施工质量、进度、费用、安全生产及实施状况及参与者之间关系信息的搜集、整理、分析及使用。信息管理是监理工程师正确处理问题的依据,是监理工作成果的体现和工程档案的重要组成部分。

(8)组织协调　监理单位是独立于建设单位和施工单位的第三方,在工程施工过程中处于实施监督和管理的地位,协调建设单位和施工单位以及工程建设其他有关各方,使工程得以顺利进行。

五、工程施工监理的人员与设备

监理工程师及监理人员是工程监理的主体,岗位不同,其知识结构要求亦不相同,其配备的人员应满足工程监理的需要。合理地配备高素质的监理人员,对于工程监理的实施是十分重要的。

1.监理人员

监理工程师和监理机构中的相关专业技术人员统称为监理人员,按监理机构设置岗位分为总监理工程师、驻地监理工程师、监理工程师、监理员和行政文秘人员。

2.监理设施

公路工程项目一般投资大,监理工作任务重。因此,为确保质量控制的检验测试及各项管理工作的顺利进行,必须在监理单位所承担的工程项目工地配备足够数量和相应质量水平的监理设施。监理设施包括:办公设施及用品、生活设施及用品、试验设施、测量和气象仪器、监理工作设施及通信设施等。

第二节　公路工程施工监理体制与质量保证体系

一、公路工程施工监理体制

我国工程施工监理的体制主要是由一个制度、三个层次和多种方式构成的。

一个制度是工程监理制度,是由国家行业主管部门建立和推行监理工作的目标和组织管理体系。

三个层次是指政府建设监理(也称政府监理或政府监督)、社会建设监理和企业自检。三个层次是相辅相成的，构成监理工作完整的执行主体。施工企业必须对工程质量最终负责，自检结果是社会监理检测的前提。政府监理是指政府职能机构对监理市场、工程建设过程及参建的建设单位、施工单位、设计单位等进行宏观方面的监督管理，其主要内容是监督建设行为的合法性、程序性和科学性，宏观控制项目建设必须符合国家的利益。社会监理是指社会监理单位受建设单位的委托或授权，对工程项目进行具体过程的监督、管理。以监理工程师为主体构成的专业化监理单位，是从微观上通过现代化的科学管理技术、丰富的经验、手段保障来保证合同目标的实现。

多种方式是指监理工作形式上的划分。从委托性质上分，一种是委托监理，即由建设单位委托专业化的社会监理单位承担，这种委托早期主要是建设单位直接委托，目前主要是通过招投标方式选定后再委托，委托时双方签订委托合同，这种社会化监理模式，能做到具有独立性、公正性、权威性；另一种是自行监理，即由建设单位组建符合国家规定资质的相对独立的监理机构承担监理任务。

二、质量保证体系

交通部《公路工程施工监理规范》明确规定：凡列入基本建设计划的公路工程项目，都应实行"政府监督、社会监理、企业自检"的质量保证体系。施工监理即属社会监理，是质量保证体系的重要环节。因此，根据我国的国情，参照国际惯例，构建了我国公路工程建设的三级质量保证体系。

1.政府监督

改革开放以来，工程建设活动发生了一系列重大的变化。这些变化使原有的高度集中的计划经济体制下的工程建设管理模式越来越不适应社会主义市场经济发展的要求，而且工程建设中存在着工程质量严重下降，施工企业自评、自检水分很大等很多问题。这些都迫切需要建立和健全新的管理体制，特别是工程质量方面，在完善企业内部质量检查体系的同时，要建立严格的外部政府监督体系。政府监督是公路工程质量保证体系中的极其重要的质量监督环节之一，是政府部门强化对工程质量管理的具体体现。

(1)政府监督的性质

政府监督是指作为国家机器的政府部门实施对工程质量的管理，是政府社会职能的具体体现和要求。政府监督具有以下的性质：

①强制性：政府的管理行为象征着国家机器的运转，国家机构的管理职能是通过授权于法来实现的。因此，政府实施的管理监督行为，对于被管理、被监督者来说，只能是强制性的、必须接受的。

②执法性：政府监督主要依据国家法律、法规、方针、政策和国家及交通部颁布的技术规范、标准进行监督，并严格遵照有关规定的监督程序行使监督、检查、许可、纠正、强制执行等权力。监督人员每一个具体的监督行为都有充分的依据，带有明显的执法性，显著区别于通常的行政领导和行政指挥等一般性的行政管理行为。

③全面性：政府监督是针对整个工程建设活动的，就管理空间来说，覆盖了社会，就一个工程项目的建设过程来说，则贯穿于工程建设的全过程。但在我国，工程建设的决策咨询、施工监理等不同阶段的监督管理则是由我国不同的政府职能部门分别负责共同完成的。

④宏观性：政府监督侧重于宏观的社会效益，主要保证工程建设行为的规范性，维护社会公众的利益和工程建设各参与者的合法权益。对一项具体的工程建设来说，政府监督不同于后述的监理工程师的直接的、连续的、不间断的监理。

政府监督的强制性、全面性、宏观性的性质，决定政府监督既要遵照规定的管理程序，在工程建设项目实施的全过程中行使监督、检查、许可、纠正和强制执行等权力，又要侧重于对项目的阶段性、控制性的监督管理(不同于社会监理单位实施的直接的、连续的监理)。

(2)政府监督的依据

政府监督是指政府对工程建设和监理各单位进行宏观监督和管理。

我国现有的公路工程的政府监督是由代表政府的专门质量监督部门，一般是指各级交通(或公路)基本建设工程质量监督站。依据国家的有关法律、法规和部颁现行的技术规范、规程和质量检验评定标准对工程质量进行强制性的监督和管理，对涉及到的建设、设计、施工、监理等单位在参与工程实施过程中建设行为实施强制性的有力的政府监督。这种政府监督是通过有关的法律、法规和规定实现的。

执行政府监督的各级质监站，为了维护社会秩序，要对建设单位和施工单位的行为进行管理，同时也要对监理工程师(单位)进行有关的资格认证和实施管理。

(3)政府监督的职能

①对建设行为实施管理；

②对社会监理单位实行监督管理；

③按照我国政府机关行政分工的格局，工程建设项目前期阶段是由计划、规划、土地管理、环保等部门负责；

④建设实施阶段则主要由建设主管部门负责。

上述部门分别代表国家或委托专门机构行使政府职能，即充分运用审查、许可、监督、检查、强制等手段对工程项目的建设实施管理。另一方面，政府对社会监理实行监督管理的职能，主要是通过制定有关法规、政策，审批社会监理单位的资质等级，办理监理工程师的注册、监督管理监理工程师的工作情况等来实现的。

(4)政府监督的机构

从中央到地方通过授权或认可制度，建立各级从事审核、鉴定、监督、检测工作的机构，对工程的规划、设计、施工和各类工程上使用的材料、设备等进行监督、检查、评定，实施有权威的第三方认证。

1984 年 9 月国务院颁发《关于改革建筑业和基本建设管理体制若干问题的暂行规定》，明确提出了建立有权威的政府工程质量监督机构。

交通部于 1987 年 10 月设立了基本建设工程质量监督总站(以下简称质监总站、质监站)，并指令各省区、直辖市交通主管部门设立交通基本建设监督站并可派出质监机构，按照统一规划，实施分级管理。监理单位及监理人员、施工及施工人员及建设单位的项目管理人员均应接受政府授权的交通主管部门和公路工程质量监督部门的管理和监督检查。

各级质监站为独立核算的事业单位，隶属同级政府交通主管部门，业务上受上一级质监站指导。各级质监站要按监督工程范围配备质量监督人员，其岗位分为监督工程师和监督员，直接从事工程质量监督工作的工程技术人员不得少于该站人员总数的 70%。

各级质监站还必须配备必要的试验检测仪器、设备和交通工具。

质监站的监督程序、管理与经费均在 2005 年 6 月 1 日起施行的《公路工程质量监督规定》(交通部令 2005 年第 4 号)中有明确规定。

2.社会监理

(1)社会监理的性质

社会监理是具有法人资格的社会监理单位对工程质量实施的监理。社会监理体制的实质，就是树立监理工程师在工程施工管理过程中的核心地位。

作为建设单位、施工单位以外独立的第三方，监理工程师运用建设单位委托所赋予的权力，对工程施工进行全面监督和管理，对工程质量、工程进度、工程费用和安全生产、环境保护全面监理，亦即“施工监理”。

社会监理具有以下的性质：

①服务性　监理单位是为建设单位提供智力服务的组织。监理单位的劳动与相应的报酬是技术服务性的，它和施工单位不同，它不承包工程，不参与工程承包的盈利分配，而是根据支付技术服务劳动量的大小而取得相应的监理报酬。监理工程师必须通过对工程施工进行组织、协调、监督和控制，保证工程施工合同规定的顺利实施，达到建设单位的建设意图。监理工程师在合同的实施过程中，有权监督建设单位和施工单位必须严格遵守国家有关建设标准和规范，贯彻国家的建设方针和政策，维护国家利益和公众利益。

②公正性和独立性　公正性和独立性是监理单位顺利实施监理职能的重要条件。监理单位在工程监理中必须具备组织各方协作配合以及调解各方利益的职能，因此必须要求监理单位坚持公正。而公正性又须以独立性为前提，因此监理单位首先必须保持自己的独立性。

监理单位在人际关系、业务关系和经济关系上必须独立，不得同参与工程建设的各方发生相关合同规定之外的利益关系。我国工程监理有关规定指出，监理单位的“各级监理负责人和监理工程师不得是施工、设备制造和材料供应单位的合伙经营者，或与这些单位发生经营性隶属关系，不得承包施工和建材销售业务，不得在政府机关、施工、设备制造和材料供应单位任职”。这样规定就是为了避免监理单位和其他单位之间的利益牵制，从而保持自己的公正性和独立性。监理单位与建设单位的关系是平等的合同约定关系，监理单位可以不承担合同以外建设单位随时指定的任务。如果实际工作中出现这种需要，双方必须通过协商，并以合同形式对增加的工作加以确定。监理委托合同一经确定，建设单位就不得干涉监理工程师的正常工作。

在实施监理的过程中，监理单位是处于工程承包合同签约双方，即建设单位和施工单位之间的独立一方，依法行使签订的监理委托合同所确认的职权，承担相应的职业道德责任和法律责任。而不是以建设单位的名义，即不是作为建设单位的“代表”行使职权，否则它在法律上变成了从属于建设单位一方，而失去了自身的独立地位，从而也就失去了调解建设单位和工程承包单位利益纠纷的合法资格。当然，监理也不得参与承包单位的盈利分配，否则，它又变成了承包单位经营的合作者，丧失了自己的独立地位。

③科学性　监理单位必须能够发现与解决工程建设中所存在的技术和管理方面的问题，能够提供高水平的专业服务，所以必须具有科学性。这是监理单位区别于其他一般服务性组织的重要特征，也是赖以生存的重要条件。监理人员的高素质是监理单位科学性的前提条件。监理工程师都必须具有相当的学历，并有长期从事工程建设工作的丰富的实践经验，精通技术与管理，通晓经济与法律，否则，监理单位将不能正常开展业务，监理单位也是没有生命力的。

(2)社会监理的依据

施工监理是建设单位委托监理工程师监督施工单位执行其与建设单位形成的施工契约，即签订的合同。在这种复杂的委托关系建立和延续的过程中，由于各个主体之间的经济利益不同，再加之一些社会环境和自然条件的影响，往往会出现违反合同的情况。因此，工程监理的依据除了有前述的国家有关的政策、法律和法规以及政府批准的建设计划、规划、设计文件之外,更重要的是建设单位和施工单位签订的合同文件。监理工程师应按照与建设单位签订的监理委托合同规定进行工作,否则,应事先征得建设单位的同意。另外,在合同执行期间凡是监理工程师和施工单位围绕工程实施有关的会议记录、函电和其他文字记载,以及经监理工程师批准的所有图纸、监理工程师发出的所有指令等都是工程监理的依据。

建设单位和施工单位签订的合同是依法成立的反映工程费用、进度及按国家有关部委颁布的技术规范标准和质量要求或者由建设单位提出的要求而规定的工程质量及安全生产5大目标的文件。监理工程师依据合同进行监理,就能确保国家建设计划和工程合同的顺利实施,使公路工程建设的质量、安全、环保、费用、进度5大目标最优地实现。

(3)社会监理的任务

公路工程施工监理,是公路建设管理体制改革的重要内容,是强化质量管理、控制工程造价、提高投资效益及施工管理水平的有效方法。施工阶段监理的任务是监理工程师利用建设单位授予的权力,从组织、技术、合同和经济的角度采取措施,对工程质量、安全、环保、费用、进度实施全面监理,并严格地进行合同管理,高效有序地进行信息管理,以使工程建设的5大目标最合理地实现。

3.企业自检

企业自检是指施工单位按照与建设单位签订的合同文件要求,为保证工程质量所必须建立的内部施工质量保证体系。这个内部质量控制体系也称"企业自检"。

公路工程施工过程,是质量、安全、环保、费用、工期生成的过程,即"产品的质量是设计和生产出来的,而不是检验出来的"。事后检验只能起到在某种程度上控制不合格的工程交付使用,但已无法挽回在工程建设中费用的浪费、工期的延误和出现质量事故带来的损失,有时还会给工程留下隐患,带来难以预料的严重后果。施工企业作为公路工程产品的直接生产者,和政府监督机构、监理工程师(单位)不同,它要依照和建设单位签订的合同计划完成工程建设的费用、进度、质量和安全生产要求。因此,应该说施工企业在公路工程质量保证体系中占有特别重要的地位,是质量的直接保证者。

为了按照合同的约定实现工程的5大目标,施工企业在公路工程施工过程中,对公路施工过程实施自检是绝不可少的质量保证环节,因此,监理工程师应对施工单位的自检系统进行审查。这个工作包括以下几项内容:

(1)配备人员　施工方是否根据工程规模的大小和工程结构的特点配备了相应称职和数量的自检人员,能否满足工程所需要的要求。

(2)配备试验设备　施工方是否配备了与工程规模和结构特点相适应的试验设备,试验设备的类型、规格是否符合合同文件中有关试验标准的规定,并对一些关键性设备如核子密度仪、压力机等要定期进行计量核定。对某些试验设备的数量进行核实,分析是否能满足合同文件所要求的试验项目,以及在施工高峰期试验设备能否满足工程检验的需要。

(3)采用标准、规范化的工作方法　检查施工方是否建立和健全了标准、规范化的工作制度,施工企业自检时,是否是根据国家和交通部颁布的有关标准制定有关的工作制度、明确了采用的工作方法和手段。交通部行业标准《公路工程质量检验评定标准》(JTG F80/1/2—2004)和《公路工程施工监理规范》(2006年版)、《公路、水运工程试验检测人员资质管理暂行办法》、《公路水运工程试验检测管理办法》(交通部令2005年第12号)等应作为施工企业自检的依据。

第三节　公路工程施工监理组织与职权

一、监理的组织机构

1.监理的组织机构

监理组织机构应根据工程项目组成、工程规模、难易程度、合同工期、施工合同段的划分及现场条件等来设置，在设置监理机构时，还应贯穿提高效率，明确分工，责任到人，相互协作，分级监督的基本原则。从我国公路工程项目的实际出发，根据不同情况设置现场机构，现场监理机构一般可视情况分别设置一级、二级或三级监理机构。

《公路工程施工监理规范》(2006) 对监理机构的设置明确要求：

高速和一级公路可设置二级监理机构，即总监理工程师办公室(简称“总监办”)和驻地监理工程师办公室(简称“驻地办”)。开工里程在20km以下的，宜设置一级监理机构，即总监办。

二级和二级以下公路及养护工程可根据工程规模、难易程度、合同工期安排、现场条件等因素设置一级或二级监理机构。

公路机电工程可设置一级监理机构。

下面就一级、二级或三级监理机构的设置进行介绍：

(1)一级监理机构

对于工程规模不大，且施工内容相对比较单一的工程而言，一般设置一级监理机构即驻地监理工程师办公室，并通过若干合同段监理工程师来完成该项目的监理任务。如一般工程较集中的特大桥、隧道等就设置一级监理机构，即设置总监理工程师办公室(简称总监办)，如图1-2-1所示。

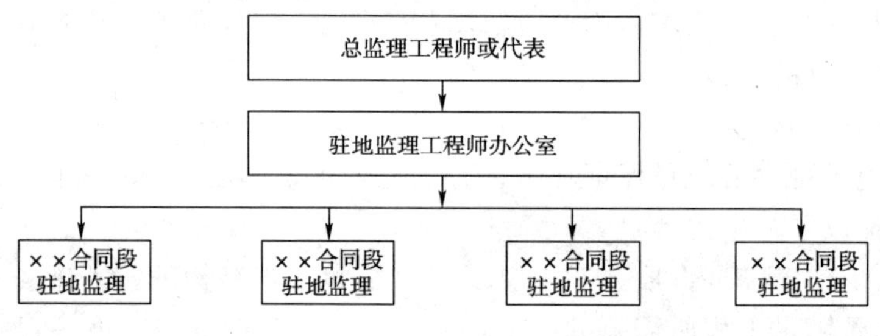

图1-2-1　一级监理机构

(2)二级监理机构

当工程规模较大或工程施工内容较为复杂，存在两个独立工程项目或设置了不止一个监理合同段时，可以成立二级监理组织机构，即总监代表处和驻地监理工程师办公室(简称驻地办)，如图1-2-2所示。

(3)三级监理机构

当工程规模很大，或工程施工内容复杂存在两个以上独立工程项目，或施工地域是属不同的省(市、自治区)时，为加强总监办对驻地监理工作的协调与管理，此时在总监办与驻地办之间设置项目监理部，即总监办对各独立项目的派出机构。此时为三级监理组织机构，即总监办、项目监理部(代表处)和驻地办，如图1-2-3所示。例如：京津塘高速公路由于跨越两市一省，所以设置三级监理机构；成渝高速公路统一设置项目总监办，成都段、重庆段又分别设置代表处，各个合同段设高级驻地办。

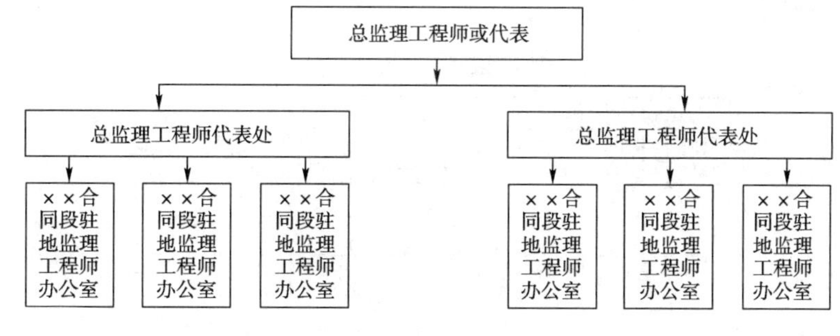

图 1-2-2　二级监理机构

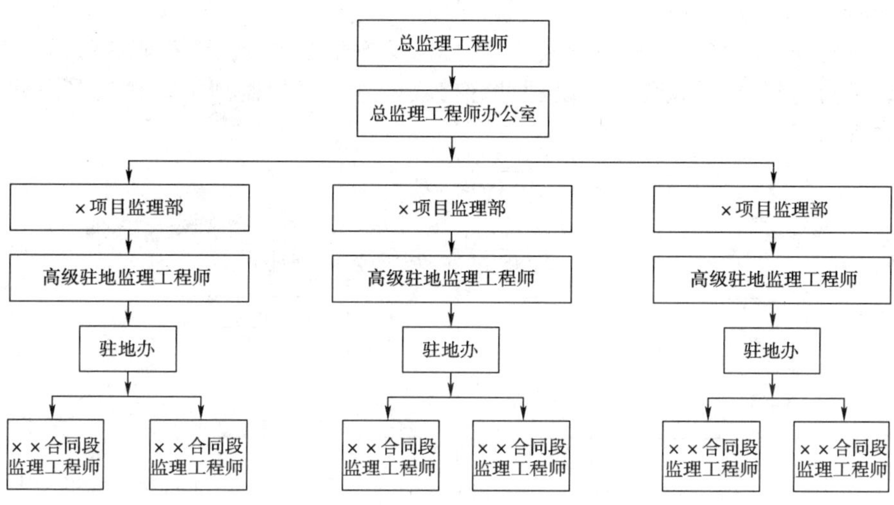

图 1-2-3　三级监理机构

2.监理的组织模式

(1)直线式监理组织

公路工程监理组织采用此种组织模式，通常用于工程项目监理的分级管理，如图 1-2-4 所示。

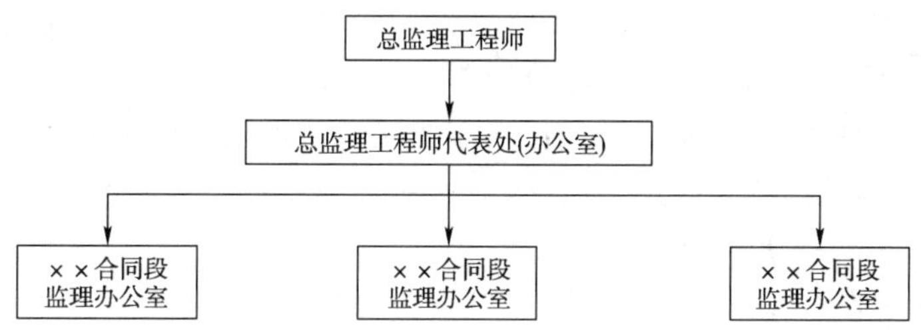

图 1-2-4　直线式监理组织结构图

(2)职能式监理组织

公路工程监理组织采用此种组织模式，可以充分发挥监理机构内部各职能办公室的作用。但设置时，必须注意各职能办公室的职责与权限划分，以避免各职能办公室间职责不清，协调困难，如图 1-2-5 所示。

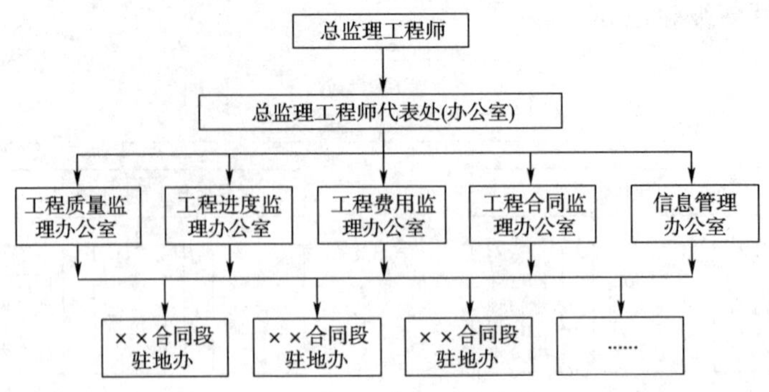

图 1-2-5 职能式监理组织结构图

(3)直线—职能式监理组织

公路工程监理组织采用此种组织模式,既可以发挥监理机构内部各职能部门的作用,又可以发挥上级机构的领导、协调作用。我国世行贷款公路项目的监理组织普遍采用此种组织模式,如图 1-2-6 所示。

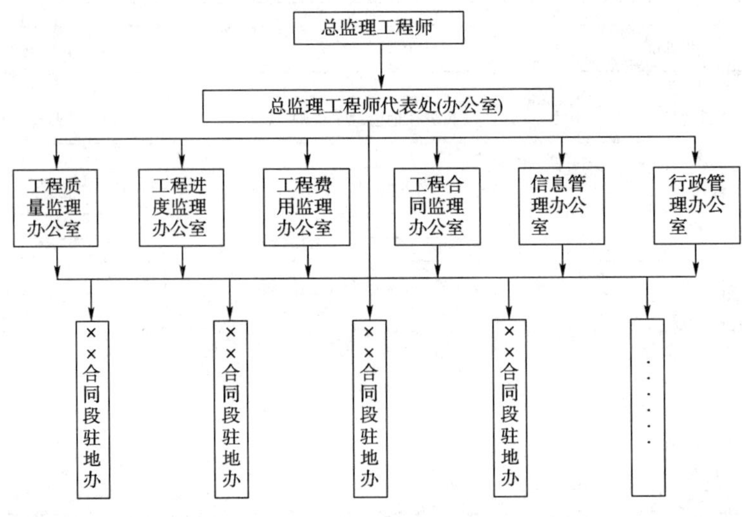

图 1-2-6 直线—职能式监理组织结构图

(4)矩阵式监理组织

随着公路工程建设事业的发展,工程监理单位不断涌现、壮大。当监理单位承担一个大型项目或同时承担多个项目,对专业技术和管理人才需求量很大而单位人才资源又有一定限度,且复杂项目又要求多部门、多专业配合实施,对人才资源利用率要求很高时,最适合采用矩阵式组织模式,如图 1-2-7、图 1-2-8 所示。

这种模式能充分适应工程项目监理人才要素在时间、方位、工序上投入的不均衡性这一特点,优化人力资源,进行动态控制,以保证或协调工程项目在不同阶段的监理要求。

二、监理组织的职责

2006 年新颁布的《公路工程施工监理规范》规定:

当采用二级监理机构和监理总承包时,应由中标的监理单位划分各级监理机构及监理人员的职责和权限;当对监理机构分别招标时,应由建设单位划分确定监理机构各自的职责和权限。

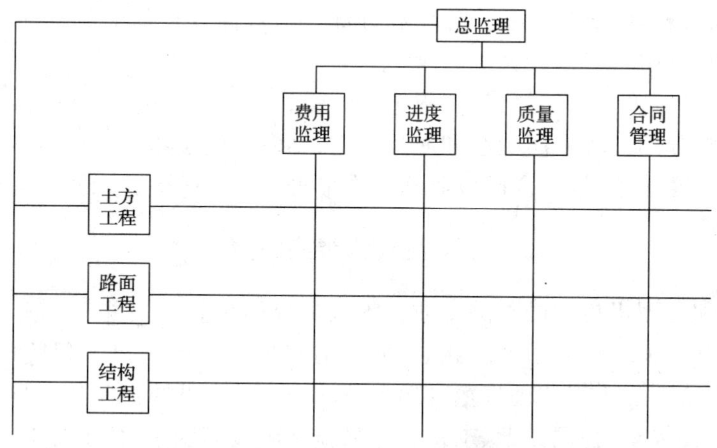

图 1-2-7 矩阵式工程监理组织图

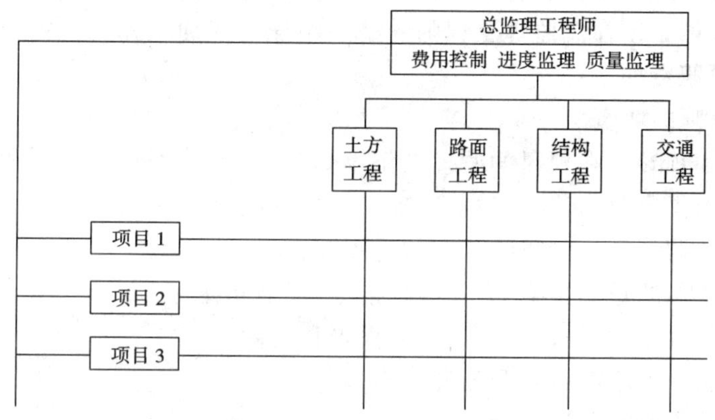

图 1-2-8 矩阵式工程监理组织图

1.总监办的主要职责

(1)主持编制监理计划;

(2)主持召开监理交底会、第一次工地会议;

(3)按合同要求建立中心试验室;

(4)审批施工组织设计及总体进度计划、重要工程材料及配合比;

(5)签发支付证书、合同工程开工令、单位或合同工程的暂停令和复工令;

(6)审核变更单价和总额以及延期和费用索赔;

(7)协助建设单位审查交工验收申请,评定工程质量;

(8)组织编写监理月报、编制监理竣工文件、编写监理工作报告。

2.驻地办的主要职责

(1)主持编制监理细则;

(2)主持召开工地会议;

(3)按合同要求建立驻地试验室;

(4)审批一般工程原材料和混合料配合比、施工单位的机械设备、施工方案;

(5)审批施工单位测量基准点的复测、原地面线测量及施工放线成果;

(6)审批分项工程开工申请,签发分项和分部工程暂停令和复工令;

(7)日常巡视、旁站、抽检,并做好记录;

(8)核算工程量清单,负责对已完工程进行计量;

(9)组织分项、分部工程中间验收和质量评定,签发中间交工证书;

(10)审批月进度计划,编写合同段监理工作报告。

三、监理人员的职责

监理工程师和监理机构中的相关专业技术人员统称为监理人员。监理人员是工程监理的主体,岗位不同,其知识结构要求亦不相同,配备的监理人员应满足工程监理的需要。按照交通部新颁布的《公路工程施工监理规范》(2006)的规定,监理机构中监理人员的数量和结构,应根据监理内容、工程规模、合同工期、工程条件和施工阶段等因素,按保证对工程实施有效监理的原则确定。监理机构设置岗位分为总监理工程师、驻地监理工程师、监理工程师(包括专业监理,如测量、试验、计量、环保、安全等)、监理员(主要指现场旁站人员)和行政文秘人员。各个岗位上的监理人员必须在总监理工程师的统一领导下开展工作,既分工负责,又相互配合。各监理人员的主要职责如下:

1.总监理工程师的职责

(1)全面负责和领导所在项目的监理工作;

(2)负责向公司提出总监代表、驻地监理组织的任免建议,确定各监理机构的人员编制;

(3)行使对整个监理工作的最终认证与否决权;

(4)审批施工单位的重要报告,签发各种指令、证书和文件;

(5)审批监理代表处、驻地监理组的重要报告和文件;

(6)主持重大质量事故的调查和处理;

(7)负责各种监理规章制度的制订、修改、补充和解释;

(8)副总监理工程师按总监理工程师授权的职责范围,协助总监理工程师工作,总监理工程师不在时代行总监理工程师职责。

2.驻地监理工程师的职责

(1)驻地监理工程师对总监代表负责,全面负责和领导本合同段的监理工作;

(2)对合同中出现的问题和异议提出解释和修正意见并报总监代表处;

(3)详审施工单位的施工组织、施工方案和施工工艺,提出审查意见报总监代表批准;

(4)核实施工单位主要管理人员和技术人员组成,核实并随时监督施工单位人员及劳动力进场和在场情况;

(5)核实施工单位施工机械,并随时监督施工单位机械进场情况和完好率;

(6)核实施工单位开工准备,审批施工单位施工图,签批分项工程开工申请报告;

(7)签发中间交工证书,核实并签认中间计量证书,提出付款证书;

(8)尽可能地防止索赔,对发生的索赔、工期延误、争端等问题及时作出反应,同时上报总监代表处,并收集和提供所有相关资料,提出处理意见;

(9)对所有工程变更及时呈报总监代表处,提供所需资料,提出处理建议;

(10)监督施工单位的施工管理和施工安全,控制和评价工程质量和工程进度,及时向总监代表处汇报有关情况;

(11)审查施工单位材料来源和进场材料;

(12)初审施工单位的工程分包,并提出审查意见;

(13)对工程质量事故及时作出反应,并协助总监代表妥善处理;

(14)下令使用计日工,同时上报总监代表处备案(事先经总监代表处同意);

(15)执行总监代表处的一切业务指示。

3.监理员的职责

1)一级监理机构

(1)在驻地监理工程师的领导下:负责所辖合同段各分项工程的现场监理工作;

(2)熟悉合同条款、规范及设计文件,在施工过程中对进度质量进行全面控制,对施工中出现的问题,要按规范要求提出处理意见;

(3)填写监理日志和监理日报并负责制订施工过程中的监理细则;

(4)审查施工单位的施工计划、施工组织、施工方案,提出审查意见供驻地工程师审批时参考,并对计划的执行情况进行检查和监督;

(5)对施工单位提供的测量资料、设计图纸及工程位置进行审查,检查施工单位的测量成果及绘制的施工和竣工图纸等;

(6)负责审查施工单位的检验申请单,对施工单位施工的工程进行检验,对施工单位施工中出现的问题应建议驻地监理工程师签发工作指令或监理通知单;

(7)审查施工单位提出的各项资料,安排制订控制施工质量及施工进度的各种图表,管理好施工监理原始记录、技术档案;

(8)现场核实工程数量,做好合同计量支付工作,审查施工单位的支付月报,审查计日工的数量,经驻地工程师审查后上报;

(9)对施工中发生的工程问题以及涉及合同索赔延期等问题,应及时提出处理意见供驻地工程师处理参考,并上报总监代表处;

(10)对本工程重点部位和重点路段要制定详细的施工技术方案、技术措施和质量保证措施;

(11)办理驻地监理工程师交办的其他工作。

2)二级监理机构

(1)协助驻地监理工程师工作;

(2)负责对现场施工全过程及各工序施工质量的旁站监督;

(3)检查并记录施工单位的工序施工质量。

四、监理人员配备

1.监理人员配备的依据和原则

公路工程施工监理项目的人员配备主要根据监理内容、工程规模的大小、合同工期、工程条件和施工条件等因素,并参照交通部颁发的《公路工程施工监理规范》(2006)和《公路工程施工监理办法》(交通部交工发[1992]387号)中有关指导性规定进行合理的配置,监理人员数量可按各阶段特点进行调整,详细安排应在施工监理服务合同中写明。监理人员的配备还以照顾各个主要工作面、各种专业技术和年龄结构适中、能够实施有效监控为原则。既要有基础理论知识扎实、技术水平高、有丰富的施工经验、具有设计和试验知识的高级监理人员,也要有相当专业技术水平和施工及监理经验、善于进行监督管理的中级人员,还要有能在关键工序进行全过程旁站监视的现场监理人员及辅助管理人员,构成一个专业配套合理、精明能干的监理组织,以保证能高效完成监理任务。

2.监理人员资质

《公路工程施工监理规范》(2006)编制说明中指出:为了规范公路监理市场和保证监理质量的需要,不是从事公路专业的,没有公路专业经验的,不得从事公路施工监理,且要求:

(1)总监理工程师、驻地监理工程师,一般应具有高级工程师等相应的高级技术职称并必须取得交通部颁发的监理工程师证。

(2)监理工程师应具有工程师等中级技术职称并应取得交通部颁发的公路工程监理工程师或专业监理工程师证;专业监理工程师分别有路基、路面、桥梁、隧道、交通工程、机电、试验、测量及合同管理等方面的专业。

(3)测量、试验及现场旁站等监理员应具有初级技术职称或经过专业技术培训,考试合格。

3.监理人员的组合

监理人员的组合应合理,总监理工程师及其办公室各专业部门负责人及驻地监理工程师等各类高级监理人员,一般应占监理总人数的10%~15%;各类专业监理工程师等中级专业监理人员(专业监理工程师)应占监理总人数的50%~55%;各类专业工程师助理及辅助人员等初级监理人员(监理员)一般应占监理总人数的20%~25%;行政事务人员一般应控制在监理总人数的10%以内。

4.监理人员的数量

监理人员的数量可由建设单位及监理单位依据交通部颁发的公路工程施工规范和《公路工程施工监理办法》中有关指导性的规定确定,并应明确写入《施工监理服务合同》中。

监理人员的数量要满足工程项目进行质量、安全、环保、费用、进度监理和合同管理的需要,一般应按每年计划完成的投资额并结合工程的技术等级、工程种类、复杂程度、设计深度、通行条件、当地气候、工地地形、施工工期、施工方法等项实际因素,综合进行测算确定。

2006年新的《公路工程施工监理规范》明确规定:

高速公路、一级公路工程每年每1千万元建安费宜配备交通部核准资格的监理工程师0.2名;独立大桥、特长隧道工程每年每1千万元建安费宜配备交通部核准资格的监理工程师0.3名。根据工程特点和实际需要,上述配置可在0.8~1.2的系数范围内调整。

高速公路机电工程,每50km每系统宜配备交通部核准资格的监理工程师0.8名,根据工程情况,如系统复杂或隧道机电工程内容较多,可适当增加。

上述配置如遇重大工程变更等情况,人员配备应根据需要进行调整,并就工程内容的变化、人员的调整事宜签订补充合同。

总监办应配备1名总监理工程师和若干名专业监理工程师。总监理工程师应具有相应专业的高级技术职称、5年以上的现场工程监理经历、担任过2项以上同类工程的驻地或总监职务。

驻地办应根据工程复杂程度配备1~2名驻地监理工程师和若干名专业监理工程师。驻地监理工程师应具有相应专业的中级或高级技术职称、同类工程3年以上监理经历。

五、监理设施

针对投资大、监理工作繁重的公路工程项目,为确保质量控制的检验测试及各项管理工作的顺利进行,必须在监理单位所承担的工程项目工地,配备足够数量和相应质量水平的监理设施。监理设施包括:办公设施及其用品、生活设施及用品、试验设施、测量和气象仪器,交通设施及通信设施等。

1.工作及生活设施

为了提高监理工程师及其他人员的工作效率和生活质量,应为他们提供良好的工作条件和生活环境。办公设施除一般办公条件(办公桌椅、文具等)外,应配备计算机、打印机、复印机、传真机、照相机、摄像机、资料柜及必要的气象设备等。生活设施除一般生活用品(如床、棉被、蚊帐等)外,应有洗衣机、电风扇、空调(少量)、淋浴器、冰柜、消毒柜等厨房设施。

办公生活场所宜选在距离所监理工程工地较近、交通便利的路段中间位置,具备通信和水、电、暖供应条件(试验室应具备三相电条件),应有安置压力机、万能试验机等大型设备用房(必要时可建临时简易用房),并尽量将生活、办公、试验区分开设置。

2.交通及通信设施

公路工程施工路线长、内容多、任务重、要求严、时间紧,为了有效地对工程实施监理,随时沟通各方信息,及时协调配合处理问题,应配置必要的监理用车和通信设备。

交通工具配备数量根据工程情况确定,车型以越野车、双排座客货车为主,不宜配备轿车。对于长100km左右的公路工程项目,采用二级监理机构时,总监理工程师办公室可配备车辆5部;负责20km左右路段(约两个施工合同段)的驻地工程师办公室,可配备车辆3~4部。

一般情况下,总监理工程师办公室配备程控电话2部,驻地工程师办公室配备程控电话1部,总监理工程师、总监代表(副总监)、驻地监理工程师、副驻地监理工程师应配有手机等通信设备。

3.试验室设备

监理工程师要坚持服务的客观性、科学性,要坚持用数据来判断工程质量,以达到质量监控的效果。只有把好试验关,通过可靠的试验设备、严格的试验操作和符合规范要求的试验成果才能实现。为此,总监理工程师办公室、驻地工程师办公室均应设置独立的中心试验室和工地试验室。并拥有相应的试验检测资质。

(1)土建试验设备

试验仪器设备应满足路基、路面、桥涵、隧道、防护、交通工程等试验检测工作的需要(个别频率较低的试验可以采用对外委托方式),保证规范规定的独立、平行试验检测频率。试验室的设置要求、仪器配备、试验管理等详见“质量监理”部分。

(2)测量仪器及设备

公路路线的平纵指标、大中桥隧、路基、路面等工程几何尺寸的控制是否符合标准,工程量的收方计量,都必须进行测量检查、验收,为此,配备各类精密的测量仪器和设备是监理工作的重要保证之一。

(3)气象设备

公路工程施工受气候条件影响较大,监理工程师要随时掌握和记录施工期间的气温及降雨信息,以便要求施工单位采取相应的施工措施,避免不必要的损失。同时恶劣的气候条件也是造成施工单位提出工程延期的主要因素之一,因此可视现场具体情况设立气象观测人员、配备适当气象设备。在有气象台站的地区,各施工合同段的气象资料应由建设单位、监理工程师与当地气象部门签订合同,由当地气象部门提供距合同段最近的气象站(哨)的气象资料。

(4)照相、摄像器材

施工现场、施工过程、施工技术以及覆盖前的隐蔽工程和基础状况,都需要一定数量的工程照片或录像作为原始记录和档案保存下来，为此，可视项目情况配置适当的摄、录像设备。一般照相设备是监理组必须配置的。

各种监理设备的规格和数量，应根据工程规模、工程种类、监理数额及通行条件等实际情况，由监理工程师与建设单位共同商定，在施工合同文件或监理合同文件中列出清单，一般为监理工程师提供的设备和设施应在工程量清单第100章内。

监理设施一般应在施工合同规定的实际开工以前基本准备完善，以保证工作使用。监理设备一般应在施工合同文件中规定由施工单位提供，也可以根据监理合同由建设单位直接提供。如建设单位或施工单位不能如期提供，而监理工程师根据工程的实际计划安排需要使用某些设备，则可要求建设单位或施工单位提供等效的临时设备以满足使用，由此而造成的一切责任和费用由违约方承担。

第四节　工程监理的风险管理与目标控制

一、工程监理风险及风险管理

1.工程项目的风险

由于工程建设项目施工的特点，决定了在整个工程项目实施过程中存在着大量的不确定因素。这些不确定因素无疑给工程项目的质量、进度、费用、安全生产和环境保护5大目标实现带来影响，其中有些影响甚至是灾难性的，因此工程项目在整个施工建设过程中存在一定的风险，有必要对其进行风险的管理。

工程项目的风险就是指那些在项目实施过程中可能出现的灾难性事件或不满意的结果。

风险包括三个基本的要素即风险因素的存在性，风险因素的发生不确定性和风险后果的不稳定性。

公路施工的风险因素众多，如技术风险因素、施工风险因素、非技术风险因素(如自然界环境风险因素、政治法律风险因素、经济风险因素、组织协调风险因素、合同风险因素、材料风险因素、设备风险因素、资金风险因素等)。

公路工程项目在实施过程中存在风险是必然的、不可避免的，监理工程师必须要有强烈的和正确的风险意识。

2.工程项目的风险管理

风险管理是一个识别和度量项目的风险，制订、选择和管理风险处理方案的系列过程。风险管理的目标是避免风险、化解风险及减少风险的危害程度，使工程质量、进度、费用、安全生产和环境保护5大目标得到控制和实现。

风险管理的流程主要有5大步：工程项目风险的预测和识别，工程项目风险分析评价和工程项目控制对策的规划、实施决策和检查。

1)风险的预测和识别

预测和识别工程项目的目标实现过程中可能存在的风险事件，并予以分类是整个风险管理流程的关键步骤。其主要工作在于数据收集、分析和预测。为了使风险识别做到准确、完整和有系统性，应从项目风险管理的目标出发，通过风险调查、信息分析、专家咨询及试验论证等手段，对项目风险进行多维分解，从而全面认识风险，形成风险清单。

2)风险分析和评价

风险分析和评价主要是对风险的不确定性进行量化,评价其潜在的影响。它包括的内容是:确定风险事件发生的概率和对项目目标影响的严重程度,如经济损失量、工期迟延量等;评价所有风险的潜在影响,得到项目的风险决策变量值,作为项目决策的重要依据。

3)风险控制对策的规划

风险控制对策的目的是减小风险的潜在损失,基本对策有三种形式:风险控制、风险自留和风险转移。

(1)风险控制对策

风险控制是对使风险损失趋于严重的各种条件采取措施,进而控制而避免或减少发生风险的可能性及各种潜在的损失。风险控制对策有风险回避和损失控制两种形式。风险回避对策经常是一种规定,如禁止某项活动的规章制度。损失控制是通过减少损失发生的机会或通过降低所发生损失的严重性来处理项目风险。损失控制方案其内容包括:制订安全计划,评估及监控有关系统及安全装置,重复检查工程建设计划,制订灾难计划,制订应急计划等。

(2)风险自留对策

风险自留是一种重要的财务性管理技术,由自己承担风险所造成的损失。风险自留对策分计划性风险自留和非计划性风险自留两种。计划性风险自留是指风险管理人员有意识地不断地降低风险的潜在损失。非计划性风险自留是指当风险管理人员没有认识到项目风险的存在,因而没有处理项目风险的准备,被动地承担风险,此时的风险自留是一种非计划风险自留。风险管理人员通过减少风险识别失误和风险分析失误,从而避免这种非计划风险自留。

(3)风险转移与回避对策

①合同转移。是指用合同规定双方风险责任,从而将风险本身转移给对方以减少自身的损失。因此合同中应包含责任和风险两大要素。

②工程投保。是项目风险管理计划的最重要的转移技术,目的在于把项目进行中发生的大部分风险作为保险对策,以减轻与项目实施有关方的损失负担和可能由此产生的纠纷。付出了保险费,在工程受到意外损失后能得到补偿。工程保险的目标是最优的工程保险费和最理想的保障。

③风险的回避。如制订制止某项活动的规章制度。

(4)规划决策过程

规划决策就是选择对策,应根据工程项目的特点从系统的观点出发,考虑风险管理的思路和步骤,制订与项目目标一致的风险管理原则,以指导风险管理人员决策。

4)实施决策

实施决策的内容是制订安全计划、损失控制计划、应急计划,确定保险内容、保险额、保险费、免赔额和赔偿限额等,并签订保险合同。

5)检查

检查是指在项目实施过程中,不断检查以上 4 个步骤的实施情况,包括计划执行情况及保险合同执行情况,以实践效果评价决策效果。还要确定在条件变化时的风险处理方案,检查是否有被遗漏的风险项目。对新发现的风险项目应及时提出对策。

二、工程监理目标控制

控制是管理的组成部分,并且是关键的核心的组成部分。从某种意义上说,控制是最有力的解决关键问题的管理手段,是最强有力的管理。需要控制的对象,必然是关键性的,有极强的针对性的，或有时间要求的，对实现目标有保证作用。

1.控制的概念和任务

控制就是按照项目的计划目标组织工程项目控制系统，并对系统各个部分进行跟踪检查，以保证协调地实现总体目标。

控制的主要任务，是把计划执行情况与计划目标进行比较，找出差异，对比较的结果进行分析，排除和预防产生差异的原因，使总体目标得以实现。

2.控制的方式与方法

项目控制具有很强的实用性。由于工程项目的一次性特点，将前馈控制、反馈控制、主动控制、被动控制等应用到工程监理中是非常有效的，有助于提高监理人员的主动监理意识。

(1)项目控制形式

项目控制形式分为两种：一种是前馈控制（又称为开环控制）；另一种是反馈控制（又称为闭环控制），如图1-2-9所示。两种控制形式的主要区别是有无信息反馈。就工程项目而言，控制器是指工程项目的管理者。前馈控制对控制器的要求非常严格，即前馈控制系统中的人必须具有开发的意识。而反馈控制可以利用信息流的闭合，调整控制强度，因而对控制器的要求相对较低。

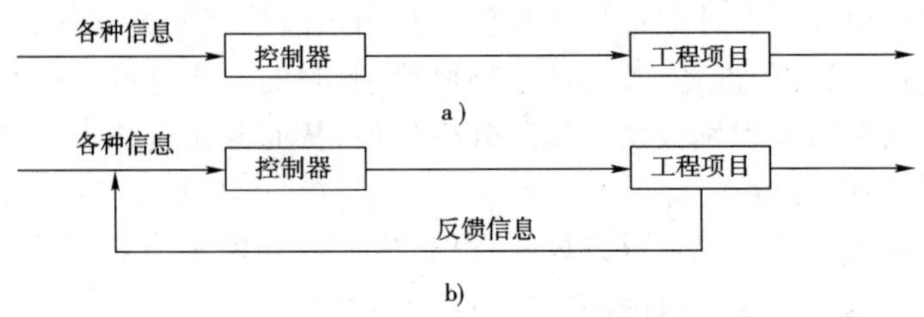

图1-2-9　工程项目控制方式图

a)前馈控制；b)反馈控制

对于一个工程项目而言，理论上讲，从公路工程项目的一次性特征考虑，在项目控制中均应采用前馈控制形式。但是，由于项目受本身的复杂性和人们预测能力局限性等因素的影响，使反馈控制形式在监理工程师的控制活动中显得同样重要和可行。

(2)控制方法

工程项目的动态控制分为两种情况：一是发现目标产生偏离，分析原因，采取措施，称为被动控制；另一种是预先分析，估计工程项目可能发生的偏离，采取预防措施进行控制，这称为主动控制，如图1-2-10所示。

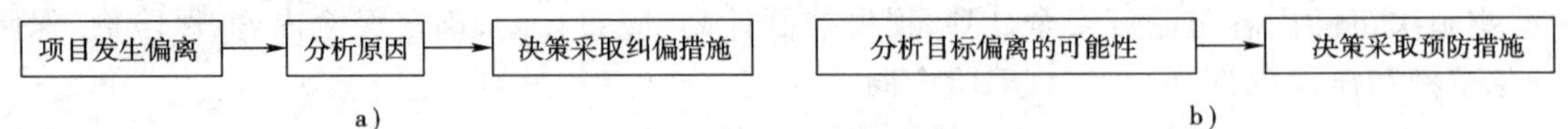

图1-2-10　工程项目主、被动控制示意图

a)被动控制；b)主动控制

工程项目的一次性特点，要求监理工程师具有较强的主动控制能力，而且工程合同和施工规范都给监理工程师实施主动控制提供了条件。但公路工程项目是极为复杂的工程项目，涉及的因素多，跨越的范围广，因此，根据工程实际，在工程监理实施过程中，除采取主动控制外，也应辅之于被动控制方法。主、被动控制的合理使用，是监理工程师做好监理工作的保证之一，也能反映监理工程师的水平。

工程项目的目标动态控制是一个有限的循环过程,应在监理规划指导下进行,并贯穿于工程项目实施阶段的全过程。动态控制的过程可分为三个基本步骤:确定目标、检查成效、纠正偏差。

第五节　工地会议与监理记录

一、工 地 会 议

公路工程施工监理中制订并实施的工地会议制度,是监理工程师对工程项目进行全面管理的一种重要方法,也是合同管理项目中普遍用的一种手段。它不仅使履约的各方和监理工程师之间可以形成固定的讨论工作的机会,而且是沟通情况、传递信息和交流感情的重要场所。特别是会议讨论和研究的现场事件及情况将被完整的记录下来,形成文字材料,成为约束履约各方行为的依据。

工地会议目的在于检查、督促合同各方,特别是施工单位对工程项目承包合同的执行情况,协调各方关系,促进工程项目的顺利进行。

通过工地会议,进行了施工等方面情况的交流与讨论,使监理工程师能对工程施工的进度和质量的矛盾进行协调处理,同时方便各种信息迅速在建设单位、施工单位之间传递,有利于工程的顺利进行;工地会议可用来协调建设单位、监理单位、施工单位三方之间的矛盾,也可以协调工程施工中的一些矛盾,使矛盾和问题及时得到解决,避免对工程项目 5 大目标的影响;工地会议是监理工程师对工程施工进度、质量、费用、安全生产、环境保护等情况的经常性检查,通过对执行合同的情况和施工技术问题的讨论,可以发现问题,为监理工程师决策提供依据;工地会议还可以集思广益,对施工过程中出现的各种问题,提出建设性意见和措施。因此,工地会议也是监理工程师一项重要的日常性工作。

工地会议是围绕现场而召开的一种会议,根据会议召开的时间、内容及参加人员的不同,分为第一次工地会议、工地例会和专题工地会议(或称现场协调会)等三种形式。

1.第一次工地会议

第一次工地会议应在工程正式开工前召开。监理工程师进入工地后的第一次会议,是履约各方包括监理工程师在内,相互认识、熟悉并取得联络,也是检查准备工作,明确监理程序的会议。总监办应事先将会议议程及有关事项通知建设单位、施工单位及其他有关单位并做好会议准备。会议应由总监理工程师主持,总监理工程师应事前将会议议程及有关事项通知建设单位、施工单位及有关方面,必要时可先召开一次预备会议,使参加会议的各方做好资料准备。在会议举行中,如果某些重大问题达不到目的要求,可以暂时休会,待条件具备时再行复会。其目的在于监理工程师对工程开工前的各项准备工作进行全面的检查,确保工程实施有一个良好的开端。

1)第一次工地会议参与者

第一次工地会议应由总监理工程师主持,建设单位、施工单位法定代表人或授权代表必须出席。各方在工程项目中担任主要职务的人员及分包单位负责人应参加会议。第一次工地会议应邀请质量监督部门参加。

2)会议的主要内容

(1)第一次工地会议上建设单位、监理单位、施工单位等各方应介绍各自的人员、组织机构、职责范围及联系方式。建设单位应宣布对监理工程师的授权；总监理工程师应宣布对驻地监理工程师授权；施工单位应书面提交工地代表(项目经理)的授权书。

建设单位就其实施工程项目期间的职能机构、职责范围及主要人员名单提出书面文件，就有关细节作出说明。

总监理工程师应向驻地监理工程师授权，并声明自己仍保留哪些权力；书面将授权书、组织机构框图、职责范围及全体监理人员名单提交施工单位并报备建设单位。

施工单位应书面提出工地代表(项目经理)授权书、主要人员名单、职能机构框图、职责范围及有关人员的资质材料以取得监理工程师的批准；监理工程师应在本次会议中进行审查并口头予以批准(或有保留的批准)，会后正式予以书面确认。

(2)施工单位应陈述开工的各项准备情况，监理工程师应就施工准备以及安全、环保等予以评述。

施工单位的施工进度计划，应在中标通知书发出后在合同规定的时间里提交监理工程师。在第一次工地会议上，监理工程师应就施工进度计划作出如下说明：施工进度计划可于何日批准或哪些分项已获得批准；根据批准或将要批准的施工进度计划，施工单位何时可以开始哪些工程施工，有无其他条件限制，有哪些重要的或复杂的分项工程还应单独编制进度计划提交批准。

施工单位应就施工准备情况按如下内容提出陈述报告，监理工程师应逐项予以澄清、检查和评述。

①主要施工人员(含项目负责人、主要技术人员及主要机械手)是否进场或将于何日进场，并应提交进场人员计划及名单。

②用于工程的进口材料、机械、仪器和设施是否进场或将于何日进场，是否将会影响施工，并应提交进场计划及清单。

③用于工程的本地材料来源是否落实，并应提交料源分布图及供料计划清单。

④施工驻地及临时工程建设进展情况如何，并应提交驻地及临时工程建设计划分布和布置图。

⑤工地试验室、流动试验室及设备是否准备就绪或将于何日安装就绪，并应提交试验室布置图、流动试验室分布图及仪器设备清单。

⑥施工测量的基础资料是否已经落实并经过复核，施工测量是否进行或将于何日完成，并应提交施工测量计划及有关资料。

⑦履约保函和动员预付款保函及各种保险是否已办理或将于何日办理完毕，并应提交有关已办理手续的副本。

⑧为监理工程师提供的住房、交通、通信、办公等设备及服务设施是否具备或将于何日具备，并应提交有关计划安排及清单。

⑨其他与开工条件有关的内容及事项。

(3)建设单位说明开工条件

建设单位应就工程占地、临时用地、临时道路、拆迁、工程支付担保情况以及其他与开工条件有关的内容及事项进行说明。

(4)明确施工监理例行程序

监理单位应就监理工作准备情况以及有关事项作出说明。监理工程师应沟通与施工单位的联系渠道，明确工作例行程序并提出有关表格及说明，一般应包括：质量控制的主要程序、表格及说明；施工进度控制的主要程序、图表及说明；计量支付的主要程序、报表及说明；延期与索赔的主要程序、报表及说明；工程变更的主要程序、图表及说明；工程质量事故及安全事故的报告程序、报表及说明；函件的往来传递交接程序、报表及说明；确定施工过程中工地会议举行的时间、地点及程序。

总监理工程师应进行会议小结，明确施工准备工作还存在的主要问题及解决措施。

2.工地例会

工地例行属于开工后举行的一种经常性工地会议，主要用于解决施工中存在的问题。工地例会由总监理工程师或驻地监理工程师主持，宜每月召开一次，其具体时间间隔可根据施工中存在的问题程度由监理工程师决定，工地例会应在开工后的整个活动期内定期举行。工地例会的目的，在于监理工程师对工程实施过程中的进度、质量、费用、安全、环保的执行情况进行全面检查，为正确决策提供依据，确保工程顺利进行。

(1)参加人员

会议参加者应为驻地监理工程师及有关助理人员；施工单位的授权代表、指定分包单位及有关助理人员；建设单位代表及有关助理人员。

(2)会议的内容

会议应检查上次会议议定事项的落实情况，并就工程质量、安全、环保、费用、进度及合同其他事项等进行讨论，提出解决问题的措施并确定下一步工作的具体安排和要求。

会议一般应由施工单位逐项进行陈述并提出问题与建议；监理工程师逐项组织讨论并作出决定或决议的意向，会议一般应按以下议程进行讨论和研究：

①确认上次会议记录：可由监理工程师的记录人对上次会议记录征询意见并在本次会议记录中加以修正。

②审查工程进度：主要是关键线路上的施工进展情况及影响施工进度的因素和对策。

③审查现场情况：主要是审查现场机械、材料、劳力的数额以及对进度和质量的适应情况，并提出解决措施。

④审查工程质量：主要针对工程缺陷和质量事故，就执行标准控制、施工工艺、检查验收等方面提出问题及解决措施。

⑤审查工程费用事项：主要是材料设备预付款、价格调整、额外的暂定金额等发生或将发生的问题及初步的处理意见或意向。

⑥审查安全事项：主要是对发生的安全事故或隐藏的不安全因素以及对交通和民众的干扰提出问题及解决措施。

⑦讨论施工环境：主要是施工单位无力防范的外部施工阻挠或不可预见的施工障碍等方面的问题及解决措施。

⑧讨论延期与索赔：主要是对施工单位提出延期或索赔的意向进行初步的澄清和讨论，另按程序申报并约定专门会议的时间和地点。

⑨审议工程分包：主要是对施工单位提出的工程分包的意向进行初步审议和澄清，确定进行正式审查的程序和安排，并解决监理工程师已批准(或批准进场)分包中管理方面的问题。

⑩其他事项

会议中若出现延期、索赔及工程事故等重大问题，可另行召开专门会议协调处理。

3.专题工地会议(现场协调会)

在整个施工活动期间，应根据具体情况定期或不定期召开不同层次的专题工地会议(施工现场协调会)。会议应由监理工程师主持,建设单位、施工单位负责人或代表出席,有关监理及施工人员酌情参加。会议只对近期施工活动进行证实、协调和落实,对发现的施工质量问题及时予以纠正,对其他重大问题只是提出而不进行讨论,另外召开专门会议或在工地会议上进行研究处理。

会议的主要内容包括:施工单位报告近期的施工活动,提出近期的施工计划安排,简要陈述发生或存在的问题;监理工程师就施工期内出现的工程施工质量、安全、环保、费用、进度及合同等重点、难点和需要协调的问题进行研讨和简要评述,并根据施工单位提出的施工活动安排,安排监理人员进行旁站、工序检查、抽样试验、测量验收、计算验算、缺陷处理等施工监理工作;对执行施工合同有关的其他问题交换意见。

专题工地会议的目的在于监理工程师对日常或经常性的施工活动进行检查、协调和落实,使监理工作和施工活动密切配合。

专题工地会议以协调工作为主,讨论和证实有关问题,及时发现问题,一般对出现的问题不作出决议,重点只对日常工作发出指令。监理方和施工方通过现场协调会彼此交换意见,交流信息,促使监理单位与施工单位双方保持良好的关系。

二、监理文件与监理记录

监理文件和资料管理是整个监理工作的重要组成部分,是监理工作的基础工作,建立健全监理文件与资料的管理是进行质量监理、安全监理、环境保护监理、费用监理和进度监理的重要环节,也是体现监理工作质量的重要依据。一套全面、系统、完善、科学的监理记录,不仅可以反映出工程质量、安全、环保、费用和施工单位的资金周转情况,还可以及时发现施工过程中存在的问题,为工程保质保量完成、工程费用的合理使用提供依据,同时也为公正地处理索赔和延期,解决各种合同纠纷提供依据。因此,监理机构应对监理文件与资料做到及时整理,分类有序、系统、完整、妥善存放和保管。

监理工程师建立监理文件与资料主要包括材料、试验、测量、计量支付、工程变更、安全、环保等各项台账。

1.监理文件与资料管理

按照《公路工程施工监理规范》(2006)的要求,监理文件与资料的内容包括:监理管理文件、质量监理文件、进度监理文件、费用监理文件、施工安全监理与环保监理文件、合同管理文件及工程监理月报、监理工作报告、监理日志、会议纪要、巡视记录、旁站记录、监理工作指令、工程变更令、工程分项开工的申请批复、试验抽检的原始记录等。监理管理文件与资料包括监理计划、监理细则等。监理资料审批意见与签认应齐全。

1)质量监理文件与资料

包括质量监理措施、规定及往来文件、试验检测资料、监理抽检资料、交工验收工程质量评定资料。

常用监理文件(施工监理表)如:施工放样报验单、分项工程开工申请批复单、施工单位每周工作计划、监理日报、检验申请批复单、工作指令、工程变更令、索赔申请单、索赔时间/金额审批表、工地会议记录、中间交工证书、分包申请报告单、工程暂时停工指令、复工指令、工程质量事故处理报告单、工程交工证书、工程缺陷责任期终止证书。

常用的工程质量检验表有:路基工程检验表,排水工程检验表,挡土墙、防护及其他砌石工程检验表,路面工程检验表,桥梁工程检验表,隧道工程检验表,交通工程设施检验表,施工安全生产设施检验表,环境保护检验表。

2)进度监理文件与资料

包括进度计划审批、检查、调整的有关文件;工程开工/复工令及工程暂停令等。

3)费用监理文件与资料

包括各类工程支付文件、工程变更有关费用审核工作、工程竣工决算审核意见书等。常用支付表有:工程进度表、中期支付证书、清单支付报表、计日工支付报表、工程变更一览表、价格调整汇总表、价格调整表、单价变更一览表、永久性材料价差金额一览表、永久性工程材料到达现场计量表、扣回材料设备预付款一览表、扣回动员预付款一览表、中间计量表、中间计量支付汇总表。

4)施工安全监理与环保监理文件

施工安全监理与环保监理文件应包括安全管理的规章制度、措施、会议记录、检查结果、安全事故的有关文件及施工环境保护规划、环境保护措施、环境保护检查等。

5)合同管理文件与资料

包括施工单位办理保险的有关文件、延期索赔申请、分包资质资料、延期和索赔的批准文件、价格调整申请及批准文件等。

6)工程监理月报

监理工程师每月应向建设单位和上级监理机构报送工程监理月报。其内容包括:本月工程概述、工程质量、进度、安全、环保、支付、合同管理的其他事项、合同执行情况、存在的问题、本月监理工作小结等。具体内容如下:

总监代表处或驻地监理办公室应根据工程进展情况、存在的问题,每月以报告书的形式向监理管理办公室报告监理执行情况。监理管理办公室汇总总监代表处的监理报告向建设单位提交监理报告。月报告陈述的问题仅指存在的或将对工程费用、质量及工期产生实质性影响的事件,报告能使建设单位对工程质量现状有一个比较清晰的了解。监理报告对施工单位工程进度比原定计划落后的工程项目,应说明延迟的原因以及挽回这种局面已采取或将要采取的措施,月报告还应报告施工单位主要职员和监理工程师职员的变动情况,已完成的主要分项工程和细目等内容。

(1)工程描述

工程监理月报的正文前应附有一张工程位置图,图中应清晰地标明工程的具体位置;工程描述通常是简述合同的内容,第一份监理月报的工程描述应提供以下资料,后期的月报可视情况适当进行增减:

①地理位置;

②计划全长;

③标准横断面数据;

④路线及结构物的所在位置的地质情况;

⑤对主要结构物的类型及数量的描述;

⑥对较小结构物及道路设施的描述;

⑦线形及重要设计指标;

⑧合同的签订日期;

⑨项目名称、贷款号及合同号;

⑩施工单位或联合施工单位的名称及牵头人;

⑪合同总价；

⑫开工通知书发出的日期及开工日期；

⑬合同规定的工期；

⑭修订的完工期，从开工到现在已过去的时间。

(2)认可的分包人及供应商

对于工程分包，材料、设备等供应商的情况在月报中应作一简单说明，分包工程应说明分包工程的哪一部分、项目名称、合同价格及分包工程占合同总价的百分率。

(3)工程进度与工程质量

应提供工程整体进度及每一个主要分项的实际进度和计划进度。主要分项工程包括路基土石方、路面、大中小桥、涵洞通道、排水、防护工程及道路设施等，应按上述顺序详细说明本月份的施工情况。简要说明设备配置、材料进场情况、劳动力安排、工程质量检测试验评价及其他如质量事故、安全状况等。

(4)支付

应说明本月的支付金额和累计支付金额、计日工使用及意外费用支付情况、调整的现金流动预测、价格调整、索赔处理及监理工程师同意的其他费用。

(5)监理工作执行情况

本部分简要描述各级监理工程师办公室的服务情况，包括各级监理组织机构的在岗人数，出勤情况，工作计划安排及监理工程师的办公室、住房、设施和车辆等的状况和存在问题，以及对工程产生的或将要产生的影响。

(6)小结

概略评述有关施工单位履行合同义务的表现，存在的主要问题，采取或拟采取的措施和今后的工程施工计划安排设想等。

(7)附录

在月报的最后应附有合同执行表、主要进场机械表、主要工程概况表(图)。

7)监理工作报告

工程结束时，监理工程师应提交监理工作报告，其内容包括：工程基本情况、监理机构及工作起止时间、投入的监理人员、设备和设施，关于工程质量、安全、环保、费用、进度监理及合同管理执行情况，分项、分部、单位工程质量评估，工程费用分析，工程建设中存在问题的处理意见和建议。具体内容如下：

公路工程施工监理结束后，监理工程师应提交监理工作报告。内容主要包括：工程基本情况，建立组织机构和工作起止时间，关于工程质量监理、工程费用、工程进度及合同管理的执行情况，分项、分部、单位工程的质量评估，工程费用分析，对工程建设中存在的问题处理意见和建议，照片、录像等资料。

工程监理报告，亦称监理工作总结，一般由监理工作总结和质量监理总结两部分组成。监理工作总结包括以下内容：全线的工作概况；工作情况，即对所辖各合同段工作情况的简要描述，如工程特点、合同工期、项目经理、合同价格等；合同情况、按月份的各合同段工程进展情况等。质量监理总结包括以下内容：准备工作阶段，如各合同段质量保证体系的建立情况(应落实到责任人)，各合同段施工组织计划的审批；主体工程施工质量监理情况(按月份和工程情况叙述)。

监理文件与资料归档必须完整、准确、系统地反映工程监理活动的全过程，归档与保存应符合国家及部、省主管部门的有关规定。不列入归档的监理文件与资料也应分类整理，与工程直接相关的文件资料，竣工后移交建设单位保管。

2.监理记录

监理记录既是监理工程师内部行政管理工具，又是监督施工单位依合同办事的重要依据，在实施公路工程施工监理的过程中，必须严格按照规范的要求表格、记录、报告等形式贯彻和执行，要求监理资料内容完整、填写认真、审批意见与签认齐全。监理记录通常分为以下几大类：

1)原始记录

原始记录主要是工程完成情况的记录，包括：

(1)工地会议记录

各类会议的记录如第一次工地会议、工地例会、专题会议的会议记录。

(2)监理日志(日报)

作为监理工程师应该每日填写监理日志。监理日志应采用统一的格式，记录如下内容：

①施工单位当日所完成的工作及开始和结束时间；

②施工的质量情况；

③当日所完成的工程量在分项工程中所占的比重；

④发生工程延误的原因；

⑤监理工程师对施工单位的口头和书面指令；

⑥工地上发生的纠纷和解决的方法、方案、最后的结果；

⑦工地上出现的各类事故的详细情况；

⑧遇到的与工程有关的特殊问题；

⑨施工单位施工机械、设备的运送和转移、投标书中承诺机械设备的到场、使用、完成和撤离情况；

⑩分包人的工程；

⑪施工单位和分包人的现场管理人员出勤情况；

⑫建设单位或其他有关人员、代表参观工地的有关细节，在现场所发出的指示、指令，与监理工程师的口头协议；

⑬有关工程进度的问题。

总监代表、驻地监理工程师定期检查下级监理的监理日志，并写出评语。

(3)天气记录

①当日的最高、最低气温；

②风力风向；

③降雨降雪量及持续时间；

④其他特殊天气如霜降、冰冻、雾等情况；

⑤因天气变化而延误的工作时间等。

如果工地范围大，气候条件存在较大的不同时，应选择几个有代表性的地点进行实际天气观测。

(4)向施工单位发出的指令

①正式函件

监理工程师向施工单位发出的任何指令，特别是重要的指示应采用正式函件的形式下达。

②口头指令

在工程实际中，尤其是在现场，口头指令较为常见。当发出口头指令后，应作好记录，所有的口头指令，均应在事后用书面指令的形式予以确认。

(5)提供给施工单位的图纸

任何提供给施工单位的图纸包括草图的发送均应作出详细的记录，以免遗漏而延误工程，造成施工单位的索赔。同时，所有的图纸均应有副本归档备查。

(6)施工单位的报告和通知

施工单位的例行报告和报表，以及在日常工作中的各种函件、通知、报告，均应是工程原始记录。

2)工程计量及财务支付记录

计量记录主要是记录工程计量和财务支付金额，因此计量记录必须以计量结果为准。

计量记录应该记录如下内容：

(1)根据合同条件、技术规范，哪些内容符合计量要求，哪些已经计量，计量结果如何，哪些尚未计量，因何原因未计量。

(2)哪些计量内容已经签发支付证书，哪些内容尚未签发。

(3)需扣回的工程细目和扣回金额。

监理工程师应将施工单位每月的工程计量文件和由建设单位批复的支付文件归档并进行累计，为监理工程师进行统计和分析提供依据。

3)质量记录

质量记录主要包括试验记录、样品记录、测量记录、验收记录等。

(1)试验记录

试验记录是对按照有关合同文件、技术规范等规定的试验项目与相应的试验结果的记录，是监理工程师对工程质量进行评定的重要依据，也是监理工程师在监理过程中，指导自己并监督施工单位的重要依据。试验记录又可分为以下几种记录：

①验证试验记录，是对材料或成品构件进行预先鉴定，以决定是否可以用于工程的试验记录。

②标准试验记录，是对各项工程的内在品质进行施工前的数据采集，包括各种关系试验、集料的级配试验、混合料的配合比试验、结构的强度试验结果等的记录，它是控制和指导施工的科学依据。

③工艺试验记录，是对依据技术规范，在工程开工前，对路基、路面及其他需要通过预先试验方能正式施工的分项工程预先进行的试验结果的记录，它是全面指导施工单位施工的依据。

④抽样试验记录，对各项工程实施中的实际内在品质进行符合性检查，包括各种材料的物理性能、混凝土的强度等测定和试验结果的记录。

⑤验收试验记录，是对各项已完工程的实际内在品质作出评定的成果的记录。

(2)样品记录

样品记录与抽样试验记录不同，样品记录用于对试验抽取样品的登记。样品记录一般均有标准的表格，记录样品的数目、来源、取样地点、取样深度、取样方法、容器、取样日期、样品将试验的项目和其他有关样品或试验中应注意事项的说明。样品记录一般均比较简洁明了，并且容易保存。

(3)测量记录

①向施工单位提供准确无误的原始基准点、基准线和基准高程，并对施工单位的定线控制测量进行监督检查和认定的记录。

②在各项工程开工之前，对施工单位的施工放线测量进行监督检查和认定的记录。

③在各项工程的施工进行中，对控制工程线向、位置、高程和尺寸的环节进行监督、检查和认定的记录。

④在各分项工程、分部工程、工程段落或总体工程项目的完工和竣工验收时进行测量检查，汇总并提出各项工程的测量误差成果资料的记录。

(4)验收记录

主要是指归档各类工序质量检验验收单，并进行分类，为监理工程师进行质量控制和进行计量工作提供依据。

复习思考题

1.什么是工程施工监理？其目的和任务是什么？

2.工程施工监理的阶段划分是什么？

3.我国公路工程施工监理的体制是什么？

4.公路工程施工监理的组织机构是什么？

5.公路工程施工监理的组织模式是什么？

6.监理组织的职责是什么？

7.监理组织机构中人员的组成及其职责是什么？

8.监理组织机构中人员配备的依据和原则是什么？

9.监理设施包括哪些？

10.什么是工程项目风险和风险管理？

11.工地会议分为哪几种形式？每种会议的目的和内容是什么？

12.监理文件与资料包括的主要内容是什么？

13.监理记录的有哪几种类型？其内容是什么？

第二篇　工程质量监理

第一章　工程质量监理概述

第一节　工程质量与质量管理

在公路工程建设中,质量是工程建设的关键,任何一个工程环节、任何一个工程部位出现质量问题,都会给工程的整体质量带来严重的后果,直接影响到公路的使用效益,甚至返工重建,造成巨大的经济损失。因此,工程质量是公路工程建设的生命,质量监理是施工监理的核心。监理工程师应按合同文件的要求与规定对整个工程施工实施全过程的质量控制,以使工程各部分质量在保证安全生产和预定的施工期限内以及在批准的投资条件下,实现合同规定的质量的要求,保证工程安全、耐久和适用。

一、工程质量与质量管理的概念

1.工程项目质量的概念

工程项目质量包括建筑工程产品实体和服务这两类特殊产品的质量。

工程质量是指建筑工程产品适合于某种规定的用途,满足人们要求所具备的质量特性程度。

服务质量是指企业在销售前、销售时、销售后服务过程中满足用户要求的程度。其质量特性依服务业内不同行业而异,但一般均包括:服务时间、服务能力、服务态度。

结合建筑施工项目的特点,即招标投标、投资额较大、生产周期较长,服务质量是工程项目质量中的主要因素之一。建筑业的服务质量既可以是定量的,也可以是定性的。

2.质量管理的概念

所谓质量管理,广义地说,是为了最经济地生产出适合使用者要求的高质量产品所采用的各种方法的体系。随着科学技术的发展和市场竞争的需要,质量管理已越来越为人们所重视,并逐渐发展成为一门新兴的学科。

3.质量管理的发展

质量管理作为企业管理的有机组成部分,它的发展也是随着企业管理的发展而发展的,其生产、形成、发展和日益完善的过程大体经历了质量检验阶段、统计质量管理阶段、全面质量管理阶段、质量管理与质量保证标准形成等4个阶段。

质量检验、统计质量管理和全面质量管理3个阶段的质量管理理论和实践的发展,促使世界各发达国家和企业纷纷制定出新的国家标准和企业标准，以适应全面质量管理的需要。这样的做法虽然促进了质量管理水平的提高，但却出现了各种各样的不同标准。各国在质量管理术语概念、质量保证要求、管理方式等方面都存在很大差异。这种状况显然不利于国际经济交往与合作的进一步发展。

近30年来左右国际化的市场经济迅速发展，国际间商品和资本的流动空间增长，国际间的经济合作、依赖和竞争日益增强，有些产品已超越国界形成国际范围的社会化大生产。特别是不少国家把提高进口商品质量作为限入奖出的保护手段，利用商品的非价格因素竞争设置关贸壁垒。为了解决国际间质量争端、消除和减少技术壁垒，有效地开展国际贸易、加强国际间技术合作，统一国际质量工作语言、制定共同遵守的国际规范，各国政府企业和消费者都需要一套通用的、具有灵活性的国际质量保证模式。在总结发达国家质量工作经验基础上，20世纪70年代末，国际标准化组织着手制定国际通用的质量管理和质量保证标准。1980年5月国际标准化组织的质量保证技术委员会在加拿大应运而生。它通过总结各国质量管理经验，于1987年3月制订和颁布了ISO 9000系列质量管理及质量保证标准。此后又不断对它进行补充、完善。标准一经发布，相当多的国家和地区表示欢迎，等同或等效采用该标准，指导企业开展质量工作。

质量管理、质量保证的概念和理论是在质量管理发展的三个阶段的基础上，逐步形成的，是市场经济和社会化大生产发展的产物，是与现代生产规模、条件相适应的质量管理工作模式。因此ISO 9000系列标准的诞生，顺应了消费者的要求，为生产方提供了当代企业寻求发展的途径，有利于一个国家对企业的规范化管理，更有利于国际间贸易和生产合作。

二、工程质量管理的重要性

随着改革开放的不断深入和发展，我国的建设工程质量和服务质量的总体水平不断提高。多年来，我国一直强调必须贯彻“百年大计、质量第一”的方针，这对建立和发展社会主义市场经济和扩大对外开放发挥了重大作用。质量管理工作已经越来越为人们所重视，企业领导清醒地认识到了高质量的产品和服务是市场竞争的有效手段，是争取用户、占领市场和发展企业的根本保证。但是与国民经济发展水平和国际水平相比，我国的质量水平仍有很大差距。世界著名管理专家桑德霍姆教授说：“质量是打开世界市场的金钥匙”。美国质量专家朱兰博士对20世纪90年代的经济发展提出了质量改进理论。日本的质量管理专家明确阐述了质量经济的思路。这些质量管理理论都极大地推动了各国经济的发展，特别是国际标准化组织（ISO）于1987年发布了通用的ISO 9000《质量管理和质量保证》系列标准，并得到了国际社会和国际组织的认可和采用，已逐步成为世界各国共同遵守的工作规范。有人比喻当今世界正在进行着“第三次世界大战”，这不是一场使用枪炮的流血战争，而是一场商业竞争大战、贸易大战。而这场战争中制胜的武器就是质量。谁赢得质量，谁就有了这场战争的主动权。因此，从发展战略的高度来认识质量问题，质量已关系到国家的命运、民族的未来，质量管理的水平已关系到行业的兴衰、企业的命运。

作为建设工程产品的工程项目，投资和消耗的人工、材料、能源都相当大，投资者（建设单位）付出巨大的投资，要求获得理想的、满足使用要求的产品，以期在额定时间内发挥作用，为社会经济建设和物质文化生活需要作出贡献。如果工程质量差，不但不能发挥应有的效用，而且还会因质量、安全等问题影响到国计民生和社会环境的安全。如某某公路，1998年5月完成了沥青下面层施工后，在未加铺上面层也未经验收的情况下就开放了交通，通车18d后，局部路段路基边坡发生了大量塌方、滑坡，累计长度7.39km。

工程质量的优劣，直接影响国家建设的速度，工程质量差本身就是最大的浪费，低劣的质量一方面需要大幅度增加返修、加固、补强等人工、器材、能源消耗，另一方面还将给用户增加使用过程中的维修、改造费用。同时，低劣的质量必然缩短工程的使用寿命，使用户遭受经济损失。此外，质量低劣还会带来其他的间接损失，给国家和使用者造成的浪费、损失将会更大。因此，质量问题直接影响着我国经济建设的速度。对建筑施工项目经理来说，把质量管理放在头等重要的位置也是刻不容缓。

第二节　工程质量监理的依据、特点及其任务

为加强公路工程质量管理，控制工期和工程费用及安全生产，提高投资效益及工程管理水平，使施工监理工作法制化、标准化、规范化、程序化。在2006年交通部颁发的《公路工程施工监理规范》中明确指出："凡列入基本建设计划的公路工程项目，都应实行政府监督、社会监理、企业自检的质量保证体系"。而在实行施工监理的过程中，监理单位应由建设单位通过招标、聘请、委托等方式确定。建设单位应在工程开工之前确定监理单位并签订监理服务合同。

1.质量监理的依据

(1)合同条件：各项工程质量的保障责任、处理程序、费用支付等均应符合合同条件的规定。如：建设单位与施工单位签订的"工程承包合同"、"补遗书"及"特殊合同条款"，监理单位与建设单位签订的"监理服务协议书"及"澄清书"。

(2)合同图纸：全部工程应与合同图纸符合，并符合监理工程师批准的变更与修改要求。如：建设单位提供的各种设计图纸，以及建设单位和总监办下达的各项通知与规定，相关的变更设计图纸及通知、指令等；与本工程设计有关设计技术联系单；被批准分项工程开工报告(含施工组织设计)。

(3)技术规范：所有用于工程的材料、设施、设备及施工工艺，应符合合同文件所列技术规范或监理工程师同意使用的其他技术规范及监理工程师批准的工程技术要求。如：《公路工程国内招标文件范本》(2003年版)、《公路路基施工技术规范》(JTJ 033—95)、《公路工程施工监理规范》(2006)、《公路工程质量检验评定标准》(JTG F80/1—2004)、《公路路基设计规范》(JTG D30—2004)、《公路路面基层施工技术规范》(JTJ 034—2000)、《公路沥青路面施工技术规范》(JTG F40—2004)、《公路水泥混凝土路面施工技术规范》(JTG F30—2003)、《公路钢筋混凝土及预应力混凝土桥涵设计规范》(JTG D62—2004)、《公路桥涵施工技术规范》(JTJ 041—2000)、《公路工程集料试验规程》(JTG E42—2005)、《公路工程水泥及水泥混凝土试验规程》(JTG E30—2005)、《预应力锚具、夹具和连接器》(GB/T 14370)、《预应力混凝土用金属螺旋管》(JG/T 3013)、《公路隧道施工技术规范》(JTJ 042—94)、《公路工程施工安全技术规程》(JTJ 076—95)、《锚杆喷射混凝土支护规范》(GBJ 86—85)、《公路隧道勘测规程》(JTJ 0636—85)、《道路交通标志和标线》(GB 5768—1999)、《公路收费亭》(JT/T 422—2000)、《收费栏杆技术条件》(电动栏杆JT/T 428.1—2000、手动栏杆JT/T 428.2—2000)、《公路收费非接触式IC卡》(JT/T 452.1—2001、JT/T 452.2—2004)、《公路收费车道控制机》(JT/T 602—2004)、《公路收费非接触式IC卡收发卡机》(JT/T 603—2004)等。

(4)质量标准：所有工程质量均应符合合同文件中列明的质量标准或监理工程师同意使用的其他标准。

2.质量监理的特点

实行公路工程施工监理是公路建设管理体制改革的重要内容,是强化质量管理、控制工程造价、提高投资效益及施工管理水平的有效方法。与以往的内部管理体制相比,实行质量监理有以下特点:

(1)监理工程师对工程质量的监理权受法律保护。这与过去的内部质量管理和行政监督是根本不同的。在施工单位和建设单位签订的承包合同中详细地、明确地规定了监理工程师在质量控制中的作用和权利。这就以合同形式赋予了监理工程师采取各种手段进行工程质量控制的权力,使质量管理变得有法可依和依法办事,减少了过去内部管理中的扯皮现象。

(2)工程质量监理是监理工程师对一项工程实行全过程、全方位和全天候的全面质量管理。这与内部管理和质量监督部门的抽查是完全不一样的。这样能使工程的所有部分的质量得到有效、全面的控制。

(3)工程质量监理强调事先监理和主动监理。监理的重点放在施工前的准备阶段和施工阶段,即对原材料、施工机械和施工技术方案的检查和审查,以及施工过程中各环节的质量监理,以便及早发现问题,"防患于未然"。这与过去等工程结束后再进行检查验收的事后监督办法是完全不同的。

(4)质量监理与工程支付挂钩,质量好坏直接关系到施工单位的经济效益。这是工程监理制度的最大特点。按合同条件规定,未经监理工程师验收并签字认可的工程项目,一律不支付费用。监理工程师有了这个权力,就能运用经济杠杆的作用有效地保证工程质量。

由上述可以看出,工程质量监理不是单一的技术管理,而是集技术、经济与法律为一体的一种综合性管理。

3.质量监理的任务

监理单位承担监理业务,应根据工程规模、难易程度、合同工期、安全生产、环境保护、现场条件等因素,建立现场监理机构。现场监理机构一般按工程招标合同段设置基层监理单位。

监理单位为确保合同规定的任务的完成,应建立完整的质量监理保证体系,以保证对所有的施工环节进行有效的控制。其体系中应根据工程规模的大小和复杂程度设置材料、试验、测量、计量及各工程项目的专项技术岗位,并应明确其名称和职责,具体人员职责见第二章第三节。

复习思考题

1.什么是工程项目质量和质量管理?

2.质量管理的发展经历了哪几个阶段?

3.质量监理的依据是什么?

4.现场监理机构有哪几种类型?

第二章　质量监理的程序及方法

第一节　单位、分部、分项工程的划分

根据建设任务、施工管理和质量检验评定的需要，应在施工准备阶段按《公路工程质量检验评定标准》附录A将建设项目划分为单位工程、分部工程和分项工程。施工单位、工程监理单位和建设单位应按相同的工程项目划分进行工程质量的监控和管理。

(1)单位工程：在建设项目中，根据签订的合同，具有独立施工条件的工程。

(2)分部工程：在单位工程中，应按结构部位、路段长度及施工特点或施工任务划分为若干个分部工程。

(3)分项工程：在分部工程中，应按不同的施工方法、材料、工序及路段长度等划分为若干个分项工程。

具体划分见表2-2-1和表2-2-2

一般建设项目的工程划分　　表2-2-1

单位工程	分部工程	分项工程
路基工程（每10km或每标段）	路基土石方工程*①(1～3km路段)②	土方路基*，石方路基*，软土地基*，土工合成材料处治层*等
	排水工程(1～3km路段)	管节预制，管道基础及管节安装*，检查(雨水)井砌筑*，土沟，浆砌排水沟*，盲沟，跌水，急流槽*，水簸箕，排水泵站等
	小桥及符合小桥标准的通道*，人行天桥，渡槽(每座)	基础及下部构造*，上部构造预制、安装或浇筑*，桥面*，栏杆，人行道等
	涵洞、通道(1～3km路段)	基础及下部构造*，主要构件预制、安装或浇筑*，填土，总体等
	砌筑防护工程(1～3km路段)	挡土墙*，墙背填土，抗滑桩*，锚喷防护*，锥、护坡，导流工程，石笼防护等
	大型挡土墙*，组合式挡土墙*(每处)	基础*，墙身*，墙背填土，构件预制*，构件安装*，筋带，锚杆、拉杆，总体*等
路面工程（每10km或每标段）	路面工程(1～3km路段)*	底基层，基层*，面层*，垫层，联结层，路缘石，人行道，路肩，路面边缘排水系统等
桥梁工程③(特大、大、中桥)	基础及下部构造*(每桥或每墩、台)	扩大基础，桩基*，地下连续墙*，承台，沉井*，桩的制作*，钢筋加工及安装，墩台身(砌体)浇筑*，墩台身安装，墩台帽*，组合桥台*，台背填土，支座垫石和挡块等

续上表

单位工程	分部工程	分项工程
桥梁工程[③]（特大、大、中桥）	上部构造预制和安装*	主要构件预制*，其他构件预制，钢筋加工及安装，预应力筋的加工和张拉*，梁板安装，悬臂拼装*，顶推施工梁*，拱圈节段预制，拱的安装，转体施工拱*，劲性骨架拱肋安装*，钢管拱肋制作*，钢管拱肋安装*，吊杆制作和安装*，钢梁制作*，钢梁安装，钢梁防护*等
	上部构造现场浇筑*	钢筋加工及安装，预应力筋的加工和张拉*，主要构件浇筑*，其他构件浇筑，悬臂浇筑*，劲性骨架混凝土拱*，钢管混凝土拱*等
	总体、桥面系和附属工程	桥梁总体*，钢筋加工及安装，桥面防水层施工，桥面铺装*，钢桥面铺装*，支座安装，搭板，伸缩缝安装，大型伸缩缝安装*，栏杆安装，混凝土护栏，人行道铺设，灯柱安装等
	防护工程	护坡，护岸*[④]，导流工程*，石笼防护，砌石工程等
	引道工程	路基*，路面*，挡土墙*，小桥*，涵洞*，护栏等
互通立交工程	桥梁工程*（每座）	桥梁总体，基础及下部构造*，上部构造预制、安装或浇筑*，支座安装，支座垫石，桥面铺装*，护栏，人行道等
	主线路基路面工程*（1～3km路段）	见路基、路面等分项工程
	匝道工程（每条）	路基*，路面*，通道*，护坡，挡土墙*，护栏等
隧道工程	总体	隧道总体等
	明洞	明洞浇筑，明洞防水层，明洞回填*等
	洞口工程	洞口开挖，洞口边仰坡防护，洞门和翼墙的浇（砌）筑，截水沟、洞口排水沟等
	洞身开挖*	洞身开挖*（分段）等
	洞身衬砌*	（钢纤维）喷射混凝土支护，锚杆支护，钢筋网支护，仰拱，混凝土衬砌*，钢支撑，衬砌钢筋等
	防排水	防水层、止水带、排水沟等
	隧道路面	基层*，面层*等
	装饰	装饰工程
	辅助施工措施	超前锚杆、超前钢管等
环保工程	声屏障（每处）	声屏障
	绿化工程（1～3km路段或每处）	中央分隔带绿化，路侧绿化，互通立交绿化，服务区绿化，取、弃土场绿化等

续上表

单位工程	分部工程	分项工程
交通安全设施（每 20km 或每标段）	标志*（5～10km 路段）	标志*
	标线、突起路标（5～10km 路段）	标线、突起路标等
	护栏*、轮廓标（5～10km 路段）	波形梁护栏*，缆索护栏*，混凝土护栏*，轮廓标等
	防眩设施（5～10km 路段）	防眩板、网等
	隔离栅、防落网（5～10km 路段）	隔离栅、防落网等
机电工程	监控设施	车辆检测器，气象检测器，闭路电视监视系统，可变标志，光、电缆线路，监控（分）中心设备安装及软件调测，大屏幕投影系统，地图板，计算机监控软件与网络等
	通信设施	通信管道与光电缆线路，光纤数字传输系统，数字程控交换系统，紧急电话系统，无线移动通信系统，通信电源等
	收费设施	入口车道设备，出口车道设备，收费站设备及软件，收费中心设备及软件，IC 卡及发卡编码系统，闭路电视监视系统，内部有线对讲及紧急报警系统，收费站内光、电缆及塑料管道，收费系统计算机网络等
	低压配电设施	中心（站）内低压配电设备，外场设备电力电缆线路等
	照明设施	照明设施
	隧道机电设施	车辆检测器，气象检测器，闭路电视监视系统，紧急电话系统，环境检测设备，报警与诱导设施，可变标志，通风设施，照明设施，消防设施，本地控制器，隧道监控中心计算机控制系统，隧道监控中心计算机网络，低压供配电等
房屋建筑工程	（按其专业工程质量检验评定标准评定）	

注：①表内标注＊号者为主要工程，评分时给以 2 的权值；不带＊号者为一般工程，权值为 1。
②按路段长度划分的分部工程，高速公路、一级公路宜取低值，二级及二级以下公路可取高值。
③斜拉桥和悬索桥可参照表 2-2-2 进行划分。
④护岸参照挡土墙。

特大斜拉桥和悬索桥为主体建设项目的工程划分 表 2-2-2

单位工程	分部工程	分项工程
塔及辅助、过渡墩（每座）	塔基础*	钢筋加工及安装，扩大基础，桩基*，地下连续墙*，沉井*等
	塔承台*	钢筋加工及安装，双壁钢围堰，封底，承台浇筑*等
	索塔*	索塔*
	辅助墩	钢筋加工，基础，墩台身浇（砌）筑，墩台身安装，墩台帽，盖梁等
	过渡墩	
锚碇	锚碇基础*	钢筋加工及安装，扩大基础，桩基*，地下连续墙*，沉井*，大体积混凝土构件*等
	锚体*	锚固体系制作*，锚固体系安装*，锚碇块体，预应力锚索的张拉与压浆*等

续上表

单位工程	分 部 工 程	分 项 工 程
上部构造制作与防护(钢结构)	斜拉索*	斜拉索制作与防护*
	主缆(索股)*	索股和锚头的制作与防护*
	索鞍	主索鞍和散索鞍制作与防护*
	索夹	索夹制作与防护
	吊索	吊索和锚头制作与防护*等
	加劲梁*	加劲梁段制作*,加劲梁防护*等
上部构造浇筑与安装	悬浇*	梁段浇筑*
	安装*	加劲梁安装*,索鞍安装*,主缆架设*,索夹和吊索安装*等
	工地防护*	工地防护*
	桥面系及附属工程	桥面防水层的施工,桥面铺装,钢桥面板上防水粘结层的洒布,钢桥面板上沥青混凝土铺装*,支座安装*,抗风支座安装,伸缩缝安装,人行道铺设,栏杆安装,防撞护栏等
	桥梁总体	桥梁总体*
引桥	(参见表 2-2-1 “桥梁工程”)	
引道	(参见表 2-2-1“路基工程”和“路面工程”)	
互通立交工程	(参见表 2-2-1“互通立交工程”)	
交通安全设施	(参见表 2-2-1 “交通安全设施)	

注:表内标注 * 号者为主要工程,评分时给以 2 的权值;不带 * 号者为一般工程,权值为 1。

第二节 工程质量的等级评定

一、一般规定

(1)工程质量检验评分以分项工程为单元,采用 100 分制进行 。在分项工程评分的基础上,逐级计算各相应分部工程、单位工程、合同段和建设项目评分值。

(2)工程质量评定等级分为合格与不合格,应按分项、分部、单位工程、合同段和建设项目逐级评定。

(3)施工单位应对各分项工程按《公路工程质量检验评定标准》(JTG F80/1—2004)所列基本要求、实测项目和外观鉴定进行自检,按《公路工程质量检验评定标准》(JTG F80/1—2004)附录 J 中“分项工程质量检验评定表”及相关施工技术规范提交真实、完整的自检资料,对工程质量进行自我评定。

工程监理单位应按规定要求对工程质量进行独立抽检,对施工单位检评资料进行签认,对工程质量进行评定。

建设单位根据对工程质量的检查及平时掌握的情况,对工程监理单位所做的工程质量评分及等级进行审定。

质量监督部门、质量检测机构可依据《公路工程质量检验评定标准》(JTG F80/1—2004)对公路工程质量进行检测、鉴定。

二、工程质量评分

1.分项工程质量评分

分项工程质量检验内容包括基本要求、实测项目、外观鉴定和质量保证资料4个部分。只有在其使用的原材料、半成品、成品及施工工艺符合基本要求的规定,且无严重外观缺陷和质量保证资料真实并基本齐全时,才能对分项工程质量进行检验评定。

涉及结构安全和使用功能的重要实测项目为关键项目(在《公路工程质量检验评定标准》(JTG F80/1—2004)文中以"△"标识),其合格率不得低于90%(属于工厂加工制造的桥梁金属构件不低于95%,机电工程为100%),且检测值不得超过规定极值,否则必须进行返工处理。

实测项目的规定极值是指任一单个检测值都不能突破的极限值,不符合要求时该实测项目为不合格。

采用《公路工程质量检验评定标准》(JTG F80/1—2004)附录B至附录I所列方法进行评定的关键项目,不符合要求时则该分项工程评为不合格。

分项工程的评分值满分为100分,按实测项目采用加权平均法计算。存在外观缺陷或资料不全时,应予减分。

$$分项工程得分 = \frac{\sum[检查项目得分 \times 权值]}{\sum 检查项目权植}$$

$$分项工程评分值 = 分项工程得分 - 外观缺陷减分 - 资料不全减分$$

1)基本要求检查

分项工程所列基本要求,对施工质量优劣具有关键作用,应按基本要求对工程进行认真检查。经检查不符合基本要求规定时,不得进行工程质量的检验和评定。

2)实测项目计分

对规定检查项目采用现场抽样方法,按照规定频率和下列计分方法对分项工程的施工质量直接进行检测计分。

检查项目除按数理统计方法评定的项目以外,均应按单点（组）测定值是否符合标准要求进行评定,并按合格率计分。

$$检查项目合格率 = \frac{检查合格的点(组)数}{该检查项目的全部检查点(组)数} \times 100\%$$

$$检查项目得分 = 检查项目合格率 \times 100$$

3)外观缺陷减分

对工程外表状况应逐项进行全面检查,如发现外观缺陷,应进行减分。对于较严重的外观缺陷,施工单位须采取措施进行整修处理。

4)资料不全减分

分项工程的施工资料和图表残缺,缺乏最基本的数据,或有伪造涂改者,不于检验和评定。资料不全者应予减分,减分幅度可按《公路工程质量检验评定标准》(JTG F80/1—2004)3.2.4条所列各款逐款检查,视资料不全情况,每款减1~3分。

2.分部工程和单位工程质量评分

《公路工程质量检验评定标准》(JTG F80/1—2004)附录A(即表2-2-1和表2-2-2)所列分项工程和分部工程区分为一般工程和主要（主体）工程,分别给以1和2的权值。进行分部工程和单位工程评分时,采用加权平均值计算法确定相应的评分值。

$$分部(单位)工程评分值=\frac{\sum[分项(分部)工程评分值\times 相应权值]}{\sum 分项(分部)工程权值}$$

3.合同段和建设项目工程质量评分

合同段和建设项目工程质量评分值按《公路工程竣(交)工验收办法》计算。

4.质量保证资料

施工单位应有完整的施工原始记录、试验数据、分项工程自查数据等质量保证资料，并进行整理分析，负责提交齐全、真实和系统的施工资料和图表。工程监理单位负责提交齐全、真实和系统的监理资料。质量保证资料应包括以下6个方面：

(1)所用原材料、半成品和成品质量检验结果；

(2)材料配比、拌和加工控制检验和试验数据；

(3)地基处理、隐蔽工程施工记录和大桥、隧道施工监控资料；

(4)各项质量控制指标的试验记录和质量检验汇总图表；

(5)施工过程中遇到的非正常情况记录及其对工程质量影响分析；

(6)施工过程中如发生质量事故，经处理补救后，达到设计要求的认可证明文件。

三、工程质量等级评定

1.分项工程质量等级评定

分项工程评分值不小于75分者为合格，小于75分者为不合格；机电工程、属于工厂加工制造的桥梁金属构件不小于90分者为合格，小于90分者为不合格。

评定为不合格的分项工程，经加固、补强或返工、调测，满足设计要求后，可以重新评定其质量等级，但计算分部工程评分值时按其复评分值的90%计算。

2.分部工程质量等级评定

所属各分项工程全部合格，则该分部工程评为合格；所属任一分项工程不合格，则该分部工程为不合格。

3.单位工程质量等级评定

所属各分部工程全部合格，则该单位工程评为合格；所属任一分部工程不合格，则该单位工程为不合格。

4.合同段和建设项目质量等级评定

合同段和建设项目所含单位工程全部合格，其工程质量等级为合格；所属任一单位工程不合格，则合同段和建设项目为不合格。

各种工程质量检验评定用表见《公路工程质量检验评定标准》(JTG F80/1—2004)附录J。

第三节　工程质量监理程序与方法

一、公路工程施工质量监理的程序

在开工之前，监理工程师应向施工单位提出适用于对所有工程项目进行质量控制的程序及说明，以供所有监理人员、施工单位的自检人员和施工人员共同遵循，使质量控制工作程序化。质量控制一般按以下程序进行。

1.开工报告的审批

在各单位工程、分部工程或分项工程开工之前，驻地监理工程师应要求施工单位提交开工报告并进行审批。工程开工报告应提出工程实施计划和施工方案；依据技术规范列明本项工程的质量控制指标及检验频率和方法；说明材料、设备、劳力及现场管理等项的准备情况，提出放样测量、标准试验、施工图等必要的基础资料。监理工程师在确定施工单位开工报告真实可靠，相关规定的各项开工准备工作均达到要求后，方可签发批准开工报告，签发开工令。

2.工序自检报告的审校

监理工程师应要求施工单位的自检人员按照专业监理工程师批准的工艺流程和提出的工序检查程序，在每道工序完工后首先进行自检，自检合格后，申报专业监理工程师进行检查认可。

3.工序检查认可

专业监理工程师应紧接施工单位的自检与施工单位的自检同时对每道工序完工后进行检查验收并签字，对不合格的工序应指示施工单位进行缺陷修复或返工。前道工序未经检查认可，后道工序不得进行。

4.中间交工报告

当工程的单位、分部或分项工程完工后，施工单位的自检人员应再进行一次系统的自检，汇总各道工序的检查记录及测量和抽样试验结果提出交工报告。自检资料不全的交工报告，专业监理工程师应拒绝验收。

5.中间交工证书

专业监理工程师应对按工程量清单的分项完工的单项工程进行一次系统的检查验收，必要时应作测量或抽样试验。检查合格后，提请高级驻地监理工程师签发《中间交工证书》，未经中间交工检验或检验不合格的工程，不得进行下项工程项目的施工。

6.中间计量

对填发了《中间交工证书》的工程，方可进行计量并由高级驻地监理工程签发《中间计量表》。完工项目的竣工资料不全可暂不计量支付。

二、公路工程施工工序检查程序

各专业（结构、路基、路面、隧道等项目）监理工程师应在组成工程的各个单位、分部或分项工程开工之前，提出工序检查程序说明，以供现场旁站监理人员、施工单位的自检人员及施工人员共同遵循。工序检查应按以下原则提出：

(1)应与合同图纸和工程量清单的分项所含内容相一致；

(2)应与技术规范及监理工程师批准采用的施工方法和工艺流程相协调；

(3)应与国家或合同规定的验收标准、检验频率和检验方法相配合；

(4)工序检查程序宜采用框图的形式表示，以便直观，并应与相应的检查记录、报表、证书等相配合。

三、公路工程施工质量监理方法

在公路工程施工各阶段中，质量监理有其各自不同的特点，监理工程师应按照合同文件中赋予的权利和义务，进行可行有效的监理工作，采用测量、试验、检验、观察、巡视、旁站等方法，使质量监理工作能有条不紊地有效开展。下面重点介绍监理工作中的巡视、旁站、抽查工作的内容。

1.巡视

监理人员应重点巡视:正在施工的分项、分部工程是否已批准开工;质量检测、安全管理人员是否按规定到岗;特种作业人员是否持证上岗;现场使用的原材料或混合料、外购产品、施工机械设备及采用的施工方法与工艺是否与批准的一致;质量、安全及环保措施是否实施到位;试验检测仪器、设备是否按规定进行了校准;是否按规定进行了施工自检和工序交接。

监理人员每天对每道工序的巡视应不少于1次,并按要求做好巡视记录。

2.旁站

监理人员应对试验工程、重要隐蔽工程和完工后无法检测其质量或返工会造成较大损失的工程进行旁站。旁站监理人员应重点对旁站项目的工艺过程进行监督,并按规范规定的内容进行检查,对发现的问题应责令立即改正;当可能危及工程质量、安全或环境时,应予制止并及时向驻地监理工程师或总监理工程师报告。

旁站监理人员应按规范附录格式如实、准确、详细地作好旁站记录。

旁站项目完工后,监理工程师应组织检查验收,验收合格的方可进行下道工序。

3.抽检

监理工程师应按规定重点对施工过程中使用的水泥、钢材、沥青、石灰、粉煤灰、砂砾、碎石等主要原材料及各种混合料进行抽检,抽检频率应不低于施工单位自检频率的20%,其余材料应不低于10%;对已完工程实体质量的抽检频率应不低于施工单位自检频率的20%。

监理工程师对材料或工程的质量有怀疑时应进行进一步的判定。

复习思考题

1.什么是单位工程、分部工程、分项工程?

2.对一般建设项目而言,小桥是否属于单位工程?土方路基是否属于分部工程?梁板预制是否属于分部工程?

3.如何进行分项工程、分部工程和单位工程的质量评分?

4.质量控制按什么样的程序进行?

5.工序检查程序按什么原则提出?

6.公路工程施工质量监理的方法有哪些?

第三章 质量监理试验室

为规范公路工程试验检测活动,保证公路工程质量及人民生命和财产安全,根据《建设工程质量管理条例》,交通部于 2005 年 12 月颁布了《公路水运工程试验检测管理办法》。

公路工程试验检测,是指根据国家有关法律、法规的规定,依据工程建设技术标准、规范、规程,对公路工程所用材料、构件、工程制品、工程实体的质量和技术指标等进行的试验检测活动。其基本原则应当遵循科学、客观、严谨、公正的原则。

公路工程试验检测机构是指承担公路工程试验检测业务并对试验检测结果承担责任的机构。

公路工程试验检测人员(以下简称检测人员),是指经考试合格,具备相应公路工程试验检测知识、能力,并承担相应公路工程试验检测业务的专业技术人员。

监理试验室按照不同的监理层次分工负责,讲求实效、节约资源的原则进行设置,总监办中心试验室以试验为主,驻地试验室以现场抽查检测和试件的制备为主配备试验检测设备。具体的配备应按监理的合同要求,原则上总监办中心试验室应按《公路水运工程监理企业资质管理规定》附件二"公路水运工程监理企业基本试验检测能力或仪器设备配备标准"中对公路工程甲级监理企业的要求配备试验检测设备;驻地试验室应按公路工程丙级监理企业的要求配备试验检测设备。

第一节 监理单位试验室

在签订监理合同后,工程正式开工前这段时间内,为了保证对施工全过程实行质量监督,必须建立一套科学的、行之有效的质量检测系统,必须具有必要的试验、测量设备。

试验室所有仪器须有计量部门标定,再由所在的省(自治区、市)交通基本建设工程质量监督站对其进行技术资质审查合格并确定其试验范围后方可进行试验检测工作。

一、监理试验室的职责

试验监督检查的任务是对各个工程项目的材料、配合比和强度等进行试验检测,以确保各项工程的物理、化学性能达到规定要求。试验的监督检查工作应由试验监理工程师及其领导下的监理中心试验室专门负责,并按以下要求进行工作:

(1)监理中心试验室应当是对整个工程项目进行数据控制和检测测定的中心。试验室的规模、试验设备的种类及数量应能满足施工过程中各项试验的要求,应有各项专业试验工程师及经过专门培训的试验人员及各种健全的规章制度,并实行明确的责任分工。

(2)监理中心试验室除应承担独立进行的试验检测项目外,还应对施工单位的工地试验室和流动试验室的设备功能、人员资质、操作方法、资料管理等项工作进行有效的监督、检查和指导。

(3)监理中心试验室及施工单位工地试验室(流动试验室)的各种试验操作,均应统一按合同列明的或正式颁布的国家标准及部级行业标准进行，对经监理工程师审查并经建设单位批准、施工单位采用新材料、新技术或新工艺的特殊项目，当合同未曾列明或无现成标准可循时，试验监理工程师应要求施工单位提供相关的科技资料及鉴定报告，拟定出符合工程实际的暂行标准或规程，经审查批准后实行。

(4)监理试验工程师应定期或不定期的对施工单位的试验仪器进行检验，并监督施工单位定期交由政府监督部门对仪器进行标定。

(5)当监理试验室试验结果与施工单位的试验结果出现允许误差以外的差异时，一般应以监理试验室的试验结果为准。如果施工单位拒绝接纳监理试验室的结果时，试验监理工程师可与施工单位在有资格的政府监督部门的试验室进行校核试验，并应依此作为批准或认定的依据，其试验费用按合同条款规定处理。

(6)各种试验均应采用统一的表格进行记录、报告和统一的方法进行整理、保存。

二、监理试验室的工作内容

根据监理试验室的职责，其工作范围应包括：

1.验证试验

验证试验是对材料或商品构件进行预先鉴定，以决定是否可以用于工程的试验检测工作。验证试验应按以下要求进行：

(1)在材料或商品构件订货之前，应要求施工单位提供生产厂家的产品合格证书及试验报告。必要时监理人员还应对生产厂家生产设备、工艺及产品的合格率进行现场调查了解，或应由施工单位提供样品进行试验，以决定同意采购与否。

(2)材料或商品构件运入现场后，应按规定的批量和频率进行抽样试验，不合格的材料或商品构件不准用于工程，并应由施工单位运出场外。

(3)在施工进行中，应随机对用于工程的材料或商品构件进行符合性的抽样试验检查。

(4)随时监督检查各种材料的储存、堆放、保管及防护措施。

2.标准试验

标准试验是对各项工程的内在品质进行施工前的数据采集，它是控制和指导施工的科学依据，包括各种标准击实试验、集料的级配试验、混合料的配合比试验、结构的强度试验等，并应按以下要求进行：

(1)在各项工程开工前合同规定或合理的时间内，应由施工单位先完成标准试验，并将试验报告及试验材料提交监理试验室审查批准。监理试验工程师应派出试验监理人员参加施工单位试验的全过程，并进行有效的现场监督检查。

(2)监理试验室应对施工单位提供标准试验的试验数据、资料等进行认真审核，必要时应在其同时或以后，平行进行复核(对比)试验，以肯定、否定或调整施工单位标准试验的参数或指标。

3.工艺试验

工艺试验是依据技术规范的规定，在动工之前对路基、路面及其他需要通过预先试验方能正式施工的分项工程预先进行的工艺试验。工艺试验的结果应全面指导施工。工艺试验应按下列要求进行：

(1)监理工程师应要求施工单位提出工艺试验的施工方案和实施细则并予以审查批准。

(2)工艺试验的机械组合、人员配额、材料、施工程序、预埋观测以及操作方法等应有两组以上方案,以便通过试验作出选定。

(3)监理工程师应对施工单位的工艺试验进行全过程的旁站监理,并应作出详细记录。

(4)试验结束后由施工单位提出试验报告,并经监理工程师审查批准。

4.抽样试验

抽样试验是对各项工程实施中的实际内在品质进行符合性的检查,内容包括各种材料的物理性能、土方及其他填筑施工的密实度、混凝土及沥青混凝土的强度等的测定和试验。抽样试验应按以下要求进行:

(1)监理工程师应随时派出试验监理人员,对施工单位的各种抽检频率、取样方法及试验过程进行检查。

(2)在施工单位的工地试验室(流动试验室)按技术规范的规定进行全频率抽样试验的基础上,监理工程师中心试验室应按 10% ~ 20% 的频率独立进行抽样试验,以鉴定施工单位的抽样试验结果是否真实可靠。

(3)当施工现场的旁站监理人员对施工队质量或材料产生疑问并提出要求时,监理中心试验室应随时进行抽样试验,必要时还应要求施工单位增加抽样频率。

5.验收试验

验收试验是对各项已完成工程的实际内在品质作出评定的试验。应按以下要求进行:

(1)监理工程师应派出试验监理人员,对施工单位进行的钻芯抽样试验的频率、抽样方法和试验过程进行有效的监督。

(2)监理工程师应对施工单位按技术规范要求进行的加载试验或其他试验检测项目的试验方案、设备及方法进行审批;对试验的实施进行现场检查监督;对试验结果进行评定。

三、监理试验室的设置

监理试验室根据工程类型、规模、标准、复杂程度及监理服务合同规定组建。一般情况组建总监理工程师办公室或驻地监理工程师办公室试验室。

1.监理试验室面积

监理试验室面积应根据工程实际情况确定。一般 20 ~ 30km 的高速公路(含路基、路面、桥涵及其他工程)项目应不小于 $150m^2$。

2.监理试验室人员

监理试验室人员应根据工程项目及监理服务合同确定,一般 20 ~ 30km 的高速公路(含路基、路面、桥涵及其他工程)项目应不少于 6 人,约为监理人员总数的 1/4 左右。公路工程总监办和驻地办试验室的试验监理工程师应有交通部或交通厅颁发的试验监理工程师证书,试验监理员应有交通厅颁发的上岗证,所有人员均应经过专业试验培训和考核,有适应监理试验室工作的专业理论知识和能力。

3.监理试验室仪器

仪器配置,应根据工程类型、工程规模需要和监理服务合同规定配置。一般 20 ~ 30km 的公路工程(含路基、路面、桥涵及其他工程),应配备土工类试验、水泥类试验、砂石集料类试验、钢材类力学试验、水泥混凝土试验、沥青及沥青混合料类试验仪器,并能满足对整个施工过程进行数据采集和控制的需要。

4.监理试验室的资质

监理试验室组建完毕后(人员到位、仪器设备安装调试鉴定完毕),应向交通厅(局)质量监督部门申请临时资质，经验收合格，颁发临时资质证书后开展正常试验工作。

5.监理试验室交通设备

监理试验室交通设备，应根据工程需要和监理服务合同的规定，配备不少于1.5～2.5t两用汽车一辆。

6.监理试验室规章制度

监理试验室应建立健全各种规章制度，加强工作管理。主要规章制度有：

(1)监理试验室人员岗位职责；

(2)监理试验室仪器使用制度；

(3)监理试验室仪器操作规程；

(4)监理试验室资料管理办法；

(5)监理试验室仪器维修保养制度；

(6)监理试验室水、电、暖及核辐射仪器安全管理制度等。

7.监理试验室资料

监理试验室资料的分类、整理、归档，应根据国家档案管理的有关规定、交通部《公路工程质量检验评定标准》(FDG F80/1—2004)及各项目编制的《竣工资料编制要求》进行管理。监理试验室资料一般为行政文件、挂图(表)、技术文件三大类。

第二节　施工单位试验室

监理工程师应监督、检查和批准施工单位装备自己的工地试验室和流动试验室，其建筑面积、试验设备及人员配备应能满足本工程各项试验的需要。

1.工地试验室的功能及要求

(1)进行各工程项目开工前的标准试验和预先试验，并将试验结果提交监理中心试验室进行复验和批准。

(2)承担进口材料及流动试验室没有条件完成的当地材料的鉴定试验，并将试验结果提交监理中心试验室进行复验和批准。

(3)对各流动试验室的试验项目进行抽检试验，并将抽检试验的结果报监理中心试验室备案。

(4)统一协调和管理各流动试验室的试验业务。

(5)对全部工程项目的各种试验结果进行数理统计和分析整理，建立全部工程的试验资料档案，为工程竣工提供详实的试验资料。

注意：施工单位的工地试验室自身不能承担的试验检测项目工作，如钢绞线等材料的化学分析等主要原材料试验、较复杂的试验及标准试验，可委托具有相应的资质等级的并经监理工程师批准的试验室进行，费用由施工单位自负。

2.流动试验室的功能及要求

(1)对工程所用的当地材料进行鉴定试验，并将试验结果提交监理中心试验室进行复检和批准。

(2)配合施工，提供和采集为控制施工质量所需要的各种参数。

(3)根据规范规定的抽样频率、时间和方法，进行施工过程中的抽样试验和工序或单项工程完工后的检查试验，并向监理工程师提交试验结果。

3.监理工程师对施工单位的试验管理

监理工程师中心试验室应派出人员对施工单位的工地试验室和流动试验室进行全面的监督和管理。所有试验仪器都须经事前标定并按期进行鉴定;所有试验人员必须持有经过业务培训和考核的上岗证书,必须严格执行试验规范和操作规程,重要试验应有监理人员在场监督。

复习思考题

1.监理试验室的职责是什么?

2.监理试验室的工作内容是什么?

3.监理工程师对施工单位的试验管理有哪些工作?

第四章　路基工程施工质量监理

第一节　概　　述

路基是公路的主要组成部分。路基工程线长量大,投资多,影响因素复杂,其工程质量直接影响着路面工程和道路建成后的服务水平。尤其是高等级公路,由于技术标准高,受地形、地质、重要地物的限制,高填或深挖的路基、特殊地质条件的路基和路基中的桥涵和通道增多,更易发生路基沉降变形、桥头跳车等质量隐患。为保证路基的质量与道路使用效果,在路基施工中,严格监督工程材料的采用、施工工艺的实施,确保路基几何要素、整体稳定性、路基强度和水温度稳定性等,符合技术规范和设计要求,使工程按进度计划,优质、按期实现预定目标,制止影响工程质量的不利因素,是施工监理的主要任务之一。

路基施工质量监理基本要求:

(1)监理工作应严格按路基施工规定的程序进行。

(2)对路基工程所需的各种材料及沿线土质进行规定指标的试验检查,要求符合规范的要求,保证合格材料用于路基工程的施工。

(3)路基施工过程中或完成后的质量抽样检查符合路基设计和规范要求,对发现的质量缺陷应及时予以排除,在缺陷未排除前不准进行下一道工序的施工。

(4)路基施工方案和施工工艺符合规范要求。

(5)路基施工过程中的各种试验、检测方法和精度等均应符合规范和合同的要求。

第二节　路基施工准备阶段监理

在路基施工准备阶段(即施工单位进场至正式签发开工通知书之前),监理工程师的工作重点是根据合同条款对施工单位开工前的准备工作进行检查和审核。其主要工作内容如下。

一、校核测量控制点及抽检测量放样并检查施工现场

监理工程师在校核施工单位的测量控制点前首先应检查施工单位使用的测量仪器是否按规定进行了校准,然后再检查施工恢复定线测量及施工放样,最后审查其提交的施工测量放线数据、图表及放线成果是否满足要求,并决定是否予以批复。

1.施工恢复定线测量及施工放样的校核检查程序

(1)在合同规定时间内,监理工程师向施工单位书面提供原始基准点、基准线和基准高程。

(2)施工单位根据监理工程师提供的书面数据,计算、复核,并确定施工中需要的任何中线点、高程、位置、尺寸等,数据应准确无误,然后报监理工程师审批。

(3)施工单位根据监理工程师批准后的定线数据进行准确放样。

(4)施工单位经过准确放样后,提供给监理工程师放样数据及图表,报监理工程师检查审批。

(5)驻地监理工程师检查批准后，施工单位方可按批准的段落进行清表与开挖，未经监理工程师批准，施工单位不得对原地面作任何改变。

2.校核检验项目

(1)固定桩是否齐全和满足施工控制要求。

(2)抽查中线偏差是否满足合同规定的精度要求。

(3)水准点和加密导线点的设置是否合理，增设的临时水准点和加密导线点精度是否符合要求。

(4)内业图表是否符合要求。

监理工程师在对从基准点引出的工程控制桩进行复测，对施工放线的重点桩位100%复测，其他桩位不低于30%抽测。

二、验收和审批料场材料

监理工程师及其助手，在路基填筑、路基防护及支挡工程所需的土、水泥、砂石等材料未运入工地前，应详细了解施工单位的材料供应情况，避免不符合要求的材料进入施工现场，造成工程质量事故。材料进入工地之前，可按下列步骤进行监控：

(1)要求施工单位提供当地的或外购材料产地和厂家以及出厂合格证书，以备监理工程师审查。必要时可在施工初期派人对这些厂家的生产工艺、设备等进行调查了解。按相关规定可要求施工单位对材料进行取样试验。在报监理工程师审查时，还应要求施工单位提供该料场的开采机械、加工设备、成品率等资料，以确定是否采用该料场的材料。

(2)对一些商品构件，如管道、混凝土构件等，应要求施工单位提供生产厂家的试验报告，以备监理工程师审批。

(3)材料进场后应做进一步的抽样检验，不合格的材料不得用于工程施工。

(4)对合同段内，准备用做填方材料的挖方段或借方土料场，应进行土质的液塑限值、塑性指数、颗粒含量、天然含水量、标准干密度及最佳含水量等指标测试，监理工程师应监控试验全过程，并要求施工单位提供试验结果报告。监理工地试验室还应进行必要的独立平行试验。当测试指标不符合合同规定的技术标准时，则该土质材料在采取改性措施前不得用于路基填方施工，改性措施应报监理工程师的批准。

三、检查施工单位的人员到位情况

监理工程师应检查施工单位向施工现场派驻的为实施和完成本合同工程及其缺陷的修复而需要的下述人员是否到位：

(1)按投标书附表中所报名单检查各类专业技术人员、质量检查人员和管理人员。未经过监理工程师的批准，这些人员不应无故不到位或被替换；若确实无法到位，和需要更换，需经监理工程师的批准，用同等资质和经历的人员替换。

(2)检查其他满足本合同的工程施工需要的并在本行业中的技术熟练、经验丰富的各类专业技术人员、质检人员、管理人员和有能力进行施工管理、指导作业的工长。

(3)检查适应本工程需要的各类数量的技工、半数量的技工和普通工。施工单位尽管投标人已按投标书的附表中所列的数量派遣了上述各类人员，但若监理工程师认为这些人员仍不足以适应现场的需要，且不能保证工程质量时，监理工程师有权要求施工单位继续增派或雇佣这类人员，并书面抄送施工单位和报建设单位。施工单位在接到上述通知后，应立即执行监理工程师的上述指示，不得无故拖延。

(4)监理工程师有权要求施工单位撤换由其派遣或雇佣的那些工作不能胜任，或玩忽职守、工作不负责的人员，上述撤换的人员未经监理工程师的同意不得重新回到本合同的工程中工作。

四、检查和审批施工机械设备

对施工单位运入施工现场的土方施工机械设备进行全面的监控，并应按下面要求进行系统的检查和记录。

(1)认真检查和记录进场机械的数量、型号、规格、生产能力、完好率等；

(2)检查施工单位按合同文件投标书附表所填进场施工机械是否一致，并按时到达现场，不得拖延、短缺或任意更换，否则应按相关的规定视施工单位违约；

(3)仔细分析施工机械的配套使用是否满足施工要求；

(4)应特别细致地检验施工单位直接用于网络计划中关键线路工程机械的生产能力、效率、性能及周转情况是否满足施工要求；

(5)施工单位应详细填写施工机械进场检验单，报监理工程师审批。

五、检查施工单位的自检系统

工程开工前，监理工程师应进一步审校施工单位的自检系统，要求施工的每一道工序按监理工程师规定的程序提供自检报告和试验报表。监理工程师要检查施工单位的自检系统，检查内容主要包括施工单位的自检人员、试验人员和试验设备等是否准备齐全并符合规定的要求，是否能满足施工要求。

六、审批施工方案及主要施工工艺

(1)监理工程师审查施工单位在接到中标通知书之日起，在合同专用条件规定的时间内应向监理工程师提交一份其格式和细节符合监理工程师意见的分项、分部工程的施工方案及主要工艺，对技术复杂或采用新技术、新工艺、新材料、新设备的工程，应根据试验工程结果进行审批。如果监理工程师提出要求，施工单位还应以书面形式提交一份有关施工单位为完成工程而建议采取的施工安排和施工方法总说明，以备监理工程师查阅。

(2)施工单位在提交《路基工程开工申请单》时并附一份施工进度计划及说明。

七、铺筑试验路段

1.铺筑试验路段的目的

(1)通过试验段的施工，主要检验施工单位提出的施工方案和方法的适用性，了解施工单位的施工机械的实效。

(2)检验和确认路基施工中各道工序的质量控制指标、保证质量的有效措施以及质量检验的试验方法。

(3)通过试验路段施工获得的相关保证质量技术参数。

(4)获得施工组织的经验。

最终，以此试验段为全线(本合同段)路基土方工程施工提供技术和组织的施工依据。

2.试验路段方案

监理工程师应认真审批施工单位提交的试验路段的施工方案(或施工组织设计)。

主要包括以下内容：

(1)填方材料检验；

(2)原地面处理的检查；

(3)铺筑层厚(虚铺或实铺)与压实工艺、压实机具等确定的合理性、有效性、可操作性及可靠性；

(4)其他特殊工艺要求的试验，如清淤换填、砂桩、砂垫层、堆载预压等，以及有基底隔离层，顶、侧面隔离层等施工要求的实施过程的检查；

3.试验路段工作程序

(1)施工单位应在合同规范或监理程序规定的期限内，向监理工程师递交试验路段开工申请报告，详列试验路段方案及准备工作情况，供监理工程师审批。

(2)施工单位应按监理工程师批准的试验路段方案，在现场确定试验场地，使用批准的施工机械和适用材料进行试验。

(3)试验过程中，要详细记录下各种试验参数，经过分析，不断修正。试验必须进行到符合合同规定为止，同时，也应达到监理工程师和施工单位双方取得满意的一致意见为止。

(4)试验路段通过交工验收后，施工单位应提交试验路段总结报告，监理工程师批准后，即以此报告推荐的施工工艺作为指导全线(本合同段)路基土方施工的基本技术依据。监理工程师可下发据此编制的《路基工程施工指导意见》。

八、签认《路基工程开工报告》

当监理工程师对施工单位施工前的准备工作和开工条件进行了认真校核检查，结果认为均满足合同规定的开工条件，监理工程师应及时签认《路基工程总体开工报告》及《路基工程分项开工报告》。施工单位在接到监理工程师签发的开工通知单后，应迅速而毫不延误地进行路基施工，直到按规定工期完成工程。

九、明确监理程序

监理工程师在路基开工前对施工单位进行各项检查的同时，应向施工单位明确监理程序，下发《监理工作大纲》、《监理实施细则》、工程的单元划分、资料用表和上报程序、《路基施工指导意见》及监理廉政建设制度等一系列监理工作文件。

第三节　路基施工阶段监理

一、施工工序质量控制的监理程序

路基工程的分项工程在每道工序完工后，施工单位的自检人员应按照专业监理工程师批准的工艺流程和提出的工序检查程序进行自检，自检合格后，填写《路基现场质量检验报告单》，报送专业监理工程师进行检查认可。

专业监理工程师应紧接施工单位的自检或在施工单位自检的同时，对每道完工的工序进行检查验收、签认，对不合格的工序应指令施工单位进行缺陷修补或返工。前道工序未经检查认可，后道工序不得进行开工。

工序质量检查验收程序见图2-4-1。

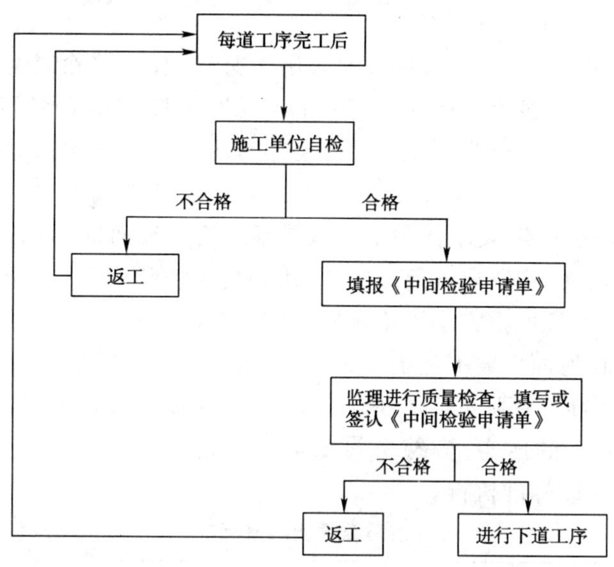

图 2-4-1　工序质量检查验收程序

二、表土的清理与压实的监理

路基填方施工前，原地面表层清理与压实的工序流程，以及质量监理工作项目见图 2-4-2。

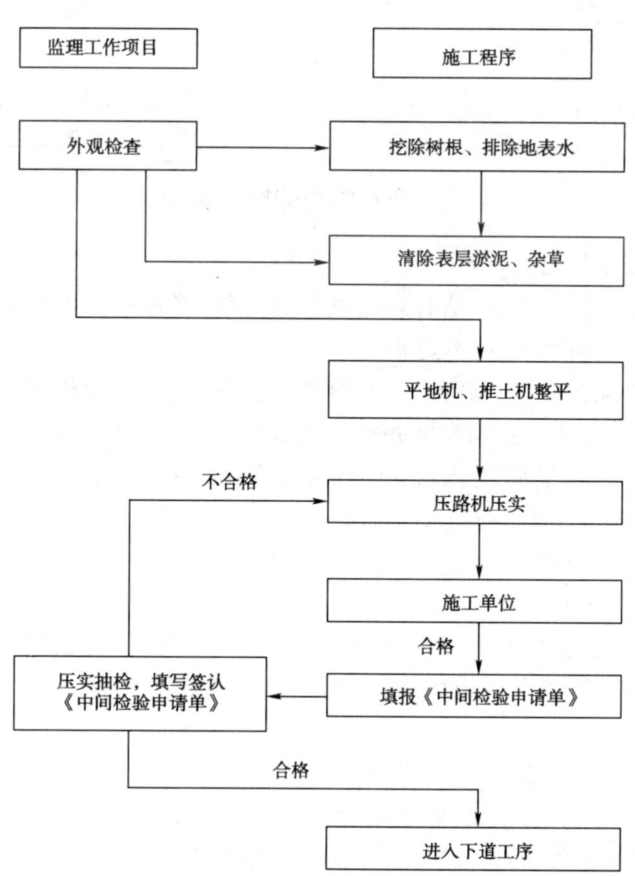

图 2-4-2　地表清理与压实工序及监理工作项目

监理工程师在监控中应注意以下要点：

(1)在路基施工范围，对树根或有树根的表层土必须挖除，挖除深度由监理工程师现场确定，并将挖出的不带树根的表土搬运到由施工单位提供且监理工程师同意的储料堆。

(2)对含有地表水、淤泥、杂草、垃圾、腐殖土等的地基，应进行排除清理，对软土地基，则要进行特殊处理。

(3)为使路基土均匀压实，要求使用平地机或推土机将地面推平，平整度误差不超过5cm。旧路基平整或新铺平地面，均要求进行碾压，并达到规定的压实度；当路堤填土高度小于路床厚度(80cm)时，基底的压实度不宜小于路床的压实度标准。

(4)基底土密实，且地面横坡不陡于1:5时，路堤可直接填筑在自然地面上；地面横坡陡于1:5时，原地面应挖成台阶(台阶宽度不小于1m)，并用小型夯实机夯实。

(5)零填及挖方路基的压实，应符合表2-4-1的规定。对于土质较差的路段，换填超过30cm时，按90%的压实度标准执行。

土质路堤压实度标准　　表2-4-1

填挖类型		路面底面计起的深度范围(cm)	压实度(%)		
			高速、一级公路	二级公路	三、四级公路
路堤	上路床	0~30	≥96	≥95	≥94
	下路床	30~80	≥96	≥95	≥94
	上路堤	80~150	≥94	≥94	≥93
	下路堤	>150	≥92	≥92	≥90
零填及挖方路基		0~30	≥96	≥95	≥94
		30~80	≥96	≥95	—

三、填方路堤的施工监理

1.监理工作的基本规定与要求：

(1)土方路堤填筑材料应选择适合路基填筑的材料，对透水性不良的土填筑路堤时，应控制其含水量在最佳压实含水量±2%之内。

(2)土方路堤，必须根据设计断面，分层填筑、分层压实。采用机械压实时，分层的最大松铺厚度，应采用实验路段所得技术参数并符合规范要求。分层压实的方向一般宜采用水平分层填筑法施工。当原地面纵坡大于12%的地段可采用纵向分层法施工。地面横坡较陡时，原地面应挖成台阶(台阶宽度不小于1m)，并用小型夯实机加以夯实。填筑应由最低一层台阶填起，并分层夯实，所有台阶填完之后，即可按一般填土进行。

(3)路堤填土宽度每侧应宽于填层设计宽度，压实宽度不得小于设计宽度，最后削坡。

(4)若填方分几个作业段施工，两段交接处，不在同一时间填筑，则先填交接地段，并应按1:1坡度分层留台阶。若两个地段同时填筑，则应分层相互交叠衔接，其搭接长度不得小于2m。

(5)不同土质混合填筑路堤时，应注意下面几点。

①以透水性较小的土填筑于路堤下层时，应做成4%的双向横坡，如用于填筑上层时，除干旱地区外，不应覆盖在由透水性较好的土所填筑的路堤边坡上；

②不同性质的土应分别填筑，不得混填。每种填料层累计总厚不宜小于0.5m；

③当现场取土坑的土不完全适合作路基填料时,可掺加石灰或其他材料改良后再用作填料;

④土方路堤施工的质量标准,见表 2-4-1。

(6)桥涵及其他构造物处的填筑:

①回填土工作必须在隐蔽工程验收合格且桥涵圬工的强度满足规范要求后进行;

②选择透水性良好的土作填料,当采用非透水性的土时,应在土中增加外掺剂如石灰、水泥等;

③注意桥涵填土的范围满足规范要求,桥台背后填土宜与锥坡填土同时进行;

④回填土应分层填筑并严格控制含水量,并注意分层松铺厚度和适当的压实方法满足规范要求。

(7)填石路堤

①填石路堤的基底处理同填土路堤;

②填石路堤的石料强度不应小于 15MPa(用于护坡的不应小于 20MPa)。填石路堤石料最大粒径不宜超过层厚的 2/3。填石路堤的压实度检验应符合规范规定的要求;

③注意分层填筑,分层压实。分层松铺厚度应满足规范要求,人工铺填粒径 25cm 以上石料时应注意铺筑方法;

④当石块级配较差、粒径较大、填层较厚、石块间的空隙较大时,可于每层表面的空隙里扫入石渣,石屑,中、粗砂,再以压力水将砂冲入下部,反复数次,使空隙填满;

⑤填石路堤的填料如其岩性相差较大,则应将不同岩性的填料分层或分段填筑;

⑥用强风化石料或软质岩石填筑路堤时,应按土质路堤施工规定先检验其 CBR 值是否符合要求,CBR 值不符合要求时不得使用,符合使用要求时应按土质筑堤的技术要求施工。

(8)土石路堤

①土石路堤的基底处理同填石路堤;

②天然土石混合材料中所含石料强度大于 20MPa 时,石块的最大粒度不得超过压实层厚的 2/3,超过的应清除,当所含石料为软质岩(强度小于 15MPa)时,石料最大粒径不得超过压实层厚,超过的应打碎;

③土石路堤不得采用倾填方法,均应分层填筑,分层压实。每层铺填厚度应根据压实机械类型和规格确定,不宜超过 40cm;

④压实后渗水性差异较大的土石混合填料应分层或分段填筑,不宜纵向分幅填筑;

⑤当土石混合填料来自不同路段,其岩性或土石混合比相差较大时,应分层或分段填筑;

⑥土石混合填料时,应根据石料含量注意铺筑顺序;

⑦高速公路及一级公路土石路堤的路床顶面以下 30 ~ 50cm 范围内应填筑符合路床要求的土并分层压实,填料最大粒径不大于 10cm。其他公路填筑砂类土厚度应为 30cm,最大粒径不大于 15cm。

2.土基压实质量监理

监理工程师对土基的压实质量监控要点:

(1)路基压实标准

衡量路基压实的程度,常用压实度表示,即工地实际达到的干密度与室内标准击实试验所得的最大干密度的百分比。由于路基所受的荷载应力随深度迅速减少,因此,路基的压实度应严格执行表 2-4-1 的规定。

(2)压实质量的控制与检查

为了控制好路基的压实质量,首先要充分考虑影响压实的各种因素,然后根据现场实际情况采取各种技术措施,充分发挥现场压实机械的工作效率,使所施工的路基达到压实标准的要求。在路基施工过程中进行压实质量监理时,应注意以下6点。

①对确定不同种类填土的最大干密度和最佳含水量的试验结果进行检校

在路基填筑施工之前,必须对主要取土场采取代表性土样,进行土工试验,用规定方法求得各个土场土样的最大干密度和最佳含水量,以便指导路基土的压实工作。一般规定每一料源试验1次,施工中每3000m^3试验1次。另外,发现土质变化,随时试验。

②检查控制填土含水量

由于含水量是影响路基土压实效果的主要因素,故须经常检测欲填入路基中土的含水量w_1。当w_1接近于最佳含水量w_0时,填筑碾压的质量才有保证;填土含水量过大时,应将土摊开晾晒至需要的含水量时再碾压。

③分层填筑、分层碾压情况检查

每层填土厚度大小,也是影响压实效果的重要因素,填土层厚度大时,其深部不能获得要求的密实度。一般认为,对于细粒土,用12~15t振动压路机(包括激振力)碾压,压实厚度不超过20cm。用22~25t振动压路机(包括激振力)碾压,压实厚度不超过50cm,一般每层填土的厚度应依据试验路段的结果。

④全宽填筑、全宽碾压及碾压方法的检查

填筑路基时,应从基底开始在路基全宽范围分层向上填土和碾压,尤其应注意路堤边坡部分,必须从下至上予以充分的压实,碾压时应采用"先轻后重,先边后中,先慢后快"等原则,且轮迹搭接的宽度应符合要求,确保压实均匀的监控。

⑤加强压实度检验

填筑路基时,应分层碾压、分层检查压实度,并要求每一土层压实度达到要求后方能允许填筑上一层填土。只有分层控制填土的压实度,才能保证全深度范围的路基压实质量。

⑥现场压实质量的评定

现场压实度检验,以一个工班完成的路段压实层为一个检验单元,至少做多少点密度检验。部颁《公路工程质量检验评定标准》(JTG F80/1—2004)中规定。路基压实度以每200m每压实层检测4处(密度法)。

检验评定段的压实度代表值K为:

$$K = \bar{K} - \frac{t_\alpha S}{\sqrt{n}} \geqslant K_0 \tag{2-4-1}$$

式中:$\bar{K}$——检验评定段内各测点压实度的平均值;

t_α——t分布表中随测点数和保证率(或置信度α)而变的系数,高速、一级公路保证率为95%,其他公路为90%;

S——检测值的均方差;

n——检测点数;

K_0——压实度标准值:$K \geqslant K_0$,且单点压实值K全部大于或等于标准值减2个百分点时,评定段压实度合格;当$K > K_0$,但个别点压实度值K_i低于标准值减2个百分点或$K < K_0$时,则评定段压实度不合格。

3.土方铺筑压实的工序流程及监理工作项目(图2-4-3)

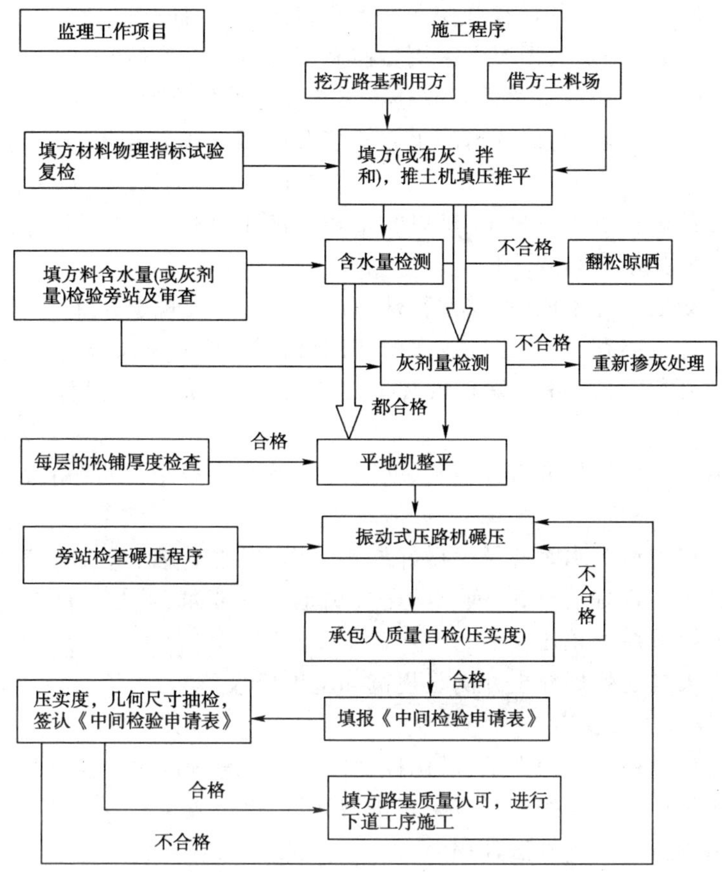

图 2-4-3

四、挖方路堑的施工监理

1.监理工作的基本规定和要求

(1)挖方路基施工前应复查施工组织设计,核实(或编制)调整土方调运图表,并检查施工现场是否按规范要求进行清理。

(2)开挖前应对沿线土质进行土工检测试验。

(3)检查路堑的排水设施:

①在路堑开挖前作好截水沟,并视土质情况作好防渗工作。土方工程施工期间应修建临时排水设施。

②临时排水设施应与永久性排水设施相结合,流水不得排入农田、耕地,污染自然水源,也不得引起淤积和冲刷。

(4) 根据施工组织设计,检查各种必要的施工机械到位情况。

2.土方开挖监理工作要点

(1)土方开挖应遵照下列要求:

①已开挖的适用于种植草皮和其他用途的表土,应储存于指定地点。

②根据土工试验结果,对开挖出的适用材料,应用于路基填筑,各类材料不应混杂。不适用的材料应按弃土的有关规定办理。

③土方开挖不论开挖工程量和开挖深度大小，均应自上而下进行，不得乱挖超挖。严禁掏洞取土。在不影响边坡稳定的情况下采用爆破施工时，应经过设计审批。

④路堑开挖中，如遇土质变化需修改施工方案及边坡坡度时，应及时报批。

(2)因受冬季或雨季影响，使挖出的土方不能及时用于填筑路堤时，应按季节性施工的有关规定办理。

(3)路堑路床的表层下为有机土、难以晾干压实的土、CBR 值小于规范规定的土或不宜做路床的土，均应清除换填符合要求的土。

(4)路基开挖如遇特殊土质时，应按特殊地区施工的有关规定办理。

(5)挖方路基施工高程，应考虑因压实的下沉量，其值应由试验确定。

(6)土方路堑开挖，根据路堑深度和纵向长度，可采用横挖法、纵挖法或混合式开挖法进行。

(7)边沟与截水沟的开挖应符合位置、断面尺寸及有关要求，应严格按照设计图纸的规定施工。

(8)路堑施工遇到地下水时应及时做好排水工作，当路堑路床顶部以下位于含水量较多的土层时，应换填透水性良好的材料，换填深度应满足设计要求，并整平凹槽底面，设置渗沟，将地下水引出路外，再分层回填压实。

(9)及时按有关规定处理弃土并满足规范和施工要求。

3.石方开挖监理工作要点

(1)开挖石方应根据岩石的类别、风化程度和节理发育程度等确定开挖方式。对于软石和强风化岩石，能用机械直接开挖的均应采用机械开挖，也可人工开挖。凡不能使用机械或人工直接开挖的石方，则应采用爆破法开挖。

(2)石方需用爆破法开挖的路段，应预先调查空中缆线、地下管线和施工区边界处建筑物的情况。任何爆破方案的制定，必须确保空中缆线、地下管线和施工区边界处建筑物的安全。

(3)石方爆破作业时必须由经过专业培训并取得爆破证书的专业人员施爆。

(4)根据确定的爆破方案，进行炮位、炮孔深度和用药量设计，其设计图纸和资料应报送有关部门审批。

(5)根据设计的炮位和孔深打眼，当工程量小，工期允许时，可采用人工打眼；当工程量较大时，应采用机械钻孔。钻孔机械可采用风钻或潜孔钻。

(6)开挖石方应按爆破法程序进行。

(7)公路石方开挖，应充分重视挖方边坡稳定，宜选用中小炮爆破；开挖风化较严重、节理发育或岩层产状对边坡稳定不利的石方，宜用小型排炮微差爆破，小型排炮药室距设计边坡线的水平距离，不应小于炮孔间距的 1/2。

(8)当岩层走向与路线走向基本一致，倾角大于 15°，且倾向公路或者开挖边界线外有建筑物，施爆可能对建筑物地基造成影响时，应在开挖层边界，沿设计坡面打领裂孔，孔深同炮孔深度，孔内不装炸药和其他爆破材料，孔的距离不宜大于炮孔纵向间距的 1/2。

(9)开挖层靠边坡的两列炮孔，特别是靠顺层边坡的一列炮孔，宜采用减弱松动爆破。

(10)开挖边坡外有必须保证安全的重要建筑物，即使采用减弱松动爆破都无法保证建筑物安全时，可采用人工开凿、化学爆破或控制爆破。

(11)在石方开挖区应注意施工排水，在纵向和横向形成坡面开挖面，其坡度应满足排水要求，以确保爆破出的石料不受积水浸泡。

(12)根据具体情况选择合适的爆破方法,并做好充分的爆破前的准备工作。

(13)尤其应注意炮眼位置的选择和炮眼深度、间距及各种爆破法的用药量的计算。

(14)特别重视安全防护措施。

4.挖方路基施工质量监理程序

挖方路基施工应特别注意开挖方式和弃方处理。挖方路基施工的工序流程及监理工作内容见图 2-4-4。

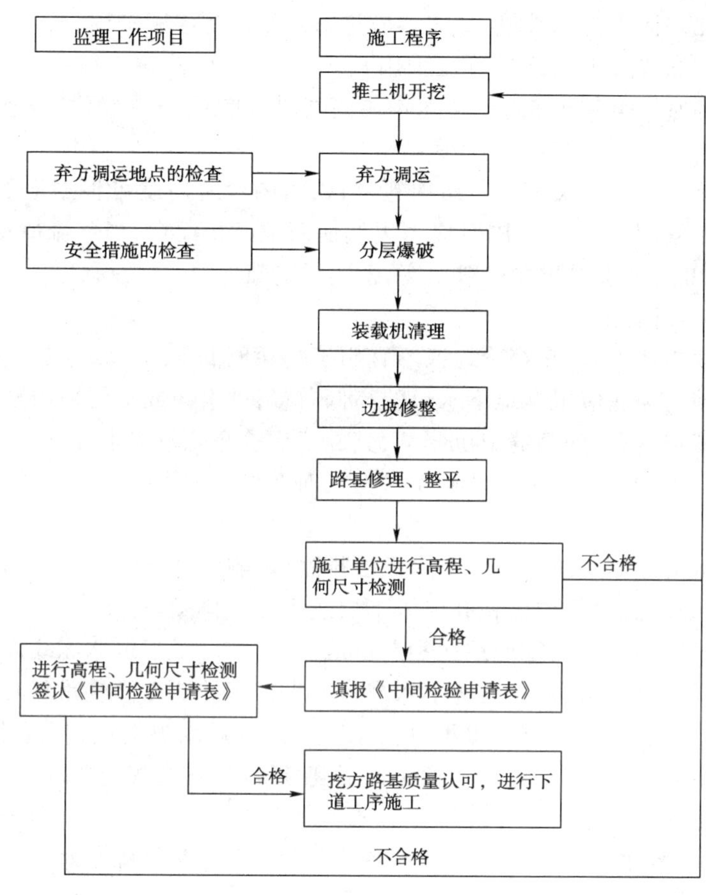

图 2-4-4

五、路基排水工程的施工监理

1.监理工作的基本规定和要求

(1)路基施工中应保证路基经常处于干燥、坚固和稳定状态。

(2)监理进场后应校核全线排水系统的设计是否完备和妥善,必要时由施工单位申报或设计变更,予以补充和修改,使全线的沟渠、管道、桥涵构成完整的排水体系。

(3)路基施工中,必须按设计要求首先做好排水工程以及施工场地附近的临时排水设施,然后再做主体工程。在无条件时,排水工程可与路基同步施工,并使其随施工进度逐步成型。临时性排水设施应尽量与永久性排水设施结合起来。

(4)排水设施的进出水口,应视当地土质、水文、地形条件及筑路材料等情况,适当加固。

(5)各类排水设施的位置、断面、尺寸、坡度、高程及使用材料应符合设计图纸要求。

(6)路基排水设施的施工质量应符合规范要求。施工时及时维修和清理各类排水设施，使其保持完好状态及水流畅通不产生冲刷和淤塞。

2.地面排水的监理要点

(1)边沟施工应注意边沟的纵坡应平顺，坡度不宜太小或太大，深度适当，另外根据施工现场情况对边沟进行加固。

(2)截水沟的施工应注意截水沟的位置符合规范要求；截水沟的出水口必须与其他排水设施平顺衔接；为防止水流下渗和冲刷，截水沟应进行严密的防渗和加固。

(3)排水沟应注意线形平顺并尽可能采用直线形；转弯处曲线半径不宜小于10m；长度根据实际需要而定，通常不宜超过500m；排水沟离路基尽可能远一些，距路基坡脚不宜小于3～4m。

(4)跌水与急流槽必须用浆砌圬工结构施工；跌水的台阶高度可根据地形、地质等条件决定；急流槽的纵坡不宜超过1:1.5，同时应与天然地面坡度相配合；当急流槽很长时，应分段砌筑，每段不宜超过10m，接头用防水材料填塞，密实无空隙。

3.地下排水的监理要点

(1)排水沟可兼排地表水；在寒冷地区不宜用于排除地下水。

(2)排水沟和暗沟沟底应根据地下水位的高低布置；排水沟或暗沟采用混凝土浇筑或浆砌片石砌筑时，应设置渗水孔、伸缩缝或沉降缝，其施工应符合规范要求。

(3)渗沟有填石渗沟、管式渗沟和洞式渗沟三种形式，三种渗沟均应设置排水层(或管、洞)、反滤层和封闭层。

(4)当路基附近的地面水或浅层地下水无法排除，影响路基稳定时，可设置渗井，将地面水或地下水经渗井通过不透水层中的钻孔流入下层透水层中排除。

(5)渗池与暗管适用于一般寒冷地区和严寒地区，应埋设于当地冰冻线以下的土层中。

(6)土工织物排水隔离层：在承压地下水或地下水很多的地方修筑路基时可用土工织物在原地面与路基交界处设排水隔离层，也可以在路基内部设排水隔离层，把地下水引入边沟，把从路面浸透来的水隔离。注意土工织物的抗拉强度、厚度等符合规范要求。

(7)特殊气候地区积聚水的排除应符合下列规定：

①埋深较浅的积聚水，可采用渗沟、排水渗井及砂桩等方法排除。对于深层积聚水如对路基造成危害可采用深埋(深度大于60m)渗沟法排除。

②砂桩由钻孔填砂而成，其直径一般为15～20cm，砂桩的深度必须穿过不透水层而深达透水层，在寒冷冰冻地区砂桩底部应在冰冻线以下30cm，砂桩平面应按梅花形布置，其间距为0.5～2.0m。

4.路基其他排水形式监理要点

(1)中央分隔带排水：高速公路和一级公路路面汇水面积大，特别是在弯道段，降雨时中央分隔带附近聚水较多，路基施工应严格按设计要求，认真做好这一部分临时或永久性的排水沟渠管线，确保水流迅速排出路基以外。

(2)立交区和下穿通道桥的排水：立交区和下穿通道是雨季容易积水成塘和冬季容易形成冰湖的两个区域，对路基的强度和稳定性影响较大，排除地面水和地下水的各种设施要严格按设计位置、高程和断面尺寸认真施工，同时应按设计规定设置集水井，在雨季宜采用集中抽水的措施。

(3)高速公路和一级公路宜在紧贴硬路肩部分设立拦水缘石，在适当长度内设置簸箕配合急流槽将路表水排于路基之外。当边坡有加固设施或者该地区年降雨量小且无暴雨径流产生时,在确保边坡稳定的情况下,也可以让路面水散排于路基之外。

(4)高速公路、一级公路的填方路基坡脚处,宜设置坡脚排水沟,排水沟距路基坡脚不宜小于 2m。

复习思考题

1.路基施工准备阶段的监理工作有哪些?

2.填方路基的施工质量监理应遵循的基本规定与要求有哪些?

3.挖方路堑的施工质量监理应遵循的基本规定与要求有哪些?

4.路基排水工程的监理要点有哪些?

第五章　路面工程施工质量监理

第一节　概　　述

为满足行车荷载的需要和抵抗自然因素的作用，道路路面结构均是由多层组成的，一般分为垫层、底基层、基层、面层四个部分。底基层是指在沥青路面基层下、用质量较次材料铺筑的次要承重层或在水泥混凝土路面基层下、用质量较次材料铺筑的辅助层，它可以是一层或两层以上，可以是一种或两种材料。基层是指直接位于沥青面层下、用高质量材料铺筑的主要承重层或直接位于水泥混凝土面板以下、用高质量材料铺筑的一层。基层可以是一层或两层，可以是一种或两种材料。面层是直接同行车和大气接触的表面层次。

底基层和基层主要承受由面层传来的车辆荷载垂直力，并把它扩散到路基中，故底基层和基层应有足够的强度、刚度和稳定性。面层承受行车荷载的垂直力，水平力和冲击力作用以及雨水和气温变化的不利影响最大。故面层应具备较高的结构强度、刚度和稳定性，且应当耐磨，不透水，表面还应有良好的抗滑性和平整度。

一、路面施工质量监理的基本要求

(1)监理工作应严格按规定的程序进行。

(2)提供和采用的材料应符合路面设计图纸和规范的要求。

(3)路面材料的配合比应验证合格后才能使用。在施工过程中严格监督混合料的配合比符合标准试验的要求。

(4)路面施工方案和工艺符合规范要求。

(5)各种试验、检测方法和精度等均应符合规范和合同的要求。

二、路面准备阶段施工监理

路面施工在准备阶段的监理工作内容如下：

(1)验收施工单位进场设备。

沥青路面施工机械设备主要有拌和机、摊铺机、汽车、压路机及其他配套设备。施工单位投入的施工机械设备的规格、性能、数量、完好率、维修能力必须满足本工程的计划工期、工程质量和连续施工作业的需要，配置合理。

(2)验收施工单位工地试验室。

沥青路面开工前，监理工程师应按建设单位与施工单位签订合同的规定，对施工单位的工地试验室进行验收。验收由试验专业工程师及有关人员实施。施工单位的沥青路面试验室宜设置在沥青混合料拌和场内，面积不小于50m^2。施工单位沥青路面试验室应有能力完成原材料检验、沥青混合料配合比设计，以及检验设计配合比的构造深度、摩擦系数、渗水系数以确定配合比；生产中沥青混合料质量；检测对已完成沥青路面的压实度、厚度(钻芯法检测)和表面层的构造深度、摩擦系数、渗水系数等。

(3)审批施工组织设计

①提交施工组织设计时限

除另有规定外,施工单位应在签约后28d内,向监理工程师提交一份可实施性施工组织设计,路基、桥涵、路面为一个工程项目时,施工单位应在沥青路面工程开工前14d向监理工程师提交施工组织设计,监理工程师应在收到施工单位施工组织设计后14d内予以批复。

②施工组织设计内容

主要包括工程概况、机构设置、主要施工队伍、质检系统、施工方案、工程计划(计划包括形象进度、工程量计划、材料计划、设备计划、劳力计划)、主要施工工艺、其他与沥青路面施工有关需说明的问题。

③审批施工组织设计程序与方法

施工单位提交可实施性施工组织设计后,驻地工程师应组织道路专业工程师及有关人员,根据合同文件规定、现场调查,对施工单位施工组织设计进行审查,提出问题与施工单位讨论或澄清,对施工组织设计中存在问题提出修改建议,经驻地工程师审定同意后,用书面文件批复,应抄报总监理工程师备案。

若发现需要由施工单位澄清或修改的问题,可将施工组织设计退还给施工单位,澄清或修改后重新提交审查,也可在批复文件中提出需补充说明或澄清的问题,施工单位按批复要求及时补充或修改。

(4)制订监理程序。

(5)审批混合料组成设计。

(6)召开第一次工地会议。

(7)发布开工令。监理工程师应依据施工合同具体规定的日期,按时向施工单位发出开工令并报建设单位备案:路面作为一个工程项目,监理工程师审查完施工单位提交的开工报告后,签发路面工程分项开工申请批复单。

第二节　路面底基层和基层施工质量监理

路面基层基本要求是**强度、稳定性**和**耐久性**。

路面基层和底基层选用材料主要有无机结合料稳定类和粒料类两大类。其中,无机结合料稳定类,根据其使用材料可分为石灰稳定类、水泥稳定类和石灰工业废渣稳定类;粒料类,按其强度构成原则可分为嵌锁型和级配型。它们有着不同的物理和力学性质,因此,要根据实际情况分别选用和施工。

路面基层和底基层监理在质量监控中应重点控制原材料的质量、混合料配合比和摊铺碾压等施工工序的质量及初期养护质量。

一、施工准备阶段的监理工作内容

施工准备阶段的监理工作要点:

(1)熟悉设计文件和施工合同文本。

(2)按规定检查下承层。

在正式开工前,监理工程师应对下承层作一次全面检查,内容包括高程、中线偏位、宽度、厚度、横坡度、平整度和压实度、沉降速率等。下承层表面应平整、坚实，具有规定的路拱，主要检测压实度、平整度和弯沉。在槽式断面的路段，两侧路肩上每隔一定距离交错开挖蓄水沟。凡不符合要求的路段，均应采取措施，认真处理，达到规定的标准。

(3)对施工单位的标准报审试验(如原材料的质量检测、混合料的组成设计及相关试验等)进行验证试验。

二、施工阶段监理工作内容

基层和底基层施工监理内容包括：几何尺寸的施工放样，混合料的拌和，摊铺碾压成型及其外观有无缺陷，初期养护，开放交通。监理工作要点如下：

1)检查拌和厂的混合料

土块应尽可能粉碎，土块最大尺寸不应大于15mm；配料必须准确；水泥、石灰必须摊铺均匀；洒水、拌和必须均匀；严禁在拌和层底部留有"素土"夹层。

矿料的规格和级配必须符合要求；混合料的配料必须准确；拌和必须均匀，无粗细料离析的现象，塑性指数必须符合规定要求。

当拌和场远离铺筑地点时，应采取措施保证混合料在运送过程中均匀一致，并在料车上加盖以防水分蒸发散失。

在运输带上取样检查原材料的规格与投料数量，是否准确并符合规定的施工配合比；成品料堆是否随时用装载机削去堆尖，防止粗细料离析。

2)摊铺现场的检查

检查松铺厚度和宽度、碾压方法、碾压遍数、高程及横坡度、混合料的含水量等是否符合要求。

(1)摊铺要均匀，并严格掌握基层厚度、宽度和高程，其路拱坡度应与面层一致。摊铺时的混合料含水量，应在最佳含水量左右。

(2)碾压时，应选择合适的压路机，压实作业遵循"先轻后重、先边后中、先慢后快"的原则，每层的压实厚度可根据试验确定，但一般不超过15或20cm。压实厚度超出规定时，应分层铺筑，每层的最小压实厚度为10cm。

(3)水泥稳定类混合料，从加水拌和到碾压终了的时间，路拌法不应超过3h，集中厂拌法不应超过2h，并应短于水泥的终凝时间。

(4)无机结合料稳定类结构层，应按"宁高勿低"和"宁刮勿补"的原则施工，严禁用薄层贴补的办法进行找平。

路拌法施工时，还应检查拌和是否均匀，含水量是否符合要求及摊铺机后的粗细集料是否有离析现象等，如有问题应及时处理。

3)质量检验

收到施工单位提交的检验申请单后，监理工程师应按《公路工程质量检验评定标准》(JTG F80/1—2004)规定项目进行检查，如监理试验室进行抽检，抽检时应同时钻取混合料试样，测定粗集料的含量，并按与粗集料含量相对应的最大干密度计算压实度，抽检时应同时检测基层层厚。

4)养生检查

压实度检验合格后，督促施工单位转入养生阶段，要求基层表面始终保持湿润状态，养生期内，禁止料车在其上行驶。

无机结合料稳定类结构，应保湿养生，不使稳定土层表面干燥，也不应忽干忽湿。养生期不宜少于7d，养生期结束，应立即铺筑面层。稳定土基层上未铺封层或面层时，不应开放交通。

施工过程中应注意:无机结合料稳定土结构层应在春末和夏季组织施工。施工期的最低气温应在5℃以上,并应在第1次重冰冻(-3~-5℃)到来之前一定时间完成(水泥稳定土为半个月至一个月,石灰稳定土为一个月至一个半月)。多雨地区,应避免在雨季进行石灰土结构的施工。

三、质量监理工作流程

监理工程师的具体工作内容及流程见图2-5-1

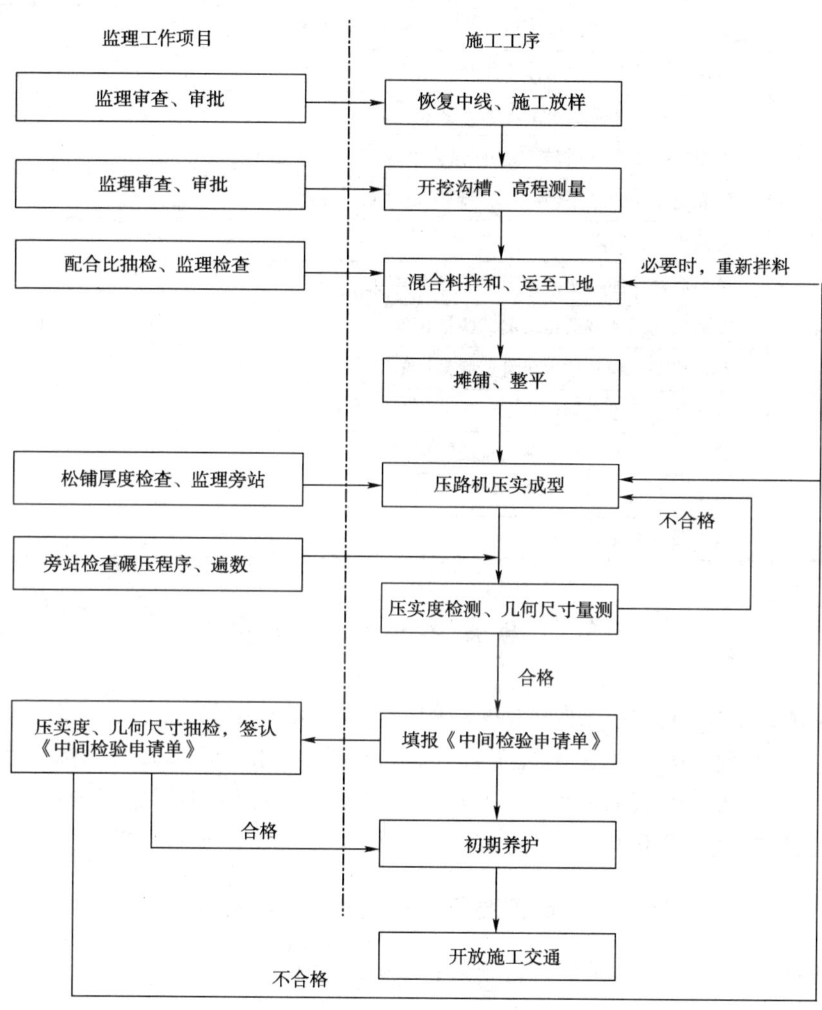

图2-5-1　路面基层、底基层施工程序及监理工作项目

四、质量检验项目与评定

在基层或底基层施工过程中,监理工程师应检查施工单位是否按规范要求项目、频率进行质量检测。各类基层和底基层质量检测项目、频度与质量标准见《公路路面基层施工技术规范》(JTJ 034—2000)相应的要求。

基层或底基层施工质量评定内容及方法见《公路工程质量检验评定标准》(JTG F80/1—2004)。

五、档案与资料

路面底基层与基层的监理档案与资料见表2-5-1。

路面底基层与基层的监理档案与资料　　表2-5-1

类　别	资　料　名　称	备　　注
开工资料	路面底基层和基层《分项开工申报批复单》	
	《分项工程开工申请报告》	
	路面底基层和基层试铺路段开工申报批复单	
	路面底基层和基层试铺路段开工申请报告	
施工记录	路面底基层和基层施工现场记录表	可用试验报告
施工放样资料	路面底基层和基层《施工放样报验单》	
	路面底基层和基层《施工放样现场记录表》	
工序验收资料	检验申请批复单	
	路面底基层和基层无侧限抗压强度试验报告单	
	路面底基层和基层压实度试验报告单	
	路面底基层和基层含灰量试验报告单	
	现场质量检验实测记录表	
中间交工资料	路面底基层和基层分项工程交工证书	
其他	有关监理通知与报告单	
	有关设计变更	

第三节　沥青路面施工质量监理

沥青面层是位于路面基层上最重要的结构层，它直接承受车轮荷载和大气自然因素的作用，因此必须具备平整、坚实、耐久及抗车辙、抗裂、抗滑、抗水害等多方面的综合性能。沥青路面施工难度大，技术含量高，路面面层施工技术方案复杂，因而在面层施工中必须严格要求，层层把关，对施工工艺进一步优化，将沥青路面面层施工质量提高到新水平。

一、施工准备阶段监理工作内容

1.检查沥青面层所用原材料是否符合规范要求

(1)沥青材料

沥青材料的质量指标一般以针入度、延度和软化点三项为主。必要时，还应进行含蜡量、闪点、脆点、密度、溶解度和沥青薄膜加热试验。

(2)矿料

矿料包括碎石、砂、矿粉等。粗集料的主要质量技术指标是集料级配、压碎值、针片状颗粒含量、含泥量、洛杉矶磨耗损失、视密度、吸水率、对沥青的粘附性、坚固性、磨光值、冲击值、破碎砾石的破碎面积等。细集料的主要质量技术指标是集料级配、视密度、坚固性(大于0.3mm部分)、砂当量、含泥量等。矿粉的主要质量技术指标是视密度、含水量、级配、亲水系数、加热安定性、塑性指数。

以上所有检验结果应符合《公路沥青路面施工技术规范》(JTG F40—2004)规定的材料路用要求。监理工程师应进行审校和必要的复核测试。

2.检查基层表面的清理工作是否满足技术要求

(1)基层表面应干燥、清洁和无松散的石料,灰尘与杂质应清扫干净。任何粘在路面上的用扫帚不能清除的杂质,应用其他方法清除;任何较严重的被油类污染的地方,应用有效的方法清除油污。

(2)对某些表面凹洼深度较大的部位,则需要填补坑槽,并整平、压实,达到基层的设计高程。

3.检查施工单位的施工机具(如摊铺机械、拌和设备及压实机械等)的种类、数量等是否符合合同规定,其使用准备是否符合要求(如技术状况是否良好,精度是否符合要求等)。

(1)检查施工单位的沥青洒布车(手推式洒布机),特别检查油泵系统、洒布管道、量油表、保温设备等有无故障,并将一定量的沥青装入油罐,在路上先行试洒,校核其洒布量;

(2)检查施工单位的石料撒布车,特别检查传动和液压调整系统,并应事先进行试撒,以确定撒铺每立方米规格矿料时应控制的开度和行驶速度;

(3)检查施工单位的压路机,主要检查其规格和机械性能及碾压轮表面的磨损情况;

(4)检查施工单位的摊铺机,主要检查其规格及主要机件性能是否正常;

(5)检查施工单位拌和设备及附属设施是否正常并经过标定,如电子称量(或过磅量)、出料温度测量装置等。

4.审核沥青混合料的组成设计试验报告

为了获得符合规定技术标准的沥青混合料,就必须对其组成设计进行审核。沥青混合料的组成设计主要包括矿料配比设计与沥青最佳用量的确定两个方面。经配合比设计确定的各类沥青混合料应符合《公路沥青路面施工技术规范》(JTG F40—2004)规定的马歇尔试验设计要求的技术标准,并具有良好的施工性能。

5.审核施工单位的沥青混合料路面施工组织设计

其主要内容有:

(1)总体施工计划;

(2)主要材料料场分布、运输线路及供应计划;

(3)劳动力组织与安排、技术人员培训情况或计划;

(4)主要机械设备配置及进、退场计划;

(5)主要工序施工管理与质量控制体系及人员名单;

(6)主要工序的进度与质量保证措施;

(7)试验路段的施工方案。

6.检查试验路段的施工

(1)验证施工单位的沥青混合料配合比(沥青用量及矿料级配)是否符合要求,以及混合料质量的稳定性;

(2)检查施工单位施工机械设备是否有明显的缺陷;

(3)检查施工单位摊铺机械是否适用;

(4)检查施工单位的石料撒布车的开度及行驶进度(表面处治用);

(5)检查施工单位的压实机具、组合、压实顺序、速度、遍数。

(6)检查并确定施工单位的压实机具的松铺系数、压实密度及接缝处理方法;

(7)检查并确定施工温度,包括拌和温度、摊铺温度、碾压温度;

(8)检查并确定施工单位的作业段合适长度;

(9)在沥青面层主体工程开工10d前,监理工程师要求施工单位在批准的地点,并在严格监督下,对每种沥青混合料铺筑一段直线路段,长100~200m试验路面;

(10)在试验路段内,沥青混合料摊铺、压实12h以后,监理工程师检查施工单位是否按规范规定的标准方法进行密实度、厚度检验,抽样检验;

(11)监理工程师应严格审批施工单位作出的试验路段施工总结报告,并作为正式施工的依据。

7.监理工程师签发沥青面层《工程分项开工申请批复单》

二、施工阶段监理工作内容

沥青面层施工过程中,监理工作项目如图2-5-2,各工序的质量控制要点如下。

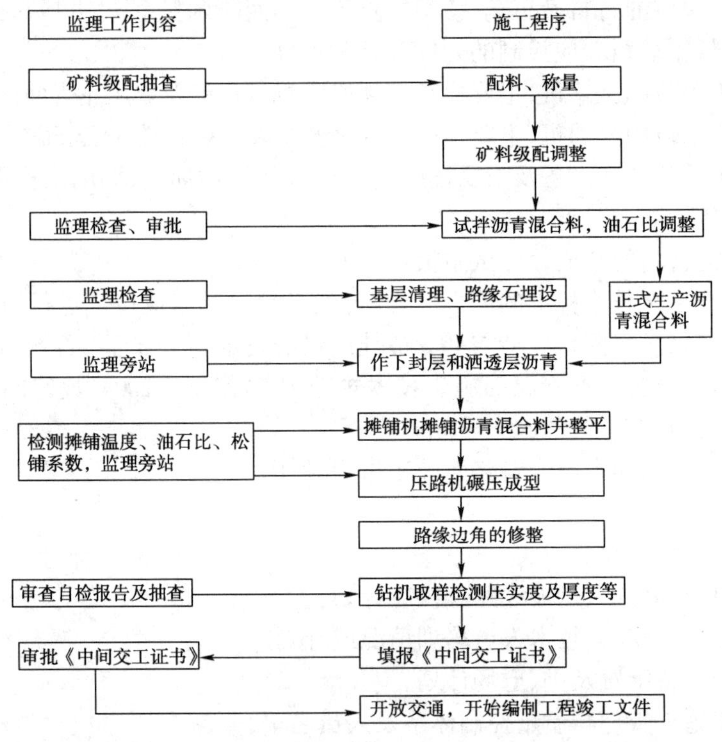

图2-5-2　沥青面层施工程序及监理工作内容

1.沥青表面处治面层质量控制要点

(1)检查材料的规格和控制沥青用量。沥青表处采用的集料,其最大粒径应与处治层厚度相等。其集料和沥青的用量及规格应符合规范规定的要求。

(2)在清扫干净的碎(砾)石路面上铺筑沥青表面处治时,应喷洒透层油,并检查是否符合要求。

(3)检查工序组织,各个工序必须紧密衔接,不得脱节,每天的施工段必须当天完成。

(4)检查浇洒沥青、撒铺面料是否达到了必须均匀的要求。

(5)施工宜在干燥和较为炎热的季节进行,并宜控制在日最高气温低于15℃来到之前半个月结束施工,使表面处治层通过开放交通压实、成型稳定。

(6)雨季施工应注意随时掌握天气预报,雨天过后,必须待矿料和基层晾干后才能继续施工。

(7)加强初期交通控制,重视初期养护。

2.沥青贯入式面层质量控制要点

(1)检查材料规格和控制沥青用量

对沥青贯入式路面的所使用的集料要求选择有棱角、嵌挤性好的坚硬石料,其规格和用量应符合规范规定的要求。主层集料最大粒径宜与贯入层厚度相同。沥青贯入层主层集料中大于粒径范围中值的数量不得少于50%。细粒料含量偏多时,嵌缝料用量宜采用低限。

(2)沥青贯入式路面施工中应注意的问题,基本上与层铺法沥青表面处治的相同。

3.拌沥青混合料路面施工质量监控要点

监理工程师应检查厂拌法沥青混凝土和沥青碎石路面在施工中的沥青混合料的拌和、运输和现场铺筑三个阶段的情况。

(1)沥青混合料的拌和质量控制

对间歇式或连续式两种沥青混合料的拌和设备中,由于间歇式的拌和质量较好,工厂集中拌和沥青混合料多采用间歇式拌和设备进行拌和。在制备沥青混合料时,各种材料的加热温度和沥青混合料的出厂温度应符合规范规定要求,其级配要求见《公路沥青路面施工技术规范》(JTG F40—2004)。

在沥青混合料的生产过程中,监理工程师应检查各原材料称量设备是否准确、矿料级配是否抽样并作适当的调整,混合料的出料温度和油石比是否满足要求,拌和的混合料是否均匀一致、是否无花白、是否存在粗细料分离或结块的现象,对不符合规定技术指标要求的沥青混合料是否做到严禁出厂使用。

(2)控制施工接缝的质量

应严格控制施工单位的铺筑模式,并要求施工单位的路面纵、横向两种接缝都保持在最小数量。

检查接缝处的密实度和表面修饰应该和其他铺筑部分相同,务必保持接缝紧密、平整。纵向接缝应该是连续和平行的;表层纵缝应顺直,且宜留在车道区画线位置上;上下层纵缝错位至少150mm(热接缝)或300~400mm(冷接缝)以上。横缝应与纵缝铺筑方向大致成直角;横缝在相连的层次和相邻的行程间均应至少错位1m。对高速和一级公路,在上面层应采用平接缝,其他均可采用斜接缝。斜接缝的搭接长度与层厚有关,宜为0.4~0.8m。阶梯形接缝的台阶经铣刨而成,并洒粘层沥青,搭接长度不宜小于3m。接缝处摊铺层施工结束后,用3m直尺检查平整度,有不符合要求者,应趁混合料尚未冷却时立即处理。

(3)控制现场摊铺碾压的质量

检查施工单位混合料摊铺是否均匀,特别要掌握好松铺厚度,注意路面的平整度和路拱。松铺系数应根据混合料类型由试铺试压确定。摊铺过程中,随时检查摊铺厚度和路拱、横坡。

检查施工单位在摊铺行程开始时,是否注意调整熨平板的高度,是否为碾压留出足够的预留量,使沥青混凝土铺盖层压实以后,达到要求的厚度。监理工程师要求施工单位应在开工前提前0.5~1h加热熨平板到混合料的温度(不低于100℃),混合料碾压开始时和终了时温度应符合规定。

检查施工单位的混合料初压、复压和终压。要求初压应紧跟摊铺机后碾压,并保持较短的初压区长度,以尽快使表面压实。可用6~8t双钢轮压路机或6~10t关闭振动装置的振动压路机初压两遍;复压紧接着初压进行,用 10 ~ 12t 三轮压路机或 10t 振动压路机和轮胎压路机复压 4 ~ 6 遍,至稳定无显著轮迹为止;终压用 6 ~ 8t 两轮钢筒式压路机或关闭振动的振动压路机终压 2 ~ 4 遍。特别要掌握好混合料的摊铺与碾压温度以及碾压速度,出现推移、横向细纹时应及时纠正。初压后,应检查平整度、路拱,有严重缺陷时进行修整乃至返工。

(4)其他检查内容

①沥青混合料的分层压实厚度不得大于 10cm。

②当高速公路和一级公路施工气温低于 10℃,其他等级公路施工气温抵于 5℃时,不宜摊铺热拌沥青混合料。必须摊铺时,应采取措施按冬季施工进行操作。

③雨季施工,运料车和工地应备有防雨设施,当遇雨或下层潮湿时,不得摊铺沥青混合料。对未经压实即遭雨淋的沥青混合料,应全部清除,更换新料。

4.施工过程中质量控制

(1)检查施工单位的人员技术管理,拌和、运输、摊铺、碾压的机械数量与性能,试验室仪器的配置等是否与路面工程的等级、规模相适应。

(2)严格按规范要求对原材料按规定频率检验,防止不合格材料混入拌和场内。沥青混合料的配合比设计是否符合规定的技术指标要求。

(3)对拌制沥青混合料的监理应做到三个及时、两个坚持、一个保证。三个及时是每台拌和机在拌制 3 ~ 5 车混合料后,及时取样、及时试验、及时反馈(将油石比、级配情况及时通知施工单位及有关部门、单位)。两个坚持是坚持开盘证制度和坚持每天上、下午各抽测一次油石比与级配(由于拌和机供应的各路段、层次不同,所用配合比也不相同,每天由施工单位技术负责人开出开盘证,通知拌和机控制室人员和施工路段负责人,以避免差错)。一个保证是保证好施工各环节的沥青混合料的温度在规定的范围内。温度的保证体系是:沥青及集料加热温度→沥青混合料拌和温度→沥青混合料到达现场温度→沥青混合料摊铺温度→沥青混合料初压温度→沥青混合料复压温度→沥青混合料终压温度。

(4)在摊铺前,应对基层或下面层认真检查,包括透层或粘层、封层油的浇洒、缺陷的处理、柴油污染的清除等。在施工安排上,尽可能在下面层摊铺后,继续中、上面层摊铺,防止下、中面层外露时间过长,受自然及人为因素的损坏,这一点应充分重视。

(5)为防止沥青混合料在摊铺后温度的损失,碾压长度宜按 30m 控制。对路面高程的要求应以保证路面厚度为原则。通过对初压、复压、终压的遍数检查,确保路面压实度符合要求。注意对摊铺中筛眼、离析的处理。

(6)对大型互通立交的小半径、大纵坡、超高大的匝道,在施工中应特别注意路面施工的层厚、压实度,必要时应作特殊的处理,使沥青混合料能承受较大的集中应力与抗剪力的作用而不致破坏。

(7)热拌沥青混合料路面应待摊铺层完全自然冷却,混合料表面温度低于 50℃后,方可开放交通。

(8)对每天的沥青混合料的试验数据,应绘制成质量动态控制图,每周分析一次。按检测结果,计算油石比、各级矿料通过量和沥青混合料物理力学指标的标准差和变异系数,检验生产是否正常。

三、质量检验项目与评定

在沥青表面处治面层、沥青贯入式面层、沥青混凝土面层和沥青碎石(砾石)面层施工过程中，监理工程师应检查施工单位是否按规范要求项目、频率进行质量检测。各类质量检测项目、频度与质量标准见《公路沥青路面施工技术规范》(JTG F40—2004))相应的要求。其施工质量评定内容及方法见《公路工程质量检验评定标准》(JTG F80/1—2004)。

四、档案与资料

沥青路面的监理档案与资料见表 2-5-2。

沥青路面的监理档案与资料 表 2-5-2

类　别	资　料　名　称
开工资料	沥青路面《分项开工申报批复单》
	沥青路面《分项工程开工申请报告》
	沥青路面试铺路段开工申报批复单
	沥青路面试铺路段开工申请报告
	沥青混凝土目标配合比设计报审文件
	沥青混凝土生产配合比设计报审文件
施工记录	沥青路面施工现场记录表
施工放样资料	沥青路面《施工放样报验单》
	沥青路面《施工放样现场记录表》
工序验收资料	沥青路面检验申请批复单
	沥青路面油石比、马歇尔密度、空隙率、稳定度、流值试验报告单
	沥青路面压实度试验报告单
	沥青路面现场质量检验实测记录表
中间交工资料	沥青路面分项工程交工证书
其他	有关监理通知与报告单
	有关设计变更

第四节　水泥路面施工质量监理

一、施工准备阶段监理工作内容

水泥混凝土路面施工准备阶段的监理工作内容如下：

1)审核施工单位的开工报告和施工组织设计，并在收件后的 7d 内予以批复。

水泥混凝土路面施工组织设计，其主要内容包括与第二节所述相同。

2)试验路段的施工方案。

水泥混凝土路面分项工程开工报告。其主要内容包括：

(1)施工进度计划与安排；

(2)施工队伍、施工机械、落实情况与施工组织；

(3)施工工艺和质量保证体系；

(4)搅拌站平面布置及搅拌站建设情况说明；

(5)主要试验设备的配备情况和标定证明；

(6)经监理工程师签字确认的控制测量资料;

(7)经监理工程师审批的原材料试验及水泥混凝土配合比设计资料;

(8)胀缝设置桩号一览表;

(9)钢筋补强桩号、类型及数量一览表;

(10)工程量清单。

3)勘查料场、检查搅拌站。

(1)检查施工单位的料场分布是否合理,材料选定是否适用以及料场配置的开采与石料加工设备是否符合要求。

(2)检查规划后搅拌站的场地是否设置在摊铺路段的中间位置,堆场和搅拌站的相互位置是否合理。搅拌站场地是否设置一定的坡度并保持场内排水畅通,还不对路基和环境造成的影响。

(3)检查进、出搅拌站的道路、搅拌楼附近及出料口区域是否进行硬化处理,搅拌楼下装车部位要求铺筑20cm厚的混凝土路面。

(4)检查砂石材料堆料场是否进行硬化处理,并确保砂石材料不受泥土污染;不同规格的材料是否做到分开堆放并作出明确的标识,没有混杂。

(5)为确保进入搅拌站的原材料满足质量要求,监理工程师要求按批量进行抽检,并督促施工单位将不合格材料及时清出现场。

(6)检查施工单位在砂石料堆上部是否架设冬季、雨季和热天施工防雨、防雪、隔晒顶篷或覆盖帆布。所覆盖的材料数量不宜少于正常施工时10d的用量。

(7)检查搅拌楼安装,控制混合料出料的卸料高度不超过1.5m。

4)检查施工单位的工地试验室。

(1)施工单位必须建立符合要求的工地试验室,并按需要配备足够的试验设备。

(2)检查试验室用于计量检测的试验设备是否在使用前进行标定,没有计量部门标定证明的试验设备不能用于试验。

(3)检查建设好的试验室,施工单位是否书面报请监理工程师和总监办中心试验室进行验收。

(4)工地试验室距离拌和场不得超过500m。

5)控制测量

(1)监理工程师要督促施工单位在摊铺开始14d前完成所辖施工路段的导线点和水准基点的补设和贯通测量复测工作,并报送测量成果表。

(2)监理工程师可对施工单位报送的测量成果表采取参与和抽查控制测量的方式,进行审核和签认。

(3)监理工程师应按设计文件要求严格控制路面高程,未经同意,不允许对路面高程作出调整。

6)控制配合比设计

(1)监理工程师督促施工单位在摊铺开始56d前提交满足路面设计与施工要求的配合比资料,确定外掺剂及养护剂,并向监理工程师和总监办中心试验室提供外掺剂及养护剂的相关试验报告。

(2)监理试验室应对施工单位所提交的配合比设计进行复核试验,并确认施工单位的施工配合比;复核并确定施工单位使用的外掺剂及养护剂。

7)检查试验路段的铺筑

铺筑试验路段时,应认真审批试验路施工方案,路面专项监理工程师及现场监理员必须全过程旁站并作好监理记录,及时、全面地掌握下列情况:

(1)检验搅拌楼性能并确定合理搅拌制度;检验滑模摊铺系统全部主要机械的性能和生产能力。

(2)验证基准线设置方式,滑模摊铺机的适宜工作参数,包括摊铺速度、振捣频率调整范围、夯实杆深度和频率、侧模板可调整方式和位置、中间和侧向拉杆打入情况、振动搓平梁的设置位置、自动抹平板位置和压力等。

(3)检验全套施工工艺流程的合理性。

(4)检查滑模施工系统的全面质量管理体系。

二、施工阶段监理工作内容

1.基层质量的检查与验收

监理工程师应对基层进行检测验收,质量必须符合《公路工程质量检验评定标准》(JTG F80/1—2004)要求。

2.基层清扫与处理

摊铺前,必须将基层表面清扫干净,污染严重的路段,应使用洒水车进行冲洗;应对基层上的沥青封层进行认真检查,若发现沥青封层已损坏,现场监理应及时通知施工单位补洒沥青;现场监理对基层清扫和封层油是否符合要求进行验收,认可后,方可开始摊铺。

3.审批分段开工报告

检查施工单位应根据基层的交验情况于摊铺开始至少24h前向监理工程师递交面层分段开工申请,监理工程师收到该申请后应于24h内予以批复。

监理工程师在审批面层分段开工申请时,对滑模施工,应充分考虑滑模摊铺机械化程度高、摊铺速度快的特点,尽可能协调、组织路面工程的流水作业:即在沿施工线路和方向上,各作业单位及其路面各结构层的施工既相对独立又互相协调,施工过程有节奏且连续不断,使路面工程一段段连续地推进,一段段连续地完成,以充分发挥机械化施工的优势。

4.检查放样与基准线设置

复测施工单位的施工放样和基准线设置,以确保混凝土面层的设计厚度。

5.检测混合料原材料的质量

监理试验室应按规范规定的抽检批量对施工过程中所使用的粗集料、细集料、水泥、外加剂、养护剂等进行抽检。

6.检验对传力杆、拉杆及构造物补强钢筋的制作和安放

7.水泥混凝土搅拌站的控制

(1)检查搅拌楼的电子秤在开工前和施工过程中是否定期进行标定。

(2) 施工过程搅拌站应有现场监理全过程旁站,并按规范规定预留弯拉强度试件。

8.检查水泥混凝土的运输

检查用于混凝土施工的运输车辆,车辆在运输前必须清洗干净,车厢不得变形,运输过程不得漏浆、漏料和污染路面,夏天、冬天、雨天,应遮盖车厢。

9.随机抽检水泥混凝土施工配合比

以确保到达摊铺现场的混凝土的流动性、坍落度、触变性、弯拉强度等主要技术指标符合

设计要求。

10.控制摊铺过程中的质量

(1)现场监理对路面施工应进行全过程跟踪旁站。

(2)按规定的频率在拌和站和施工现场抽取弯拉强度试件。

(3)现场监理在摊铺过程中应随时监督如下事项:

①对滑模摊铺而言,任何情况下停机超过60min,应设置工作缝;

②禁止用水车直接在水泥混凝土的混合料上洒水;

③对滑模摊铺,不得随意调整摊铺机的传感器和虚方控制板,摊铺速度、振捣棒振捣频率应控制在适当的范围内,并尽可能保持连续摊铺,不宜频繁停机;

④摊铺现场至少应准备能覆盖100m长摊铺路面的防水布或活动风雨篷。

(4)对滑模摊铺,下列情况下监理工程师应下令停机:

①摊铺机出现故障;

②摊铺现场的表面水分蒸发率已超过0.75kg/(m^2·h),而施工单位采取的防止水分蒸发的措施不能令监理工程师满意;

③相对湿度小于40%、风速大于6m/s;

④钢筋未运至摊铺现场或构造物钢筋网绑扎不合格而又无法在摊铺机摊铺到达时纠正;

⑤监理工程师认为应该停机的其他情况。

(5)主车道面板施工结束后,同侧辅车道面板施工间隔不应超过28d。

11.检查施工缝、缩缝、胀缝的设置

检查施工缝、缩缝、胀缝的设置位置是否严格按设计图纸或监理工程师批准的要求设置,并注意下述要求:

(1)横向施工缝,每天摊铺结束或异常情况停止摊铺,且中断时间超过混凝土初凝时间的2/3时,应设置与路面中线垂直的横向施工缝,横向施工缝的位置宜与胀缝或缩缝相重合。横向施工缝应设置传力杆,部位应与缩缝吻合,并采用带有传力杆固定装置的模板作挡模。

(2)纵向施工缝:主车道与辅车道之间设置纵向施工缝,辅车道摊铺前应将预埋的拉杆板直,并在主车道面板侧面拉杆以上部分涂沥青。

(3) 横向缩缝:横向缩缝宜采用轨道式切割机切割,板块间距应符合设计要求。主车道和辅车道的横向缩缝必须成一条直线,不能错位。

(4)纵向缩缝:纵向缩缝与路面中线平行,且顺直、圆滑。

(5)缩缝的切割深度应符合规范要求,切割时不得出现啃边现象。

(6)胀缝在半幅路面上必须顺直,不能错位,且与路面中线垂直;传力杆必须与路面中线和路面平行,缝壁应垂直路面表面;现场监理应对胀缝施工全过程旁站,发现问题,及时纠正。

12.养生监理要点

(1)一般情况下,水泥混凝土路面养生宜采用喷洒养护剂的方法。

(2) 特殊情况下,不能喷洒养护剂养生或养护剂效果不佳时,可采用覆盖麻袋、草袋洒水养生或盖塑料薄膜养生。

(3)现场监理应每天抽检养护剂的喷洒量及均匀性一次。

(4)一般养生天数宜为14~21d,不应少于14d。掺粉煤灰的路面,最短养生时间不宜少于28d。

13.灌缝及嵌缝

(1)检查灌缝、嵌缝材料。

(2)检查嵌缝条的安装。施工时应采取措施将嵌缝条牢固地粘到混凝土缝壁上,不得有脱胶、漏胶等现象。

(3)现场监理应检查施工过程中清缝是否干净,抽查灌缝深度是否合格及检查是否有脱开、脱胶、漏灌、漏胶等现象。否则,必须返工。

(4)灌缝、嵌缝结束后应监控封闭交通直至灌缝料固化和嵌缝条胶水固化为止。

14.交通管制与开放交通

每段水泥混凝土路面施工完毕后,现场监理应督促施工单位及时设置禁行标志和路障,并派专人看护,直至强度形成。在弯拉强度未达到设计要求之前,不得开放交通。在开放交通之前,路面应清扫干净,所有接缝均应封好,达到要求后现场监理方认可同意开放交通。

三、质量检验项目与评定

在水泥混凝土面层施工过程中,监理工程师应检查施工单位是否按规范要求项目、频率进行质量检测。各类质量检测项目、频度与质量标准见《公路水泥混凝土路面施工技术规范》(JTG F30—2003)相应的要求。其施工质量评定内容及方法见《公路工程质量检验评定标准》(JTG F80/1—2004)。

四、水泥混凝土路面监理工作流程

水泥混凝土路面施工质量监理的流程见图 2-5-3。

五、档案与资料

水泥混凝土路面的监理档案与资料见表 2-5-3。

水泥混凝土路面的监理档案与资料 表 2-5-3

类别	资料名称	备注
开工资料	水泥混凝土路面《分项开工申报批复单》	
	水泥混凝土路面《分项工程开工申请报告》	
	水泥混凝土路面试铺路段开工申报批复单	
	水泥混凝土路面试铺路段开工申请报告	
	水泥混凝土配合比设计报审文件	
施工记录	水泥混凝土路面施工现场记录表	
施工放样资料	水泥混凝土路面《施工放样报验单》	
	水泥混凝土路面《施工放样现场记录表》	
工序验收资料	水泥混凝土路面检验申请批复单	
	水泥混凝土抗压强度、抗弯拉强度试验报告单	
	水泥混凝土路面现场质量检验实测记录表	
中间交工资料	水泥混凝土路面分项工程交工证书	
其他	有关监理通知与报告单	
	有关设计变更	

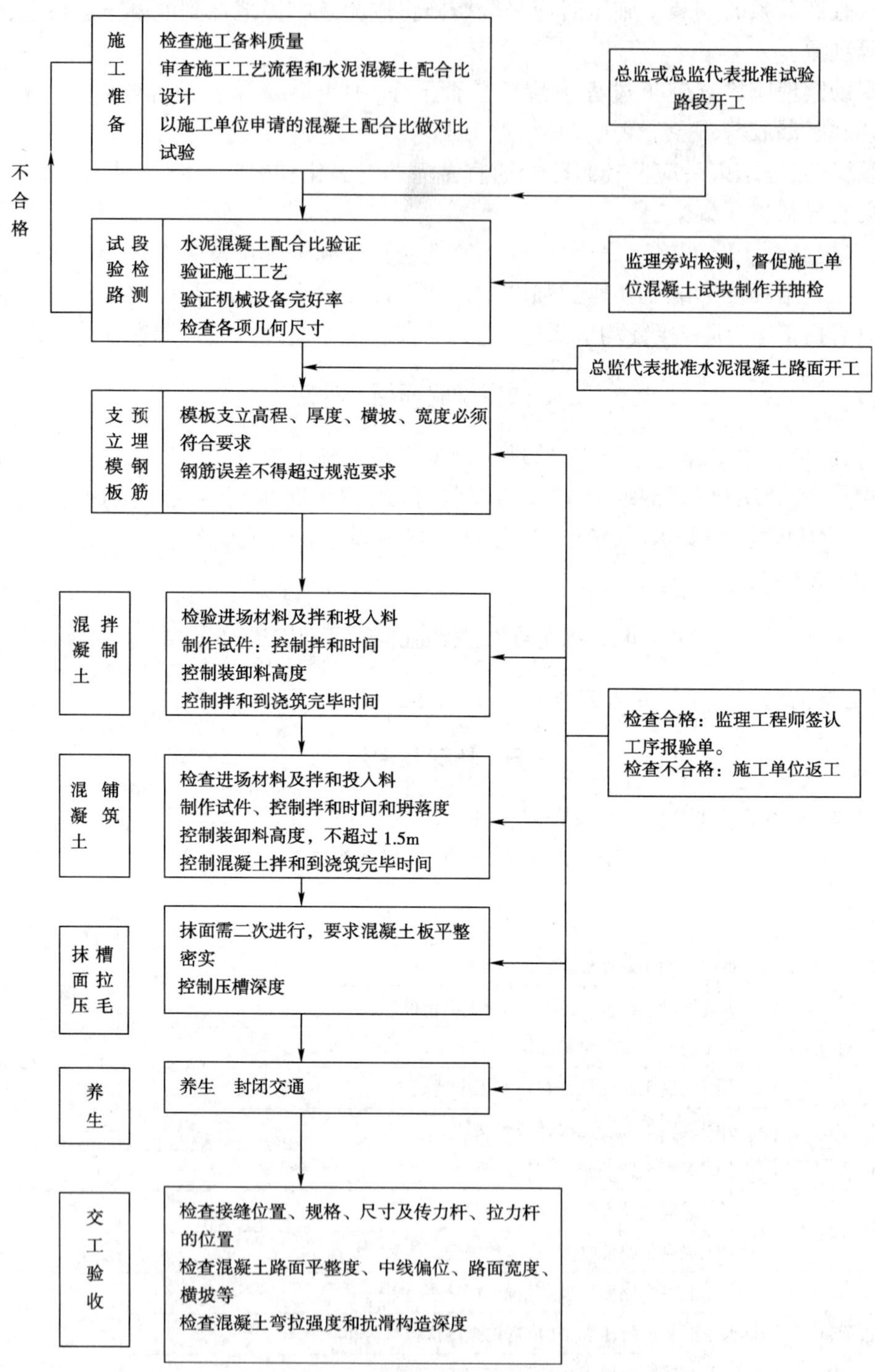

图 2-5-3　沥青混合料路面监理工作流程

复习思考题

1.试述路面底基层和基层施工阶段的主要监理工作内容。

2.试述热拌沥青混合料路面施工质量监控要点。

3.试述水泥混凝土路面施工质量监控要点。

第六章　桥涵工程施工质量监理

第一节　概　　述

桥梁主要是由上部结构、下部结构和附属结构等部分组成。

下部结构有基础和墩台等部分,而基础部分按施工方法分为砌石基础、沉入桩基础、灌注桩基础(又分钻孔灌注桩、挖孔灌注桩等)和沉井基础等;上部结构按形式分为拱、梁、板等,按施工方法分为钢筋混凝土、先张法预应力钢筋混凝土、后张法预应力钢筋混凝土等;按安装方法分为就地浇筑和预制装配,就地浇筑按施工方法分为在支架上浇筑和悬臂浇筑等;预制装配分为悬臂拼装、顶推安装等。

涵洞按构造形式分为管涵、盖板涵、拱涵和箱涵等。

桥涵的分类方法很多。本课程仅根据常用的桥涵名称,主要介绍砌石基础、钻孔灌注桩基础、墩台柱、先张法、后张法预应力梁、悬臂浇筑梁桥、圆管涵、盖板涵、桥台结构物回填等施工质量监理的工作。其他类型或其他结构部分的施工监理可根据《公路桥涵施工技术规范》(JTJ 041—2000)和《公路工程质量检验评定标准》(JTG F80/1—2004)等技术文件参照执行。

一、桥涵施工质量监理的基本要求

在公路建筑中,桥涵是路线的重要组成部分,桥梁既要保证桥上的交通运行,又要保证桥下水流的宣泄、船只的通航或车辆的通行;涵洞虽然只起到宣泄水流的作用,但在一条公路上数量较多,排水系统复杂。而整个桥涵工程属永久性结构物,均位于野外,受各种外界环境因素影响较大,故保证桥涵的施工质量非常重要,施工质量的好坏将直接影响到公路的使用性能。另外桥梁的数量多,施工技术复杂,容易出现设计变更、工程索赔等事项,也容易出现质量事故。因此桥涵工程施工质量监理工作必须做到全面、细致、熟练和标准化。桥涵施工监理具体应注意以下几点:

(1)监理工作应严格按规定的程序进行。

(2)提供和采用的材料应符合设计图纸和规范的要求。

(3)构造的每一部分施工必须严格按照设计图纸所示的尺寸、形状和方法进行。所有施工细节必须符合规范和设计图纸的详细要求。

(4)各种试验、检测方法和精度等均应符合规范和合同的要求。

二、桥涵施工准备阶段质量监理内容

(1)监理工程师应熟悉设计文件、施工合同文本,以及有关各分项工程技术要求、工艺和规范。

(2)对施工单位所选定的料源进行现场考察,并对各项指标进行检验。

(3)监理组试验室对施工单位申报的混凝土(或砂浆)配合比进行验证。验证的内容包括:混凝土(或砂浆)的配合比;水泥、砂子、石子、外加剂的各项指标、混凝土(或砂浆)的坍落度、强

度以及和易性等是否符合规范和技术要求,各项指标均合格后方可批准使用。

(4)检查施工单位的材料堆放、出厂日期、进场设备的型号、性能能否满足工程需要。

(5)检查施工单位施工管理人员的到位情况及特殊工种工人的上岗证件(如焊工证等)。

(6)各专业工程师应初审施工单位的施工方案中相关部分的内容,并提出书面意见交驻地监理工程师。驻地监理工程师应对施工单位的施工组织设计,进场材料、设备,施工单位的项目部人员资质情况、质保体系等进行认真审查,并在收到分项工程开工报告后7d内给予明确的书面答复。

(7)检查施工单位的施工放样资料计算的准确性。对施工单位所完成的桩位计算和放样、在基础顶面放出的墩、台中线放样及墩、台实样进行复核;对梁板顶面混凝土的高程等资料进行检测,并审批施工单位填写的《施工放样报验单》。

(8)驻地监理组长、驻地工程师对施工单位提出的《分项(分部)工程开工报告》进行审批。开工报告的内容主要包括:施工计划、施工工艺、人员、设备进场数量及报验单。原材料报验合格资料、混凝土(或砂浆)配合比批准资料、测量计算的有关资料等。监理审核的内容主要包括:开工报告所附的资料是否齐全,所用材料报验单和试验资料是否有相应的专业工程师、监理组长签字认可;施工单位的人员、机械安排是否合理;施工工艺是否符合技术要求,施工负责人、施工单位内部质量安全检查、监督人员安排是否到位;施工单位的工期安排是否合理可行。监理审核开工报告后,如不同意则向施工单位提出修改的书面意见,要求施工单位重新报批,如同意则签署开工报告,批准开工。

各分项工程的施工准备阶段质量监理应遵照以上几条执行,凡在准备阶段,有特殊监理要求的,将在下面各分项工程施工质量监理中提出来,其余不再赘述。

下面主要阐述桥梁常见下部结构、常见上部结构及桥面系施工阶段的质量监理工作。

第二节　常见基础工程施工质量监理

一、明挖基础

(一)明挖基础的分类

明挖基础一般可分为刚性扩大基础、单独或联合基础、条形基础、片筏和箱形基础等。

明挖基础为了满足使用要求,必须进行基底应力计算、基底合力偏心距及基础稳定性验算、地基强度验算、地基的沉降及稳定性验算等内容。

(二)明挖基础施工质量监理

明挖基础施工质量监理包括基坑开挖、围堰、挖基和排水、基底处理和基底检验、回填等内容监理。

1.基坑施工的监理要点

(1)检查基坑尺寸大小是否满足基础施工的要求,一般基底应比设计平面尺寸各边增宽50~100cm;

(2)检查基坑坑壁坡度是否按地质条件、基坑深度,施工经验和现场具体情况进行了合理确定;

(3)检查基坑顶面是否设置了防止地面水流入基坑的措施;

(4)检查基坑壁坡不易稳定并有地下水影响时,施工单位是否根据具体情况,采取了钢板支撑、钢木结合支撑、混凝土护壁等加固措施。

2.围堰施工的监理要点

围堰常用的形式有:土围堰、土袋围堰、钢板桩围堰、钢筋混凝土板桩围堰、竹(铅丝)笼围堰、套箱围堰等。

(1)检查围堰外观尺寸

①堰顶高度,宜高出施工期间可能出现的最高水位(包括浪高)50~70cm。

②围堰外形,应考虑河流断面被压缩后,流速增大引起水流对围堰、河床的集中冲刷及影响通航、导流等因素。

③堰内面积:应满足基础施工的需要。

④围堰断面:应满足堰身强度和稳定的要求。

(2)围堰水密性:要求防水严密,应尽量减少渗漏,以减轻排水工作。

3.挖基和排水的监理要点

1)挖基质量监理

(1)开挖前检查施工单位基础平面位置和现有地面高程;

(2)检查开挖的基底高程是否满足要求;

(3)基桩处的基坑开挖是否在打桩之后完成;

(4)检查挖方各侧面的稳定性,必要时,挖方的各侧面应始终予以可靠的支撑;

(5)石方基础挖方的施工质量监理,也要符合上述的规定。

2)排水质量监理

(1)审批基础的排水施工方法及施工组织设计;

(2)在基础挖方施工期间,检查所有基础挖方是否始终保持良好的排水;

(3)在施工期间,施工单位应维护天然水道并使地面排水畅通。

4.基底处理的监理要点

当开挖到设计高程后,监理工程师应检查验收施工单位的基底处理工作。对不满足要求的,应要按规范要求继续进行基底处理直至符合要求。

5.检验基底

(1)检查基底平面位置、尺寸大小、基底高程;基底平面位置和高程允许偏差规定如下:

①平面轴线位置:+200mm

②基底高程:土质:±50mm　石质:-20~50 mm

(2)检查基底地质情况和承载能力是否与设计资料相符。

(3)检查基底处理和排水情况是否符合规范要求。

(4)检查施工日志及有关试验资料等。

6.回填的监理要点

见后面有关结构物回填章节。

(三)砌石基础施工质量监理

1.施工单位进场材料的监理要点

(1)水泥检查:检查水泥是否有厂家质保书,是否有防雨水的专用堆放场地;水泥的存放期是否超过3个月、是否有受潮现象。检测水泥的各项指标如细度、标准稠度用水量、凝结时间、体积安定性、胶砂强度、碱含量是否符合要求。

(2)砂的检查:检查砂的级配、细度模数、含泥量等指标是否符合规范要求;

(3)石料性能的检查。检查石料的强度，要求坚韧、密实、质地坚硬、色泽均匀、无风化剥落及结构缺陷，石料不得含有泥土和砂浆，以及油污等有害物质含量，均按《公路工程集料试验规程》(JTG E42—2005)和设计标准进行检查验收。

2.基坑施工监理要点

(1)复核水准点，检查施工单位的放样坐标和基坑的几何尺寸、高程是否符合要求。

(2)复查基底土质和承载力。查看基底土质是否与设计勘探符合，承载力是否满足设计要求。若与设计不符，监理工程师应在施工单位提出的变更申请上签署意见或建议，并报建设单位和设计院批复。

3.砂浆配合比的监理要点

(1)水泥、砂和水的掺拌比例是否符合配合比设计的要求；在施工时应及时抽检砂浆的强度试块，抽检频率为：施工单位每台班自检一组，监理按施工单位频率20%进行抽检。

(2)检查砂浆拌和的均匀性、和易性、稠度以及拌和到使用的时间是否符合规范要求。

(3)检查砂浆砌筑时的饱满情况，以及外露砂浆养护工作。

4.巡视检查砌筑过程

(1)砌筑的方法、工艺应符合规范要求；

(2)砌筑的厚度、砂浆饱满度、砌筑表面的平整度应符合规范要求；

(3)外形尺寸、外观应协调；

(4)抽检砂浆强度以及养护工作；

(5)质保、安全体系运转情况；

(6)文明施工情况。

5.对施工单位申报的《中间交工证书》的有关内容进行检查、验收、确认，并签署《中间交工证书》。

(四)质量检验项目与评定

在砌石基础施工过程中，监理工程师应检查施工单位是否按规范要求项目、频率进行质量检测。各类质量检测项目、频度与质量标准见《公路桥涵施工技术规范》(JTJ 041—2000)相应的要求。其施工质量评定内容及方法见《公路工程质量检验评定标准》(JTG F80/1—2004)。

(五)基础开挖施工程序及监理工作程序

在基础开挖施工中，其质量控制程序如图2-6-1所示。

三、钻孔灌注桩基础施工质量监理

(一)施工阶段钻孔灌注桩质量监理内容

1.检查现场施工备料

2.复核混凝土配比设计

3.审查施工组织设计、分项工程开工报告

(1)试验工程师对施工备料、混凝土配合比设计。

(2)专业工程师对施工方案审查，内容应包括：

①钻孔工艺与机具；

②混凝土灌注的工艺与机具；

③施工人员、设备的安排、进度计划。

4.检查并复核施工放样

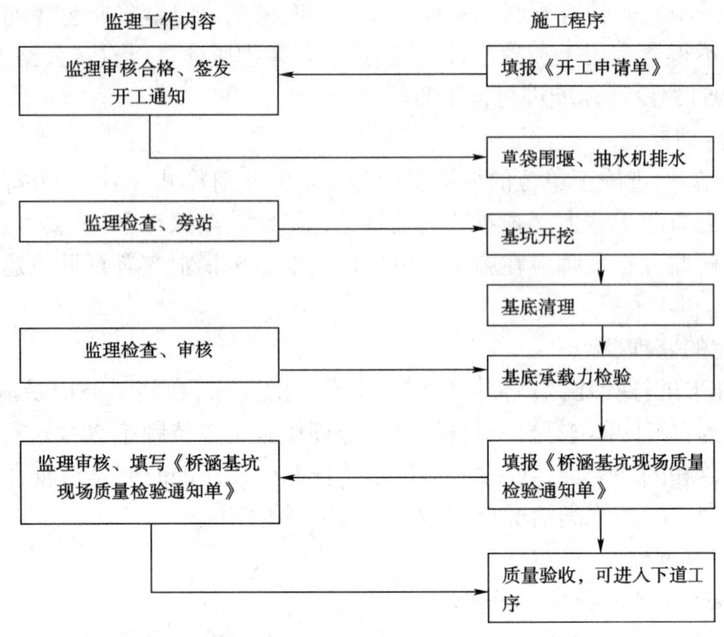

图 2-6-1　基础开挖施工及监理流程图

5.检查埋设护筒

(1)护筒可以采用钢、钢筋混凝土等形式,根据现场确定,筒径应大于桩径 20~40cm;

(2)护筒的长度应适应地层的情况,以保证孔口不塌为限,一般不宜小于 2m,软弱的地层应增加护筒长度。

(3)护筒顶高程宜高出地面 30cm 或水面 1.0~2.0m,有承压水时,应高出承压水头 2m 以上。

(4)在护筒顶用油漆画十字线定出孔中心位置,检查孔位偏差,应小于 5cm。

6.检查钻孔与清孔

(1)开钻前,要保证钻头对中。

(2)钻进过程中要随时巡回检查。

①孔倾斜度:保证钻孔倾斜度不超过规范要求;

②孔深:随时记录各钻孔深度的地层变化情况,尤其要检查核实各层界面的高程。在终孔后应测孔深推算桩长。桩长应不小于设计要求,终孔测深时应检查护筒高程;

③了解钻进过程中塌孔情况。

(3)钻孔达到孔底高程后,现场监理检孔,测算出孔底高程前后二值之差即为沉淀层厚度。施工单位负责清孔,清孔完毕后,现场监理再测算出孔底高程及沉淀层厚度。

①孔深、孔径、孔的倾斜度和孔底中心偏位;

②泥浆相对密度等各指标检查;

③沉淀厚度检查。以上各项检查结束后,可以沉放钢筋笼和导管,在灌注混凝土前,重测孔深,并计算沉淀层厚度,沉淀层厚度超标时,应用泥浆泵抽取、重新清孔等方法,直到合格为止。

7.检查钢筋笼的安装

(1)钢筋笼应在沉放前分段制作,应按常规要求对预先加工的钢筋笼段制作检查验收,方可同意沉放。

(2)钢筋笼对接时,上段应自由悬吊,要保证接头平顺垂直。

(3)要在规定的时间内焊接完毕,因此必须安排 2~3 个焊工同时施焊。焊接处必须按规范要求,逐个检查认可。

(4)钢筋笼放到位后,要检查顶面高程和轴心位置,应保证位置准确后焊接固定在护筒壁上。

(5)检查保护层垫块,一般每 2m 一道,每 4 块对称布设。

8.混凝土灌注监理旁站应注意的要点

(1)在灌注开始前,结构监理工程师应到现场检查各项准备工作,认可后方可开始灌注,检查内容包括:

①导管安装检查。导管接头不允许漏水,导管的初始孔底高宜为 25~40cm。

②沉淀层厚度符合要求。

③料斗设计容量能保证首盘混凝土将导管埋深大于 1m。

④拌和现场准备就绪,拌制混凝土坍落度、和易性均符合要求,运输过程中不发生离析。

(2)灌注过程中,监理员要全过程旁站,结构工程师应随时巡查,出现问题时,现场及时处理。

旁站监理应做好以下记录:

①按时抽检混凝土坍落度和制作混凝土抗压强度试块,对坍落度不合格和易性不好的混凝土,不准用于灌注,以防止卡管断桩;

②记录灌注混凝土的方量和相应的混凝土顶面高程及导管埋置深度(宜控制在 2~6m),记录扩径、缩径等情况;

③记录塌孔等情况;

④发现钢筋笼上浮等异常情况及时调整灌注速度。

(3)出现卡管断桩等情况时,结构工程师应到场参与事故处理。

(4)灌注的桩顶高程应比设计高出一定高度,一般为 0.5~1.0m,以保证混凝土强度,多余部分接桩前必须凿除,残余桩头应无松散层。

9.成桩检查

(1)平面位置及桩顶高程的检查。

(2)混凝土质量无破损检测。

灌注桩的混凝土质量采用无破损检测,检测数量为 100%。无破损检测必须由具有专业资质的单位来检查,监理有责任对受委托的单位的资质和业绩作审查。不具备资质和能力的单位不应委托。测试时混凝土龄期应超过 14d。若无破损检测结果不合格,应进一步做钻芯取样,检查桩身混凝土质量。

10.交工验收检验

(1)根据监理检验记录认定

①孔径、孔深、孔位和沉淀层厚度,满足设计要求;

②桩身连续完整无夹层断桩;

③钢筋笼不得上浮;

④无破损检测合格。

(2)实测项目合格

①混凝土强度合格；

②桩位偏差小于允许偏差值；

③倾斜度小于1%桩长且不大于500；

④沉淀层厚度小于规定值；

⑤钢筋骨架底高程误差小于±5cm。

(二)质量检验项目与评定

在钻孔灌注桩施工过程中，监理工程师应检查施工单位是否按规范要求项目、频率进行质量检测。各类质量检测项目、频度与质量标准见《公路桥涵施工技术规范》(JTJ 041—2000)相应的要求。其施工质量评定内容及方法见《公路工程质量检验评定标准》(JTG F80/1—2004)。

(三)监理工作流程

钻孔灌注桩监理流程如图2-6-2所示。

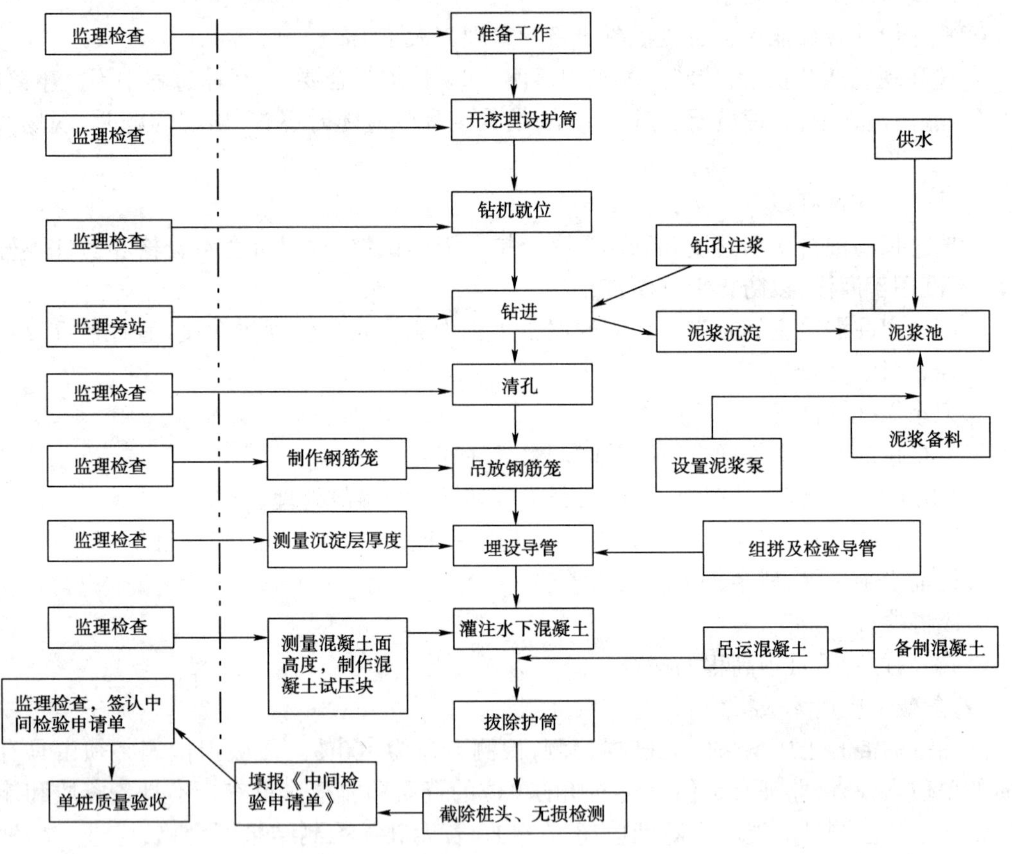

图2-6-2　钻孔灌注桩施工监理流程图

(四)档案与资料

钻孔灌注桩档案与资料整理见表2-6-1。

钻孔灌注桩档案与资料　　表2-6-1

类　别	资 料 名 称	备　注
开工资料	钻孔灌注桩工程《分项开工申报批复单》	
	《分项工程开工申请报告》(附)	

续上表

类 别	资 料 名 称	备 注
施工记录	桩成孔过程记录表	
	混凝土浇筑申请单	
	桩混凝土灌注记录表	
施工放样资料	钻孔灌注桩工程《施工放样报验单》	
	钻孔灌注桩工程《成桩放样检测记录表》	
工序验收资料	检验申请批复单	
	桩基动测检查报告单	
	混凝土强度试验报告单	
	桩成孔现场质量检验单	
	桩钢筋现场质量检验单	
	混凝土浇筑申请报告单	
	桩现场质量检验单	
	现场质量检验实测记录表	
中间交工资料	钻孔灌注桩分项工程交工证书	
其他	有关监理通知与报告单	
	有关设计变更	

第三节　常见下部结构施工质量监理

一、施工阶段的质量监理

1.钢筋混凝土墩、台身监理要点

(1)检查基础顶面的处置以及锚固钢筋等是否符合要求。

(2)检查施工单位的模板安装和模板支架是否符合要求,并对《混凝土结构物模板安装现场质量检验申请单》予以签认。

(3)检查钢筋的接头、尺寸、间距、规格是否符合设计图纸和规范的要求,对《钢筋加工及安装现场检查申请单》予以签认,并填写《分项工程检验记录表》。

(4)检查施工单位的设备、人员准备情况,并对混凝土拌和设备的计量装置进行检验。批复《混凝土浇筑申请报告单》。

(5)对混凝土浇注进行全过程的旁站并随机抽留混凝土试件不少于1组,填写《旁站记录表》。

(6)检查施工单位对混凝土的养护措施是否到位。

2.浆砌片石或混凝土预制块砌筑墩台身监理要点

(1)检查施工单位的施工放样。

(2)检查施工单位所使用的材料是否满足要求,实测预制块以及粗料石的几何尺寸是否符合《公路桥涵施工技术规范》(JTJ 041—2000)或其他文件的要求。

(3)检查基础表面的处理是否满足要求。

(4)在施工过程中每台班要求至少巡视一次，检查施工单位是否坐浆施工，并随机抽留砂浆试件，检查砌缝是否顺直，宽度是否达到《公路桥涵施工技术规范》(JTJ 041—2000)或《合同文件》的要求。

3.墩、台帽及盖梁施工监理要点

(1)检查支架及脚手架的稳定性，以及支架与脚手架是否连接牢固以及预压后的沉降是否达到稳定要求。

(2)检查墩、台帽的底高程以及钢筋骨架的高程，填写水准测量记录表。

(3)检查钢筋的安装、尺寸、规格和预埋件的埋设位置和固定情况，填写《钢筋加工及安装现场检验记录表》，并对施工单位的《钢筋加工及安装检验申请单》予以签认。

(4)检查旁站混凝土施工，留取混凝土试件，并填写旁站记录。

(5)督促施工单位做好混凝土养护工作。

二、质量检验项目与评定

在模板、支架及拱架制作、安装，桥梁墩台施工过程中，监理工程师应检查施工单位是否按规范要求项目、频率进行质量检测。各类质量检测项目、频度与质量标准见《公路桥涵施工技术规范》(JTJ 041—2000)相应的要求。其施工质量评定内容及方法见《公路工程质量检验评定标准》(JTG F80/1—2004)。

三、监理工作流程

桥梁墩台施工及监理工作流程见图 2-6-3。

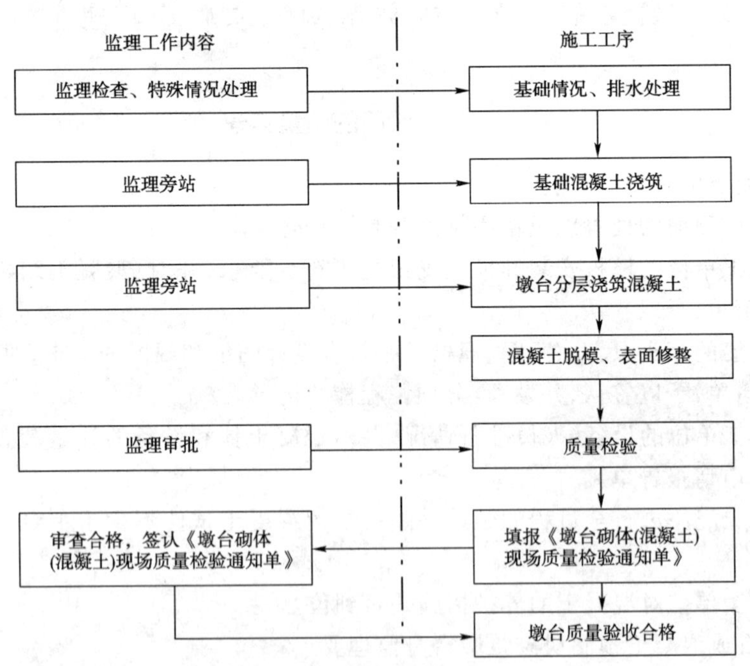

图 2-6-3　墩台施工及监理工作内容

四、档案与资料

桥梁墩台档案与资料整理见表 2-6-2。

桥梁墩台档案与资料 表 2-6-2

类别	资料名称	备注
开工资料	桥梁墩台工程《分项开工申报批复单》	
	《分项工程开工申请报告》(附)	
施工记录	《混凝土结构物模板安装现场质量检验申请单》	
	《钢筋加工及安装现场质量检验报告单》	
	混凝土浇筑申请单	
	浇筑混凝土记录表	
施工放样资料	桥梁墩台工程《施工放样报验单》	
	桥梁墩台工程《墩台放样检测记录表》	
工序验收资料	检验申请批复单	
	混凝土强度试验报告单	
	现场质量检验实测记录表	
中间交工资料	桥梁墩台分项工程交工证书	
其他	有关监理通知与报告单	
	有关设计变更	

第四节 常见上部结构施工质量监理

一、先张法预应力施工质量监理

(一)施工质量监理的内容

(1)审核并批准预应力构件施工场地及其平面布置。包括拟采用的预应力张拉台、横梁及各项张拉设备。预应力张拉台须有足够强度和刚度,抗倾覆系数不小于 1.5,抗滑系数不小于 1.3,横梁须有足够的刚度,受力后挠度不应大于 2mm。

(2)检查进场的材料:包括其型号、厂家、数量、规格、性能是否符合要求,检查预应力筋的金属标签、出厂合格证、质量证明书是否一致。

(3)按要求对预应力筋进行抽检,并检查其存放和搬运过程,必须避免机械损伤和有害的锈蚀;对长期存放的,是否定期检查外观质量,室外存放是否直接堆放在地面上,存放时间不宜超过 6 个月。

(4)检查施工单位进场人员的到位情况,特殊工种人员应检查有关证件(身份证、上岗证)。

(5)审查施工单位的张拉程序和张拉次序。

先张法预应力张拉,除图示或监理另有指示外,张拉程序见表 2-6-3 所示。

先张法预应力钢筋张拉程序 表 2-6-3

预应力钢筋种类	张拉程序
钢筋	0→初应力→$1.05\sigma_k$(持荷 5min)→$0.9\sigma_k$→σ_k
钢丝、钢绞线	0→初应力→$1.05\sigma_k$(持荷 5min)→0→σ_k

(6)根据质检证书的试验结果复核施工单位提交的控制张拉应力和理论伸长量。

监理工程师应特别注意：当用先张法张拉钢筋的温度低于10%时，钢筋延伸量计算应考虑从张拉时到混凝土初凝时钢筋温度的增加因素；当测得预应力钢筋温度低于5℃时，监理工程师不得同意施加预应力，同时张拉多根钢筋时，应抽查钢筋的预应力值，其偏差的绝对值不得超出按一个构件全部钢筋预应力总值的5%。

(7)浇筑混凝土时，按频率抽检28d龄期的混凝土抗压强度试块、弹性模量试块和同条件养护的抗压强度试块。

(8)监理工程师应注意控制：当混凝土达到规定强度时（图纸未作规定时，预应力钢筋放松时混凝土的强度应不低于设计等级的70%），才能放松荷载。放松荷载的次序应按设计图所示。预应力钢筋端部应截断到与混凝土表面平齐，并涂一层符合设计或规范要求的防腐蚀剂。

(9)放松荷载后，监理工程师应检查记录梁板的预拱度是否符合图纸要求，其值与其他梁板的预拱度应大致一致，能否保证安装后梁底的外观美观。

(10)检查所有构件是否标以不易擦掉的记号，并记录了制造的生产线、张拉日期及浇筑混凝土的日期，标记的位置是否是在工程完工及构件置于最终位置以后，且不暴露于外。

(二)质量检验项目与评定

在钢丝、钢绞线先张法施工过程中，监理工程师应检查施工单位是否按规范要求项目、频率进行质量检测。各类项目质量检测方法、频度与质量标准见《公路桥涵施工技术规范》(JTJ 041—2000)相应的要求。

(三)先张法施工监理工作流程

先张法施工监理工作见图2-6-4。

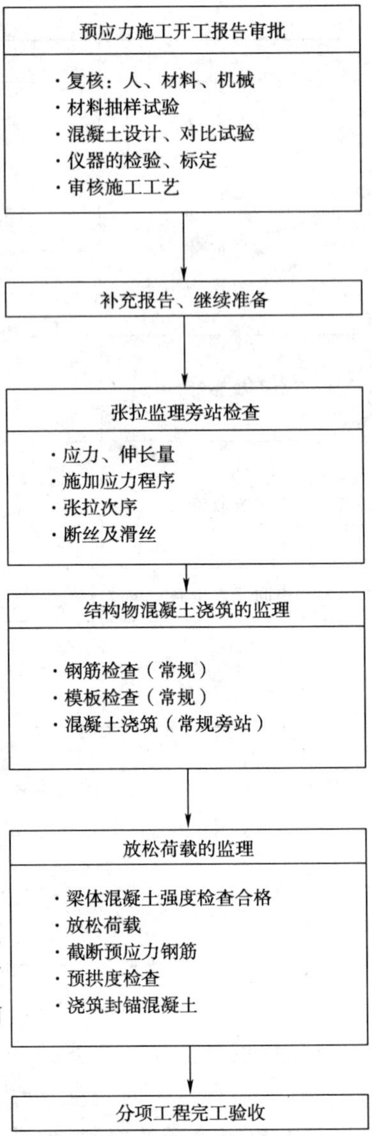

预应力施工开工报告审批
- 复核：人、材料、机械
- 材料抽样试验
- 混凝土设计、对比试验
- 仪器的检验、标定
- 审核施工工艺

↓

补充报告、继续准备

↓

张拉监理旁站检查
- 应力、伸长量
- 施加应力程序
- 张拉次序
- 断丝及滑丝

↓

结构物混凝土浇筑的监理
- 钢筋检查（常规）
- 模板检查（常规）
- 混凝土浇筑（常规旁站）

↓

放松荷载的监理
- 梁体混凝土强度检查合格
- 放松荷载
- 截断预应力钢筋
- 预拱度检查
- 浇筑封锚混凝土

↓

分项工程完工验收

图2-6-4 先张法施工监理工作流程

(四)档案与资料

先张法预应力施工档案和资料整理见表2-6-4。

先张法预应力施工档案和资料　　表2-6-4

类　别	资　料　名　称	备　注
开工资料	先张法预应力施工《工程分项开工申请批复单》	
	《分项工程开工申请报告》(附：施工方案)	
施工记录	《千斤顶施加预应力记录表》	
	《预应力钢筋冷拉记录表》	
工序验收资料	《检验申请批复单》	
	《先张法现场质量检验报告单》	
	《现场质量检验实测记录表》	

续上表

类　别	资　料　名　称	备　注
中间交工资料	《分项工程交工证书》	待构件完成后进行
其他资料	1.有关监理通知报告单 2.有关变更设计 3.监理工程师批准的张拉程序 4.监理工程师批准的张拉控制应力与理论伸长量 5.原材料的质检证书 6.张拉机具设备的校验证书	

二、后张法预应力施工质量监理

(一)施工阶段质量监理内容

1.施工前监理工程师应注意要点

(1)审核并批准预应力构件施工场地及其平面布置。

(2)检查施工单位进场人员的到位情况,特殊工种人员应检查有关证件(身份证、上岗证)。

(3)检查进场的材料:包括其型号、厂家、数量、规格、性能是否符合要求,与预应力筋的金属标签、出厂合格证、质量证明书是否一致。

(4)对预应力筋进行抽检,并检查其存放和搬运过程,必须避免机械损伤和有害的锈蚀;对长期存放的,是否定期检查外观质量,室外存放是否直接堆放在地面上,存放时间不宜超过6个月。

(5)对采用的制孔管道材料应进行检查,保证符合规范要求和现行国家标准;金属螺旋管除按出厂合格证和质量保证书核对其类别、型号、规格及数量外,还要对其外观、尺寸、集中荷载下的径向刚度、抗渗漏进行检验。

(6)检查后张法预应力孔道的设置方法是否适当。

(7)检查施工单位张拉设备的检校情况。

(8)审查施工单位的张拉程序和张拉次序。

后张法的张拉程序一般如表所示。后张法预应力筋张拉程序见表2-6-5。

后张法预应力筋张拉程序　　表2-6-5

预应力钢筋种类		张　拉　程　序
钢筋、钢筋束		0→初应力→1.05σ_k(持荷2min)→σ_k(锚固)
钢绞线束	对于夹片式等具有自锚性能的锚具	普通松弛力筋　0→初应力→1.03σ_k(锚固) 低松弛力筋　0→初应力→σ_k(持荷2min锚固)
	其他锚具	0→初应力→1.05σ_k(持荷2min)→σ_k(锚固)
钢丝束	对于夹片式等具有自锚性能的锚具	普通松弛力筋　0→初应力→1.03σ_k(锚固) 低松弛力筋　0→初应力→σ_k(持荷2min锚固)
	其他锚具	0→初应力→1.05σ_k(持荷2min)→0→σ_k(锚固)
精轧螺纹钢筋	直线配筋时	0→初应力→σ_k(持荷2min锚固)
	曲线配筋时	0→σ_k(持荷2min)→0(上述程序可反复几次)→初应力→σ_k(持荷2min锚固)

注:①σ_k为张拉时的控制应力,包括预应力损失值。

②两端同时张拉时。两端千斤顶升降压、画线、测伸长、插垫等工作应基本一致。

③梁的竖向预应力筋可一次张拉到控制应力,然后于持荷5min后测伸长和锚固。

④超张拉数值超过规范规定的最大超张拉应力限值时,应按相关规定的限值进行张拉。

(9)根据质检证书的试验结果复核施工单位提交的控制张拉应力和理论伸长量。

(10)检查施工现场有无确保全体操作人员和设备安全的预防措施。

2.施工阶段质量监理要点

预应力张拉施工,施工单位应选派富有经验的技术人员专职指导,所有操作人员应接受设备使用的正式训练。

1)预留孔道和预应力筋安装阶段监理工作要点

(1)检查预应力筋的制作是否符合规范要求,需编束时,是否绑扎牢固,有无缠绕;

(2)检查预留孔道的尺寸和位置是否准确,孔道是否平顺,定位钢筋的间距能否满足要求,金属管道的接头质量,端部的钢垫板是否垂直于孔道中心线;

(3)检查压浆孔、排水孔、排气孔的设置是否符合要求;

(4)预应力筋安装时检查管道内有无积水和杂物;

(5)检查预应力筋安装后的保护措施,是否在浇筑混凝土前对预应力孔道进行全面的检查,合格后方可同意浇筑混凝土。

2)后张法预应力张拉阶段监理工作要点

(1)张拉前,是否对混凝土构件的外观、尺寸及其强度进行检查。

(2)检查张拉机具的配套情况是否与校验的一致,能否正常工作。

(3)全过程旁站张拉过程,并检查以下内容:

①张拉程序和张拉次序是否与监理工程师批准的一致;施工工艺是否与批准的一致,是否分批、分阶段对称张拉。

②预应力筋采用应力控制方法张拉时,应以伸长值进行校核。监理应检查实际伸长量与理论伸长值的差值是否符合设计要求,设计无规定时,应控制在6%以内,当超过时应协助施工单位查明原因,监理工程师可指示采取下列措施:

a.重新校验设备;

b.对预应力钢材重新做弹性模量试验;

c.放松预应力钢材重新张拉;

d.预应力钢材用润滑剂以减少摩擦损失;

e.若原为用一台千斤顶张拉的改为两端用二台千斤顶张拉;

f.对锚圈口及孔道摩阻损失进行测定,并调整张拉控制应力;

g.监理工程师指示的其他方法。

在通过调整措施并在满足要求后,方可继续张拉。

③张拉时,检查预应力筋的断丝、滑移数量是否符合规定要求,若超过控制要求,原则上应作更换处理。

④做好旁站记录:对张拉时的温度、各级张拉控制应力、伸长值均做好旁站记录,并审查施工单位的施工原始记录是否符合要求。

⑤检查预应力筋锚固时的内缩量是否满足要求。

⑥检查多余预应力筋的切割情况和封锚情况。要求切割后预应力筋的外露长度不小于30mm,严禁用电弧焊切割多余的预应力筋;锚具应用封端混凝土保护,如需长期外露,要作防锈处理。

⑦检查张拉机具,能否正常工作,校验是否在有效期内,如发生下列情形之一的应重新校验:

a.张拉过程中,预应力筋经常出现断丝时;

b.千斤顶漏油严重时;

c.油压表指针不回零时;

d.调换千斤顶或油压表时。

e.千斤顶使用超过6个月或200次或出现不正常或检修以后须重新校验,弹簧测力计的校验期限不超过2个月。

(4)张拉结束后,应记录梁板的预拱度是否符合图纸要求,其值与其他梁板的预拱度应大致一致,以保证安装后梁底的外观美观。

3.孔道压浆阶段的质量监理要点

1)压浆前检查水泥浆的配合比、性能、强度。

配制孔道压浆用水泥浆。所用材料应不含对预应力筋和水泥有害的成分,水泥浆性能须符合如下要求:

(1)水灰比为0.40~0.45,掺减水剂时可为0.35;

(2)泌水率最大不超过3%,拌和后3h控制在2%,泌水在24h内重新全部被浆吸回;

(3)掺膨胀剂时,自由膨胀率小于10%;

(4)水泥浆稠度控制在14~18s之间;

(5)水泥浆的强度应满足要求。

水泥浆在使用过程中应连续搅拌,水泥浆自拌制起至压入孔道的延续时间视气温而定,一般为30~45min,以保持其性能,不得加水来增加其流动度;

2)检查压浆设备的性能能否满足要求;检查压力表是否在使用前进行了校正。

3)检查孔道的准备工作,即压浆前,是否对孔道进行清洁,清除有害材料、油污、积水等;

4)检查压浆的顺序、工艺是否与监理工程师批准的一致。

(1)孔道压浆应自下而上进行,压浆应缓慢、均匀;

(2)压浆的最大压力应控制在0.5~0.7MPa,采用二次压浆时,应为1.0MPa,且两次压浆的间隔时间应控制在30~45min,并从另一端进行。

(3)压浆应在一次作业中连续完成,直至出口处的浆液不含水沫气体,与压注的浆液有相同的稠度,且关闭出浆口后,保持不小于0.5MPa稳压期不少于2min。

(4)压浆过程中及其后48h内,构件混凝土温度低于5℃或高于35℃时应采取措施。

5)抽检水泥浆的试件。

6)抽查压浆后压浆的密实情况。

7)做好检查记录,并检查施工单位的施工记录是否完善。

4.施工注意事项

(1)预应力筋的各项技术性能必须符合国家现行标准规定和设计要求。

(2)预应力钢丝束应梳理顺直,不得有缠绞、扭麻花现象。

(3)单根钢绞线不允许断丝。

(4)同一截面预应力筋接头面积不超过预应力筋总面积的25%,接头质量应满足施工规范的要求。

(5)预应力钢丝采用镦头锚时,镦头应头型圆整,不得有斜歪或破裂现象。

(6)制孔管道应安装牢固,接头密合,弯曲圆顺。锚垫板平面应与孔道轴线垂直。

(7)千斤顶、油表、钢尺等器具应经检查校正。

(8)锚具应经检验合格后方可使用。

(9)压浆工作在5℃以下进行时,应采取防冻或保温措施。

(10)孔道压浆的水泥浆强度必须符合设计要求,压浆时排气孔、排水孔应有水泥浓浆溢出。

(二)质量检验项目与评定

在钢丝、钢绞线后张法施工过程中,监理工程师应检查施工单位是否按规范要求项目、频率进行质量检测。各类项目质量检测方法、频度与质量标准见《公路桥涵施工技术规范》(JTJ 041—2000)相应的要求。

(三)后张法施工监理工作流程

后张法施工监理工作流程见图2-6-5。

(四)档案与资料

后张法预应力施工档案和资料整理见表2-6-6。

预应力施工开工报告审批
·复核：人、材料、机械
·材料抽样试验
·混凝土设计、对比试验
·仪器的检验、标定
·审核施工工艺

↓

补充报告、继续准备

↓

结构物混凝土浇筑的监理
·钢筋检查（常规）
·模板检查（常规）
·混凝土浇筑（常规旁站）
·养生检查

↓

张拉监理旁站检查
·应力、伸长量
·施加应力程序
·张拉次序
·断丝及滑丝

↓

随时调整

↓

压浆检查
·水泥浆配合比、性能指标
·压浆次序
·灌浆压力

↓

分项工程完工验收

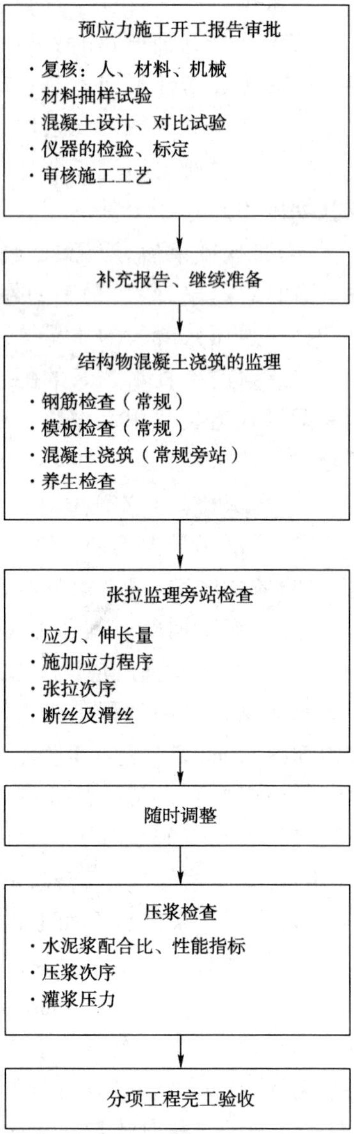

图2-6-5 后张法施工监理工作流程图

三、悬臂浇筑梁桥施工质量监理

(一)施工准备阶段的监理

除完成桥梁施工准备质量监理和后张法预应力施工准备工作外,监理工作还应注意以下几点:

(1)熟悉设计文件和施工合同文本,以及相关的技术规范要求。

(2)审查施工单位的挂篮设计方案和0号块支承结构设计方案,在审查过程中,监理工程师应认真地对挂篮及托架各部位的强度、刚度和稳定性等进行验算。

(3)审查施工单位的模板结构设计方案。对施工期的挠度计算进行复核,审核施工单位的监测控制方案。

(4)审查施工单位的预应力张拉方案,对张拉时梁体混凝土的养护龄期、预应力筋的张拉顺序、张拉工艺、张拉设备校验和标定等逐一进行认真的检查。

(二)施工阶段的质量监理

悬臂浇筑梁施工注意以下几点。

后张法预应力施工档案和资料 表2-6-6

类　别	资料名称	备　注
开工资料	后张法预应力施工《工程分项开工申请批复单》	
	《分项工程开工申请报告》(附:施工方案)	
施工记录	《千斤顶施加预应力记录表》	
	《预应力钢筋冷拉记录表》	
	《构件压浆记录表》	
工序验收资料	《检验申请批复单》	
	《后张法现场质量检验报告单》	
	《现场质量检验实测记录表》	

续上表

类 别	资 料 名 称	备 注
中间交工资料	《分项工程交工证书》	待构件完成后进行
其他资料	1.有关监理通知报告单 2.有关变更设计 3.监理工程师批准的张拉程序 4.监理工程师批准的张拉控制应力与理论伸长量 5.原材料的质检证书 6.张拉机具设备的校验证书	

(1)旁站检查挂篮的拼装、前移就位及预压,记录并验证预压沉落量,并对同跨对称点的高程差进行检查。

(2)对梁身与桥墩设计为非刚性连接时,应检查墩顶梁段与桥墩临时固结措施的安全可靠性。

(3)在混凝土浇筑及张拉和压浆阶段的日常监理工作同本节三后张法预应力施工。但要特别注意检查合龙段的几项内容:

①检查施工单位是否在设计合龙温度时将两悬臂端的合龙口予以临时锁定。

②严格控制合龙段混凝土在一天中的最低气温时完成,使混凝土在早期结硬过程中处于升温的变压状态,减少温度变化对合龙段混凝土的影响。

③督促施工单位在合龙前应在两端悬臂预加压重,并对浇筑混凝土过程中逐步撤除,以使悬臂挠度保持稳定。

(三)质量检验项目与评定

在悬臂浇筑梁施工过程中,监理工程师应检查施工单位是否按规范要求项目、频率进行质量检测。各类项目质量检测方法、频度与质量标准见《公路桥涵施工技术规范》(JTJ 041—2000)相应的要求。

(四)悬臂浇筑的监理工作流程图

悬臂浇筑梁的监理工作流程见图 2-6-6。

(五)档案与资料

悬臂浇筑档案资料整理见表 2-6-7。

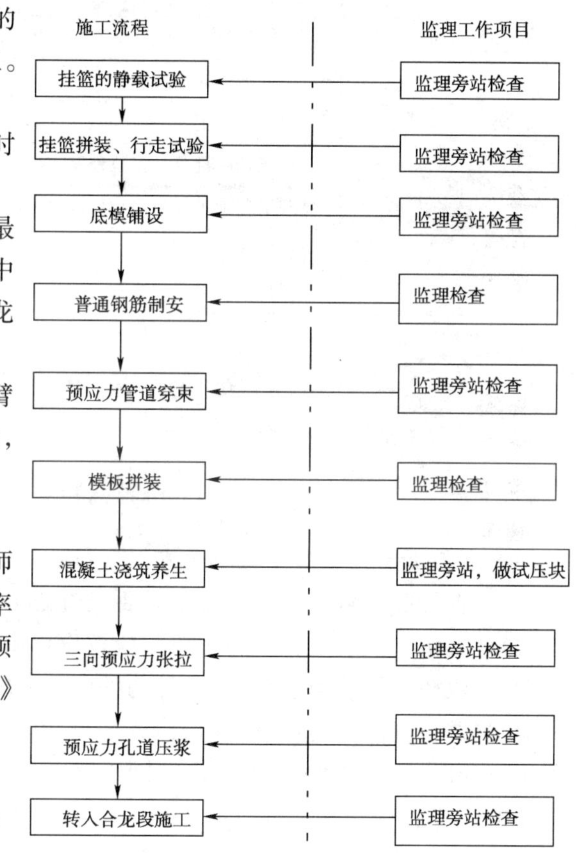

图 2-6-6 逐段对称块的悬臂浇筑施工监理流程图(每一浇筑块)

悬臂浇筑档案资料 表 2-6-7

类 别	资 料 名 称	备 注
开工资料	《分项工程开工申请批复单》	
	《分项工程开工申请报告》 (附):《施工组织设计报审表》 《施工技术方案报审表》 《进场设备报验单》	

续上表

类别	资料名称	备注
施工记录	《千斤顶施加预应力与放松记录表》	
	《预应力钢筋冷拉记录表》	
	《构件压浆记录表》	
施工放样资料	《施工放样报验单》	
	《施工放样现场记录表》	
工序验收资料	《工序报验申请表》	
	《钢筋加工及安装现场质量检验单》	
	《现浇混凝土结构模板现场质量报验单》	
	《混凝土浇筑申请报告单》	
	《后张法现场质量检验报告单》	
中间交工资料	《分项工程交工证书》	
其他	有关监理通知与报告单	
	有关设计变更	
	监理工程师批准的张拉程序	
	监理工程师批准的张拉控制应力与理论伸长值	
	原材料的质检证书	
	张拉机具设备的校验证书	

第五节　桥面系施工质量监理

一、桥面铺装层施工质量监理

(一)准备阶段施工质量监理要点

(1)检查桥面铺装下面的混凝土是否经过凿毛处理,并已用水冲洗干净。

(2)检查防水层的设置。施工单位应按设计图纸的要求设置防水层。

(3)验收桥面铺装面层钢筋、上部构件中的预埋钢筋,以及桥面连续钢筋。

(4)当进行混凝土桥面铺装时,检查是否已按图纸所示预留好伸缩缝工作槽。当进行沥青混凝土铺装时,不必为伸缩缝预留工作槽,而在安装伸缩缝前先行切割沥青混凝土铺装所占的伸缩缝的位置。

(5)桥面铺装宜采取全桥宽同时进行,或者分车道进行,或根据监理工程师指示施工。

(6)预制板或现浇桥面板与桥面铺装混凝土的龄期相差应尽量缩短,以避免两者之间产生过大的收缩差。

(7)铺设防水层的桥面板表面应平整、干燥、干净。防水层沿缘石或中间分隔带的边缘应封闭,以免桥面水渗入主体结构内;防水层应根据不同材料按制造商推荐的铺设要求进行。

(8)在浇筑桥面板时应预留泄水管安装孔,桥面铺装时应避免泄水管预留孔堵塞。泄水管下端应伸出结构物底面 10~15cm,或按图示将其引入地下排水设施。

(二)桥面铺装层施工阶段监理要点

1.水泥混凝土桥面铺装

(1)检查施工单位的搅拌、振捣和整平机械。防水混凝土应用机械搅拌,搅拌时间不少于2min,浇筑时应用机械振捣密实,并使用监理工程师批准的整平设备压实整平。

(2)检查施工放样控制摊铺高程。混凝土的铺设要均匀,铺设的高度应略高于完成的桥面高程。

(3)督促施工单位连续浇筑混凝土,尽量少留施工缝。若在施工缝上继续浇筑混凝土,应先将施工缝处原混凝土凿毛,清除浮粒和杂物,浇水保持湿润,再铺上与原混凝土相同灰砂比的水泥砂浆,厚度为 2.0~2.5cm。

(4)调整泄水管埋设位置。管顶高程应略低于桥面铺装层顶高程,保证在面层形成时管口周围形成相应的聚水槽,利于雨水汇集宣泄。出水管口应伸出结构物底面或侧面 10~15cm。

(5)摊铺振捣过程中,检查混凝土的密实性及厚度;整平完成后,局部表面有缺陷的地方,尤其是泄水管四周,应用钳刀填补压实、修平。

(6)监理工程师应对摊铺过程进行旁站,并按规定进行必要的试验。

(7)检查混凝土桥面铺装的最终修整工作,包括镘平及清理。在修整前要清理所有的表面自由水,但不能用如水泥、石粉或砂子来吸干表面水分。在一段桥面铺装修整完成后的 15min 内,要采用有效的措施保护混凝土表面不受风吹日晒。

(8)检查混凝土表面的防滑处理。沿横坡方向采用机具压槽,其深度必须满足设计要求,一般为 1~2mm。

(9)养护时间不少于 14d。

(10)当混凝土桥面铺装之上另有一层沥青混凝土铺装时,该混凝土桥面铺装除按上述要求外,其表面应予以适当粗糙。

2.沥青混凝土桥面铺装

在沥青混凝土桥面铺装下,如另有一层混凝土底层时应待底层的混凝土强度达到特征强度的 70%以上时,方能进行沥青混凝土桥面铺装。沥青混凝土桥面铺装的质量监理参见沥青路面的质量监理。

(三)质量检验项目与评定

在桥面铺装施工过程中,监理工程师应检查施工单位是否按规范要求项目、频率进行质量检测。各类质量检测项目、频度与质量标准见《公路桥涵施工技术规范》(JTJ 041—2000)相应的要求。其施工质量评定内容及方法见《公路工程质量检验评定标准》(JTG F80/1—2004)。

二、桥梁接缝和伸缩缝施工质量监理

(一)桥梁接缝和伸缩缝施工质量监理的要点

(1)熟悉产品生产厂家推荐的装卸、放置、装配和安装方法。所有产品在任何时候都应严格按照生产厂家推荐的方法装卸、放置、装配和安装。

(2)检查气温和相邻接缝的温度。当温度低于 10℃时,不应浇筑热浇封缝料。

(3)在沥青混凝土铺装层上安装伸缩缝,应先切割先前铺设的沥青混凝土铺装所占的伸缩缝的位置,再安装伸缩缝。

(4)检查伸缩缝构件的牌号、型号是否符合图纸规定。安装伸缩缝时上部构造梁(板)端部间隙宽度及伸缩缝的安装预定宽度,均应与安装温度相适应,并应遵照图纸规定。安装伸缩缝应在伸缩缝制造商提供的夹具控制下进行。当伸缩缝的安装温度不同于图纸规定时,各项安装参数应予以调整。

(5)伸缩缝的安装须由专业施工单位施工,并须满足施工有关要求。伸缩缝下面或背面的混凝土应密实,不留气泡,预埋件位置应准确。安装完成后的伸缩缝应与桥面铺装层接合平整。

(6)检查伸缩缝安装是否达到了下述基本要求:

①伸缩缝安装必须满足设计和有关技术规范的具体要求,伸缩缝构件必须有合格证,并经验收合格后方可安装。

②伸缩缝必须锚固牢靠,伸缩性能必须有效。

③伸缩缝两侧混凝土的类型和强度,必须符合设计要求。

④大型伸缩缝与钢梁连接处的焊缝,应作超声检测,检测结果须合格。

⑤伸缩缝处不得有积水。

(二)质量检验项目与评定

在接缝和伸缩缝安装施工过程中,监理工程师应检查施工单位是否按规范要求项目、频率进行质量检测。各类质量检测项目、频度与质量标准见《公路桥涵施工技术规范》(JTJ 041—2000)相应的要求。其施工质量评定内容及方法见《公路工程质量检验评定标准》(JTG F80/1—2004)。

三、栏杆、护栏及桥头搭板的施工质量监理

(一)栏杆、护栏及桥头搭板施工质量监理的要点

(1)混凝土栏杆及护栏(防撞墙)应在该跨拱架或脚手架放松后才能浇筑。

(2)检查所有模板以及斜角条的制作。模板具有简洁斜角接头。在完成工程中,所有角隅应准确、线条分明、加工光洁,且无裂缝、破裂或其他缺陷。

(3)检查模板的安装。模板光顺并紧密装配,以能保持其线条及外形,且在拆模时不致损害混凝土。

(4)检查预制栏杆构件是否不漏浆的模板上浇筑。当混凝土足够硬化时,即自模板中取出预制构件并养生 10d。

(5)检查预制构件的存放和装卸中有无废弃构件。预制构件应保持边缘及角隅完整和平整,在安放前或安放时任何碎裂、损坏、开裂的构件应废弃并从工程中移去。

(6)与预制栏杆柱相连接的就地浇筑栏杆帽及护栏帽,在浇筑并整修混凝土时应防止栏杆及护栏被沾污和变形。

(7)检查栏杆杆件不得有弯曲或断裂现象。

(8)检查栏杆是否在人行道板铺完后方可安装。安装是否牢固,其杆件连接处的填缝料是否饱满平整,强度应满足设计要求

(9)检查混凝土防撞护栏、桥头搭板所用的水泥、砂,石、水和外掺剂的质量和规格是否符合有关规范的要求,按规定的配合比施工。

(10)检查是否出现露筋和空洞现象。

(11)检查防撞护栏上的钢构件是否焊接牢固,焊缝是否满足设计和有关规范的要求,并按设计要求进行防护。

(12)检查桥头搭板下的地基及垫层或路面基层的强度和压实度是否满足设计要求。

(二)质量检验项目与评定

在栏杆安装、混凝土防撞栏浇筑、桥头搭板施工过程中,监理工程师应检查施工单位是否按规范要求项目、频率进行质量检测。各类质量检测项目、频度与质量标准见《公路桥涵施工技术规范》(JTJ 041—2000)相应的要求。其施工质量评定内容及方法见《公路工程质量检验评定标准》(JTG F80/1—2004)。

第六节　涵洞施工质量监理

本节涵洞工程主要介绍圆管涵、盖板涵两种类型的施工质量监理。准备阶段的施工监理除完成本章第一节所述的施工准备质量监理外,对不同类型的涵洞还应注意以下内容:

一、圆　管　涵

(一)管节预制阶段监理工作要点

(1)检查施工单位到场的拌和、振捣等设备,性能是否完好。

(2)检查施工单位到场的试验设备的完好性。

(3)验收施工单位的模板几何尺寸、刚度、接缝。

(4)对施工单位进场的钢筋、水泥等材料按规定的频率进行抽检试验,并书面通知施工单位是否合格。

(5)检查钢筋制作的质量,签认钢筋工程报验单。

(6)检查施工中混凝土施工配合比是否符合设计配合比。

(7)检查振捣质量,制作混凝土试块(监理工程师的检测频率一般为施工单位自取样数的20%),以便检测预制圆管涵管节的强度。

(8)检查混凝土的养生质量。

(9)检查拆模后混凝土的外观质量。是否混凝土有蜂窝、麻面、气孔等质量缺陷情况,无裂纹、裂缝等异常情况。否则,应责令施工单位处理。

(10)检查管节的尺寸是否符合设计要求,对有缺陷的管节应做好标识,禁止使用。

(11)如采用外购管节,应督促施工单位提供供货单位的资质、样品图纸、业绩证明等资料。

(二)基础施工阶段监理工作要点

(1)测量监理工程师应检查施工单位施工放样精度,检查涵洞长度、角度与路基填土高度的关系;检查流水面高程与地形、排水沟的衔接,是否阻水。检查合格后签发《施工放样报检单》。

(2)检查基坑位置、尺寸是否符合设计要求。检测基础承载力是否满足要求,不符合设计要求时应进行加固处理。

(3)检查碎石(或砂砾)垫层施工质量,要求平整、稳定,厚度是否符合设计要求。

(4)检查基础混凝土施工质量,抽检混凝土试块,要求将首层混凝土凿毛,以便上下混凝土有良好的接触。

(三)管节安装监理工作要点

(1)检查基础混凝土是否达到设计强度的70%后才安装管节。

(2)检查管节安装的顺直度、管口错台情况,防止翘曲阻水。

(3)检查管节间的接口处理质量。接口应平直、严密。填缝料应密实、有效,不得有空鼓、漏水现象。注意抹带水泥砂浆的养生,出现裂缝时应要求施工单位返工重做。

(4)检查管节沉降缝是否与基础混凝土沉降缝一致。当设计无规定时,缝宽一般为20~

30mm，管节外做150mm宽的防水层。防水层应可靠、有效，管内缝隙用沥青麻絮堵塞满。

(四)基坑回填监理工作要点

基坑回填应及时排水，若无法排除基坑积水时，则应采用砂砾材料回填。在水中分层铺筑直到回填进展到该处的水全部被回填的砂砾材料所覆盖并直到能充分压实的程度时，再进行充分夯实。监理应该做到的工作：

(1)审查施工单位申报的回填方案，侧重检查回填材料的选定以及压实方法的确定。

(2)及时检查分层压实度，注意边角位置的压实质量，压实度资料单独存放。

(五)质量检验项目与评定

在钢筋混凝土圆管施工过程中，监理工程师应检查施工单位是否按规范要求项目、频率进行质量检测。各类质量检测项目、频度与质量标准见《公路桥涵施工技术规范》(JTJ 041—2000)相应的要求。其施工质量评定内容及方法见《公路工程质量检验评定标准》(JTG F80/1—2004)。

(六)档案与资料

圆管涵档案资料整理见表2-6-8。

圆管涵档案资料　　表2-6-8

类　别	资料名称	备　注
开工资料	圆管涵《分项工程开工申请批复单》	
	《分项工程开工申请报告》(相关附件)	
施工记录	圆管涵预制管节混凝土施工记录表	
施工放样资料	圆管涵基坑《施工放样报检单》	
	圆管涵基坑《施工放样现场记录表》	
工序验收资料	《检验申请批复单》	
	圆管涵预制管节模板验收报告单	
	圆管涵基坑报验单	
	圆管涵质量检验实测记录表	
中间交工资料	圆管涵分项工程交工证书	
其他	建设单位、监理有关通知、报告等	
	有关设计文件	

二、盖　板　涵

(一)盖板预制阶段和基础施工阶段监理工作要点

与圆管涵相同。

(二)墙身施工监理工作要点

1.浆砌片石或浆砌块石墙身质量监理

(1)检查进场片石或块石的质量，包括几何尺寸、强度等指标，同时不应含有水锈、风化料。

(2)检查砌筑前施工放样的准确性。

(3)控制墙身砌筑工艺。要求分层、坐浆砌筑，片石要上下、前后咬结，而块石上下要错缝8cm以上，并保证至少两顺一丁。砂浆必须要饱满，不得留有空洞，以确保墙体的稳定。

(4)随时留做砂浆试块，以检验砌筑砂浆的强度。待砌筑完成后，应检查覆盖、养生情况。

(5)冬季施工时，必须检查防冻、保温措施是否到位。

2.墙身混凝土质量监理

(1)检查到场材料的质量。

(2)检查模板安装质量。检查每块模板的光洁度、平整度是否符合要求,两块模板间的拼缝不漏浆,模板支撑稳固,特别是端模和沉降缝位置处的稳定性良好。

(3)检查涵基、涵台内侧补强钢筋制作的规格、间距、根数及焊接部位等所有内容是否符合图纸要求。

(4)控制混凝土施工工艺和质量,检查配合比的准确性和拌和时间,在施工现场要检查振捣质量,检查混凝土分层厚度,墙身高时,要求设串筒,防止混凝土离析。

(5)检查拆模后混凝土外观质量,即蜂窝、麻面、漏浆情况,要求施工单位拆模后要覆盖、保湿养生。

(6)施工中随时抽查做混凝土试块,以检验混凝土的质量。

(三)盖板安装监理工作要点

(1)盖板安装前,检查运至施工现场的盖板质量,不应有裂纹(缝)、混凝土强度不足等缺陷,否则,不允许用于施工。

(2)检查墙身顶面高程及其平整度;若平整度不满足要求应指令施工单位选用高强度等级砂浆找平。

(3)要求使用吊车起运、安装盖板,不得采用撬棍移动,防止损坏盖板。

(4)盖板安装就位后,监理逐块检查盖板的稳定性,并进入涵洞内检查相邻板高差、板的外观质量等情况。

(四)质量检验项目与评定

在盖板涵施工过程中,监理工程师应检查施工单位是否按规范要求项目、频率进行质量检测。各类质量检测项目、频度与质量标准见《公路桥涵施工技术规范》(JTJ 041—2000)相应的要求。其施工质量评定内容及方法见《公路工程质量检验评定标准》(JTG F80/1—2004)。

(五)档案与资料

盖板涵档案与资料整理见表2-6-9。

盖板涵档案与资料 表2-6-9

类别	资料名称	备注
开工资料	盖板涵《分项工程开工申请批复单》	
	《分项工程开工申请报告》(相关附件)	
施工记录	盖板预制混凝土施工记录表	
施工放样资料	盖板涵基坑《施工放样报检单》	
	盖板涵基坑《施工放样现场记录表》	
工序验收资料	检验申请批复单	
	盖板预制模板验收报告单	
	盖板预制钢筋验收报告单	
	盖板涵基坑报验单	
	盖板涵质量检验实测记录表	
中间交工资料	盖板涵分项工程交工证书	
其他	建设单位、监理有关通知、报告等	
	有关设计文件	

复习思考题

1.试述钻孔灌注桩施工质量控制要点。

2.试述钢筋混凝土墩、台身和浆砌片石(或混凝土预制块)砌筑墩台身监理要点。

3.试述墩台帽及盖梁施工监理要点。

4.试述先张法和后张法预应力张拉程序。

5.试述先张法预应力施工质量监理要点。

6.试述后张法预应力施工质量监理要点。

7.试述悬臂浇筑施工的质量监理要点。

8.试述圆管涵和盖板涵的施工质量监理要点。

第七章　隧道工程质量监理

第一节　概　　述

隧道通常是指克服地形障碍,保证路线线形,缩短建设和运营里程,节省建设投资和运营费用,避免山区公路病害,提高防护能力的地下工程建筑物。公路隧道可按三种不同的方法分类,按地质情况一般可分为两大类:一类是修建在岩层中的,称为岩石隧道;一类是修建在土层中的,称为软土隧道。岩石隧道修建在山体中的较多,故又称山岭隧道;软土隧道常常修建在水底和城市立交,故称为水底隧道和城市隧道;按长度分为:特长隧道($L>3000$m),长隧道($1000\text{m}<L\leqslant3000$m),中隧道($250\text{m}<L\leqslant1000$m),短隧道($L\leqslant250$m);按结构分:分离式隧道和联体隧道。

隧道的特点是除洞口和洞门是在露天施工外,其余各项工程都在地下进行施工作业。由于它空间有限,工作面狭小,光线暗,劳动条件差,故在整个施工过程中必须备有良好的照明和通风条件,还要进行洒水除尘,同时要预防涌水、坍塌、瓦斯等意外事故发生。

隧道是地下工程建筑物,为保持坑道岩体的稳定,保证行车安全,通常需修筑主体建筑物和附属建筑物。前者包括洞身衬砌和洞门,后者包括通风、照明、防排水、安全设备等。

隧道工程的施工是一个复杂的系统工程,根据隧道的埋置深浅,决定采用不同的施工方法。隧道埋置较浅,一般采用明挖法施工,隧道埋置较深则采用暗挖法施工。隧道工程施工可分为以下几个部分:洞口工程、洞身工程、防水与排水工程及附属设施工程等施工。

隧道工程的施工质量监理工作必须做到全面、细致、熟练、有预见性和标准化。隧道施工质量监理的基本要求应注意以下几个方面:

(1)监理工作应严格按规定的程序进行。

(2)预先制定针对施工过程中可能出现的各种紧急情况的应变措施。

(3)尤其重视安全工作,随时观察开挖、掘进等过程中地质、水文等的变化,注意支护及防排水系统的稳定性等,出现情况按预案处理或紧急撤离。

(4)提供和采用的材料应符合设计图纸和规范的要求。

(5)隧道构造的每一部分施工必须严格按照设计图纸所示的尺寸、形状和方法进行。所有施工细节必须符合规范和设计图纸的详细要求。

(6)各种试验、检测方法和精度等均应符合规范和合同的要求。

第二节　隧道工程施工质量监理

一、施工准备阶段的质量监理

在施工准备阶段,监理工作的重点是检查开工前的准备工作、审批施工组织设计、做好原材料抽检试验、配合比验证工作、控制测量复查工作等，以避免施工过程中出现不必要的变动。

1.对施工单位申报的各种现场调查报告进行审核复查。

1)复查地质情况

(1)复查隧道洞口浅埋地段以及隧道穿过严重风化层、堆积层处有无可能存在滑动和偏压现象；

(2)复查岩层走向及地下水出露情况，裂隙的特征及其下隧道临空面的关系，尤其是断层、褶皱、破碎等对施工的影响。

2)复查气象资料

(1)当地平均气温、最低气温开始和持续时间；

(2)当地降水季节的总降水量，最大降水量及其发生时间；

(3)洪水期的最高水位，山洪暴发对施工及生活设施的危害程度。

3)复查供、排水情况

(1)水源、水质是否符合卫生标准，水量能否满足施工及生活要求；

(2)考虑供水方案，如蓄水池或抽水站的位置是否合理；

(3)隧道排水是否会污染下游水源及农田，排水是否会造成下游构造物、田地、坡体出现冲毁现象。

4)复查施工单位提供的砂石集料料源情况

要求施工单位提供的砂石集料料源的质量和产量满足施工要求，采集和运输条件受洪水的影响不大。

5)复查施工单位提供的动力供应情况

(1)商业电网的输电电压，供电量及供电时间应满足施工需要，电网地点及到洞口变压器间的输电线路布置方案合理，满足施工需要；

(2)机械燃料供应地点等满足施工需要。

6)复查施工单位材料及弃渣的运输条件

(1)复查施工单位必须修筑的进场便道质量是否合格及满足施工需要。并核对其工程数量；

(2)复查弃渣场地的选择是否合理，运输条件是否便利；

(3)若弃渣作为路基填料，应复查弃渣的运输及卸渣是否能符合路基填方施工的要求。

2.审批施工组织设计和施工方案

1)审批施工单位制定的施工方案

施工单位安排的工程进度计划应可行和可靠；隧道施工质量控制手段和措施应有效可行、施工支护方式符合围岩的实际情况、安全防护措施能在整个施工过程中得到保证；有针对施工过程中可能出现的较大地质情况变化而采取的应变措施等。

2)审批施工单位制定的施工组织设计

(1)施工单位制定的施工组织设计的内容应具体，并切合工程实际，没有重大的遗漏；

(2)施工单位制定的施工组织设计，应有具体的施工措施，能体现其进行了详细的施工调查，深入核对了设计文件等工作；

(3)复查施工单位规划的施工场地布置是否满足施工需要。

按照施工单位提供的总体施工场地布置图，复查施工单位布置的施工场地与现有道路的交叉和干扰是否较少，且以洞口为中心，使轨道运输的弃渣线、编组线和联络线形成了有效的循环系统。施工单位是否还在长隧道洞外准备好了安装、维修和存放大型机械设备的场地等。

①大堆材料堆放场地应便于运输,各类材料不能混放,能防止雨水冲刷流失;

②生产和生活设施应尽量靠近洞口,方便施工;

③炸药库与雷管库之间要有足够的安全距离;

④房屋、库房等之间要有防火通道,并不受洪水、泥石流、滑坡危害。

(4)施工时间安排应合理

①总工期要满足合同工期要求;

②安排进洞前的准备时间应充分,不会出现因准备不足匆忙单工序独进,最终被迫停工的现象发生;

③各工序计划安排时间应符合施工工艺要求和施工条件,并考虑混凝土时效时间和施工量测时间;

④各施工阶段时间计划安排应与资源供应计划相吻合;

⑤对洞口及洞口段工程不宜安排在雨季进行。

(5)施工方案是否可行

①就不同的围岩条件和埋置深度所采取的掘进支护方法应得当,且满足设计要求;

②对于地形偏压,构造偏压,大的断裂带的施工应有相应的措施;

③针对洞口路堑形成的高仰坡,或洞口处于不稳定的滑体范围内,应有严格按设计规定进行支护的措施以及完善的临时或永久排水设施;

④所确定的施工区段长度应能适应围岩类别,工期要求和设计规定。

(6)施工能力是否满足施工需要

①施工单位的施工管理机构,应包括能独立行使职权的技术部门、质检部门、安全检查部门等;

②施工单位的工地试验室的试验设备,应能满足现场常规试验要求;

③施工单位计划到场的施工机械应配套,能满足现场施工要求;

④施工人员组成各工种应齐备,人数合适,比例适当;

⑤空压机、发电机组、供水泵等与隧道施工机具配套,气、水、电的供应量应满足正常施工的要求。

3.检查原材料的用量和质量及进行各种混合材料的配合比验证试验

1)复核洞内、外各项工程的材料用量,材料供应计划是否满足施工进度的需求;

2)抽检施工单位的砂、石、水泥、钢材、防水卷材等材料,检查其建筑材料报验单中有无材料产地、厂名、出厂批号、质量检验证书及抽样检测报告单等书面证明材料;

3)验证用于隧道工程的灌注混凝土、喷射混凝土、砂浆、注浆液的配合比设计;

4.检查隧道施工准备工作

1)检查隧道地表控制测量

监理工程师应对施工单位的测量成果进行检查。检查内容包括:隧道平面控制测量的精度、洞内导线测角、量距的精度以及两洞口水准点间往返测高差不符值等,均应符合交通部现行的《公路隧道勘测规程》(JTJ 063—85)的规定。

2)检查运输便道

(1)运输便道引入线的技术标准不宜过低,应能保证常年畅通,不受季节、气象变化的影响,满足隧道施工的要求;

(2)场内道路应统筹规划布置成网络,能连接料场、库房、弃渣场、洞口等。

3)检查场地布置

(1)材料堆放应便于混凝土搅拌或材料加工,料场面积应考虑在洪汛期的堆放。不同材料分别堆放,标识清晰。

(2)水泥、钢筋库的位置应便于运输、加工,还要求保证不受暴雨、山洪、滑坡的危害,库房应防潮,防漏。

(3)生活用房应光线充足,通风良好,不漏雨,远离噪声源,施工用房可根据施工需要合理布置。

4)检查动力设施

(1)空压机、发电机、变电站和供水池的圬工基础牢固,机械安装已达到有关规定要求,并能足额提供动力;

(2)风、水、电的主要线路,已按规定一次安装妥善,并符合安全使用要求。

5)检查洞口外围工程

(1)与隧道施工有干扰的工程已在进洞前完成。如天沟、边沟等排水系统,利用弃渣作填方的路基底处理,洞口范围内的路堑,洞顶仰坡,受弃渣影响的施工便道等;

(2)与洞口场地布设相干扰的工程已先期完成。如靠近洞口的涵洞、土石方量不大的路堑等。

6)检查到场人员、机械、材料

(1)应到场的管理人员、技术人员、质检人员、安检人员等已到场;

(2)施工单位已到场机械设备的品种、规格、型号、数量及配套状况等满足要求,每台机械的试运转情况良好,操作人员能熟练操作;

(3)用于隧道工程的砂、石、水泥、钢材等材料已经抽样试验合格后进场。

5.审批开工申请报告

当所有隧道施工准备工作就绪,报验手续齐备,监理工程师签署开工申请报告,下达开工令后,方可进行隧道施工。

二、隧道施工阶段质量监理

(一)隧道洞口施工质量监理内容

1.隧道洞口开挖

1)检查施工放样

(1)核查开挖边界计算、放样是否有误,设计的边坡坡率是否合理;

(2)截水沟布设是否顺应地势,并满足截流坡面水要求,与开挖边坡的紧边距离是否满足规范或设计要求;

(3)检查施工单位应保护和保留好的基准桩志,如损坏、移位应通知施工单位修复。

2)土方开挖的施工质量监理

(1)检查施工单位弃土堆放是否合理;当弃土用作填方时,应按填方路基要求,检查施工单位分层碾压的压实度。

(2)检查施工单位的开挖方法是否合理,有无超、欠挖。边仰坡面的平整度是否符合要求,坡度不应陡于设计坡度。

(3)检查施工单位的施工场地排水是否良好,以防止集水浸泡坡脚。

3)检查石方开挖的施工质量监理

(1)对于强度较高不易风化或水解的岩石路床面应一次开挖到位或留有一次插底爆破厚度,表面应平整,以利于运输;

(2)会同设计代表、总监理工程师代表处确认施工单位测出的土石方分界线及土石方数量。

4)检查水沟开挖的施工质量监理

(1)督促施工单位在路槽开挖前进行截水沟施工,并及时采用砂浆或浆砌封闭;

(2)检查洞口边仰坡以外上方是否有弃土,以免弃土流失堵塞排水沟槽,对必须弃置的截水沟挖方,应督促施工单位设置必要的防护措施。

2.隧道洞口坡面防护

1)喷锚加固质量监理(包括初支护)

(1)检查锚喷加固的顺序是否合理;

(2)检查喷射混凝土前,松动的和已风化的岩石与浮土的清除情况,坡面修整的平整情况;

(3)当有地表水流或经地下水出露处,喷射混凝土前,施工单位是否预先进行了引排;

(4)检查坡面锚杆的安置是否合理;

(5)检查钢筋网铺设是否与第一次喷射混凝土密贴,并与锚杆连接牢靠,后续喷射混凝土层是否覆盖了钢筋网,使钢筋网不裸露在外。

2)砌石护面墙施工质量监理

(1)抽检所用材料的尺寸是否符合设计及规范要求;

(2)检查直接置于天然地基上的砌体基础,是否及时排除了基坑内渗透水,使砂浆在初凝前免遭水浸害;

(3)检查护面墙顶部的夯实情况;

(4)检查砌筑方法是否适当。

3)砌石挡土墙施工质量监理

(1)施工质量要求基本与护面墙相同;

(2)检查基底的承载力是否满足要求,不满足承载力设计要求时,应审核施工单位提出的处理措施;

(3)检查基槽的修凿情况。

(二)隧道洞身施工质量监理

洞身工程是隧道施工中的主体,由于洞身开挖、衬砌都是在地下进行施工,空间有限,工作面狭小,光线暗,劳动条件差,要注意采用合适的施工方法,保证施工通风和照明,以及安全防护措施。监理工程师在洞身施工准备阶段的监理工作包括:

(1)审批施工单位的施工技术方案和施工组织设计,审批开挖(即掘进)、施工支护、衬砌方法等事项。

(2)作好原材料的抽检工作,包括水泥品种、强度等级、出产批号及质量,石子、砂子的级配、细度等各项指标;检查水泥、外掺剂、砂石的存放条件。不合格材料不允许用于工程。

(3)验证喷射混凝土、水泥砂浆等的配合比设计,使喷射混凝土具有必要的强度、耐久性、防水性、附着性以及良好的施工性。

(4)按设计标准批准锚杆锚固剂所使用的材料,审批注浆液的配合比及使用的外加剂及拌和方法。

(5)审查施工单位的爆破方案

①开挖顺序是否按照设计规定,紧后的支护工序安排是否得当。

②方案中单位用药量是否符合地质条件,开挖方法和隧道断面积是否会因用药过量产生对周边围岩严重扰动及对附近建筑物产生振动损害。

③掏槽炮眼、扩大眼、内圈眼、周边眼、翻底眼的设计参数取值是否合适,是否影响到开挖面质量和形状,爆破堆形状和爆渣尺寸是否便于装运或后续工程利用。

④所用爆破材料、器材是否适合地层条件,能否保证顺利、安全进行爆破。

⑤炮眼设计深度是否考虑到掌子面自立性。

监理工程师检查洞身的施工准备工作齐全,并满足施工要求时,方可签署开工令。在洞身施工过程中,监理的具体工作内容如下:

1.洞身开挖施工质量监理

(1)检查施工单位制定的保证钻眼质量的措施

①布孔方法是否能保证相应精度及布孔后的检查方法。

②凿岩机的钻杆抵位和插角确定及钻孔深度控制的保证措施。

(2)检查爆破效果

①炮眼痕迹保存率,硬岩80%、中硬岩70%、软岩50%,最小允许炮眼痕迹率不小于规定值的60%。

② 两茬炮衔接台阶的最大尺寸不得超过15cm。

(3)检查开挖质量

①衬砌断面开挖形状、尺寸应符合设计要求。隧道洞身不允许存在欠挖现象。

②超挖允许值的规定。

(4)重视隧道开挖中的地质预报

①及时了解、确认施工单位通过地质素描对隧道开挖面上的地质特征的记录:仔细分析经整理、加工绘制成的地质展开图,对照设计文件对该地质的描述,找出差异和需要改善设计、施工的方法,提请有关方面注意。

②详细记录、分析与坍塌变形有关的地质情况,及其对继续掘进的影响;根据对隧道围岩的直接观察,判定坑道的稳定性、核定岩层构造、岩性及地下水情。

③在临近设计文件中的断层破碎带时,监理人员必须督促施工单位采取超前钻探,超前支护以利于采取措施预防大规模坍塌和涌水的发生。

(5)检查施工单位的石渣处理

①核查施工单位的石渣处理计划,着重分析计划中所采用的运输方式是否适合该隧道的工程地质、地下水条件、隧道断面、隧道长度及开挖方法等。

②检查石渣利用加工能力是否能满足工程进度的要求,着重分析机械的配套生产能力。

③检查装渣作业中是否损坏钢支撑、喷射混凝土、锚杆等支护结构。

④批准符合要求的石渣作为建筑材料,并检查该类石渣的装运及堆放,严禁有用石渣与无用石渣混挖、混装、混运。

2.洞身开挖的施工质量监理流程(图2-7-1)

3.洞身围岩支护施工质量监理

支护施工中,监理人员实施旁站监理并应恰当地判断支护状态,对异常现象应研究对策,并提出支护加强措施;对于因质量而需返工的支护,监理人员要充分考虑到作业的安全性及返工后的洞壁位移量，一般应将返工限制在尽可能小的范围内，且尽早完成断面闭合。

1）喷射混凝土监理要点

（1）所有喷射混凝土应采用湿喷法。每次喷射作业前或作业期间检查水泥品种、强度等级、用量、检查砂石的含水率。

（2）检查喷射机械配套情况和实际功效，进行必要的试喷。

（3）检查喷射作业面是否存在欠挖、浮石，如有应指令清除，要求用高压水或高压气清除岩面尘土、检查钢筋网，钢拱架是否安装牢靠密贴，位置是否准确。

（4）检查喷射混凝土拌料是否均匀，所拌料应及时喷射，放置时间不应超过 30min，喷射回弹料不得再次使用。

（5）检查喷射层厚度，用标桩法检测，一般按断面中最小厚度计，但在中硬岩以上的围岩，开挖面凹凸较大时也可按断面平均厚度计。每 20m 测一个断面，每断面取拱顶、拱脚、边墙至少 5 处，不符合要求时应采用补喷措施。

（6）检查喷射混凝土外观和强度试验，如发现混凝土出现非干缩开裂，脱落或强度不足需要返工补强时，分析原因后批准补强措施。

（7）检查涌水点的处理。一般针对涌水量和出水面积大小采用带孔集水管集水、半管导排的方法，将涌水归笼后再施喷混凝土。

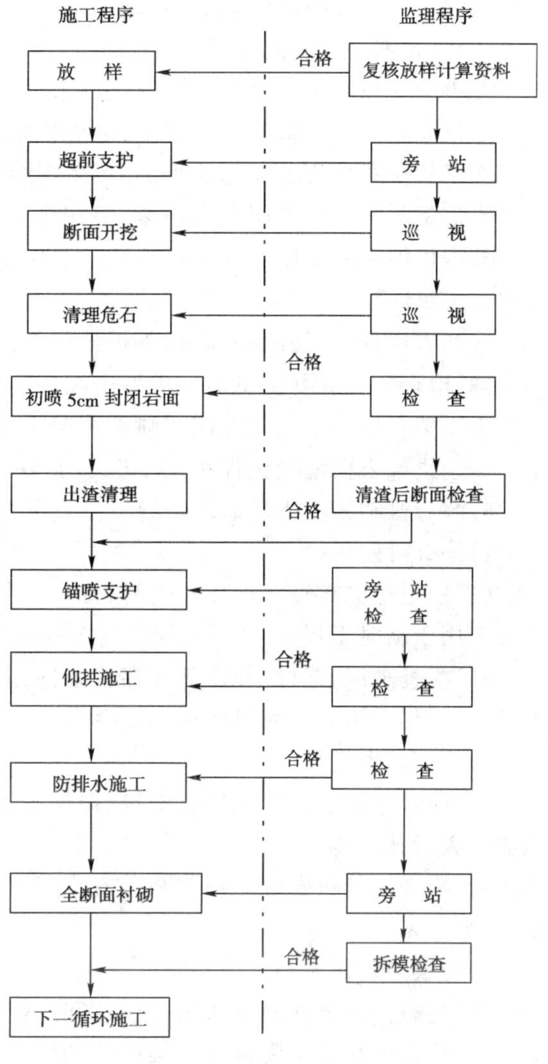

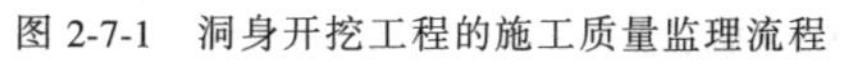
图 2-7-1 洞身开挖工程的施工质量监理流程

（8）检查混凝土的养护，喷射混凝土终凝后 2h 起，开始洒水养生，次数以能保持混凝土具有足够的湿润状态为准，养护期不小于 14 昼夜。

2）锚杆支护监理要点

（1）检查灌浆压力，设备和注浆方法是否符合设计要求。

（2）检查钻孔机具，钻头钻杆尺寸是否合理。

（3）记录锚杆安装位置、数量和质量。要求数量不少于设计，位置偏差不大于 ± 10cm。

（4）进行锚杆抗拔力试验。为确保每根锚杆的锚固不得低于设计要求，应每 300 根锚杆抽样一组进行抗拔力试验，每组试件不少于 3 根锚杆。

（5）审批局部增强锚固方案和处理不符合要求锚杆的措施。

3）钢拱支撑监理要点

（1）检查钢拱架制作质量

①拱架所用材料规格应符合设计文件规定；

②拱架加工成形，其形状尺寸要符合设计文件要求，拱轴线应在同一平面内，不得弯曲；

③所有焊缝应饱满，不得有沙眼或漏焊处，焊渣药皮应清除干净；

④钢拱架安置前应清除油污、铁锈和泥土。

(2)检查钢拱架安设质量

①拱架安设间距应符合设计图纸要求,并要安装在与隧道轴线垂直的平面内;

②拱架脚应置于坚实的地层上,能提供足够的支撑力;

③拱架拼装接头处应连接牢固,可采用螺栓连接和拼接板骑缝焊接并举的方法;

④拱架与岩面空隙用钢楔楔紧,钢楔块应沿拱架大致均匀分布,间距不宜过大;

⑤钢拱架之间应用纵向拉杆连接。其中拱顶与拱脚处必须设置,其余部位可每间隔 1.0m 左右设置纵向拉杆;

⑥如有锚杆、钢筋网构件时,钢拱架需与之焊连。

(3)检查喷射混凝土覆盖钢拱架情况

①拱架背后与岩面间隙应用喷射混凝土填充密实;

②钢拱架表面混凝土保护层不应小于 4cm。

4.洞身衬砌施工质量监理内容

1)检查衬砌材料

(1)检查每次或每批进场衬砌材料的出厂证明书及抽样试验报告,对不合格材料清除出场或批准用于临时工程。

(2)检查水泥、钢材、外掺剂的存放条件,应满足不漏水、不受潮的要求;对大宗砂石料应分类堆放,不得混淆并有明显的标识。

2)检查衬砌机具

(1)检查混凝土搅拌、输送、浇筑、振捣等机具完好程度、数量规格及配套情况,一般输运能力应略大于拌和能力。

(2)检查组装衬砌台车或衬砌拱架的钢模板的形状、尺寸,应符合设计要求,钢模表面平整,接缝严密。

3)检查衬砌作业

(1)检查钢筋的安装是否满足设计和规范的要求。

(2)检查确认拱架模板台车结构的加固支撑固定的稳定状况,并具有能充分承受灌注混凝土压力的强度。

(3)检查确认每次组装就位的拱架模板,其中心线和高程正确,并能保证灌注中不产生扭转、倾倒、移动、沉陷、变形等情况。按规定要求预留好变形量。

(4)检查模板背后衬砌厚度。一般是架好模板,台车固定后,取拱顶两侧抽查两个断面进行量测,每断面内不少于 10 个测点,测点环向间距 2m,量测精确到 1cm。

(5)检查拱墙背后超欠挖情况,要求拱脚以上和墙基底以上 1m 范围内严禁欠挖,超挖必须用拱圈、边墙相同材料一次施工。其他范围拱墙背超挖回填应符合设计要求。

(6)检查边墙基底、隧底,要求无虚渣杂物及积水。

(7)全过程旁站监理混凝土施工全过程,发现问题及时纠正,主要有以下内容:

①检查混凝土组成材料的外观,配料和拌制工艺是否符合要求;

②运输距离远的浇筑地点,要进行坍落度及和易性的检验,每一工作班至少两次,如发现泌水离析现象,必须要求重新搅拌;

③检查混凝土振捣密实情况,尤其是拱部封顶的工艺和方法是否能保证质量要求。

(8)检验衬砌混凝土强度

在混凝土浇筑过程中，应预留混凝土试块。试块组数应每工作班不少于2组，且拌制100m³ 混凝土不少于2组。

(9)检查衬砌表面

对于混凝土外观，应无蜂窝、麻面及露筋、无缺角破损。

(10)检查隧底(每10m一次)，主要内容有：

①仰拱断面、材料应符合设计要求。

②仰拱与墙、水沟、电缆槽相互连接面结合要良好。

③铺底水沟坡面应平顺，使水流畅通。

④水沟、电缆槽盖板，要求边缘平顺整齐。

⑤铺底厚度符合设计要求，局部(每平方米内不大于0.3m²)厚度偏差不大于-30mm。

(11)衬砌缺陷的处理

混凝土衬砌应达到内实外美。拆模后若有缺陷时，施工单位提出处理方案，经监理工程师同意后处理。

4)隧道衬砌阶段的施工、监理工作流程见图2-7-2。

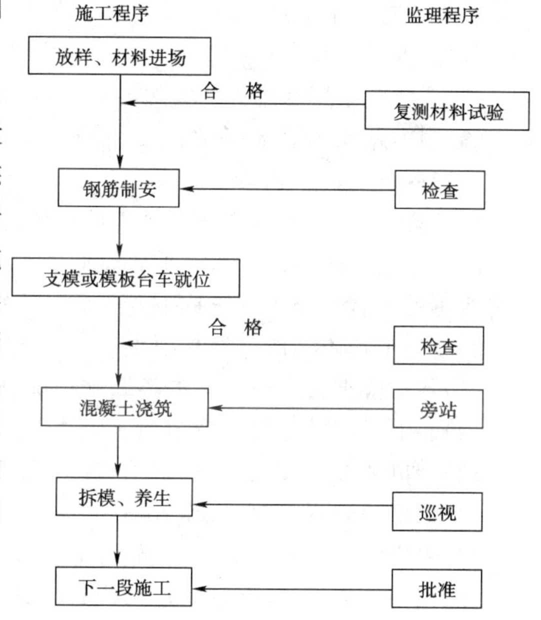

图2-7-2　隧道衬砌阶段的施工质量监理流程

(三)洞身防排水施工质量监理

隧道施工中的防、排水应与永久防、排水设施相结合，遵循防、截、排、堵相结合，因地制宜综合治理的原则进行。即选择经济合理、切实可行的治水措施，确保围岩稳定，便于初期支护的施工，并保证在二次衬砌施工前，现场具有防水层的施工条件。因此在施工前，根据设计文件和调查资料，预计可能出现的地下水情况，估计水量，选择防、排水方案。在施工中，应对隧道的出水部位、水质、水量及变化规律等做好观测试验记录，并不断改进和完善防、排水措施。监理工程师应主要做的工作包括：

1.隧道排水结构施工质量监理要点

1)检查排水设施施工质量

观察衬砌背后沟管布设及施作过程，及时纠正沟和管布设中存在的问题，通过察看沟管排水情况，确认施工质量。

2)检查洞内水沟、泄水洞等的结构尺寸、设置位置、纵向坡度等是否符合设计要求。

3)检查盲沟过滤层级配和回填质量。检查盲沟、暗沟、排水管等有无堵塞现象，水流是否畅通。

4)检查水沟盖板的尺寸、边缘平顺、铺设平稳。

5)检查路面水排向边沟或地下水排向泄水洞的集水孔、排水孔和水管是否符合设计要求。

2.隧道防水设施施工质量监理要点

1)检查隧道专用防水卷板的铺设作业

(1)铺设防水卷板应在初期支护变形基本稳定和二次衬砌灌注前进行。施作点距爆破面应大于150m，距灌注二次衬砌处应大于20m；

(2)卷材铺挂前应检查喷射混凝土表面是否平整,锚杆头是否处理,以免损伤防水层;

(3)铺设时应环向进行,铺挂时不可绷得过紧,以免灌注混凝土将薄板胀破;

(4)防水卷材连接以机械热焊为主,搭接宽度10cm,焊缝2cm;

(5)对断面内坑洼坍塌回填较困难部位,可采用单幅卷材贴在坑洼处,进行铺焊,后与隧道防水卷材焊在一起,不可悬空铺挂;

(6)在大面积漏水处应加设防水卷材,有流水处应加设弹性半圆排水管将水引排后再铺设防水卷材。

2)检查隧道专用防水卷材的铺设质量

(1)灌注混凝土衬砌前,必须检查防水层质量,作好记录,并处理出现的问题。

(2)目测检验,用手将已固定好的防水板上托或挤压,检查其是否与喷射混凝土密贴;检查有无破损、断裂、水孔;锚固点是否牢固,外露点是否用塑料片补疤;焊缝有无烤焦、焊穿、假焊;焊缝宽度是否达到设计要求,焊缝面是否平整光滑。

(3)进行试验检查:每10~15m制作一组焊件,对焊缝强度、密实性、抗渗性进行检查。

3.隧道防排水应达到的标准

(1)洞内无渗漏水;

(2)安装孔眼不渗水;

(3)洞内路面不冒水、不积水。

(四)附属设施工程质量监理

1.设备洞、横通道及消防洞施工质量监理

施工中当发现原定位置地质不良时,应会同设计单位和建设单位对现场进行调查、研究,确定变更的位置。施工要求同洞身工程。

2.装饰工程施工质量监理要点

(1)仔细检查衬砌内表面的渗漏水情况,必要时应采取措施做好装饰前的防、排水工作;

(2)装饰材料不得侵入隧道建筑限界;

(3)洞口装饰应表面平整、清洁,隧道名牌字样要求美观、醒目;

(4)采用面砖材料时,应作到横、竖缝通直。面砖贴好后,外表面应平整,不得出现凹凸;

(5)采用防火隔热涂料时,其施工方法和要求,应按该材料的使用说明书进行;

(6)采用一般内墙涂料时,色彩应符合设计要求。涂料可采用喷涂或手工粉刷,但应作到色调均匀,不得出现色斑和杂色。

3.运营管理设施

(1)通风机的机座与基础,应按设计要求施工。风机底盘与机座相连的地脚螺栓应按设计要求的风机底盘螺栓孔布置预留灌注孔眼。螺栓埋设时,灌浆应密实,螺栓应与基座面垂直。

(2)同一隧道内应采用统一规格的消火栓、水枪和水龙带。隧道外输水管与消防水源机自动控制装置的连接等应按设计要求处理。

(3)照明灯具和配电控制板的安装、配线、电缆的敷设以及接地工程应遵守现行《电气安装工程施工及验收规范》的有关规定。

(五)质量检验项目与评定

在隧道工程洞身开挖、洞身衬砌、围岩支护施工过程中,监理工程师应检查施工单位是否按规范要求项目、频率进行质量检测。各类质量检测项目、频度与质量标准见《公路桥涵施工技术规范》(JTJ 041—2000)相应的要求。其施工质量评定内容及方法见《公路工程质量检验评定标准》(JTG F80/1—2004)。

复习思考题

1.工程施工有哪些分项工程?

2.试述隧道洞口工程施工质量监理要点。

3.试述隧道洞身工程施工质量监理要点。

4.试述隧道洞内防排水工程施工质量监理要点。

第八章　交通工程及机电工程质量监理

交通工程及沿线机电工程是公路的重要组成部分，是发挥公路经济效益、保障行驶安全必不可少的配套设施，是公路现代化、智能化的标志之一。交通工程及沿线机电工程的建设应根据公路网规划、公路的功能、等级、交通量等确定，它包括交通安全设施、服务设施和管理设施三种。交通安全设施主要包括交通标志、交通标线、防撞设施、隔离栅、视线诱导设施、防眩设施、桥梁防抛网、里程标、百米标、公路界碑等。服务设施主要指沿线的服务区、停车区和公共汽车停靠站。管理设施包括监控、收费、通信、供配电、照明和管理养护等设施。

交通工程设施具有直观、清晰、坚固、耐久、可靠、美观等特点。涉及交通工程设施的相关行业很多，设施多在工厂加工成成品或半成品，运至现场后安装和调试，时间安排在土建工程的后期，施工期短，多为3～6个月甚至更短，并可能与路面、路基防护、安全护栏、交通标志、标线、通信、绿化、防眩、隔离、监控、照明等众多项目同时交叉作业，作业点分散，遍布沿线，施工机具规格繁杂，数量众多，性能参差不齐，管理困难，相互间的干扰、制约很大，极易造成相关工程尤其是路面的污染或损坏，以致影响工程质量和进度。

一般将监控、收费、通信、供配电及照明系统称为交通工程机电系统。

第一节　交通工程施工质量监理

一、概　　述

交通工程及机电工程质量监理主要内容：

1.质量检测与控制

质量监理的重点是对成品或半成品的质量检测和安装质量检测，主要通过以下环节实现。

(1)定期或不定期地到加工厂检查项目成品或半成品的加工工艺，抽取部分原材料试样检测或委托检测。

(2)根据国家、行业标准、设计图纸规定的频率现场检测进场的成品或半成品的外观质量和几何尺寸，利用方便快捷的电子测试仪器检测其部分质量指标；按照规定的频率，抽取进场的成品或半成品试样进行全面质量检测或委托检测。

(3)按照规定的频率和方法，检测安装质量或进行运行检验。

2.施工现场协调与管理

在多项目、多施工单位、多工种同时交叉作业的情况下，为使各项目作业协调、有序地进行，保证工程质量和进度，监理工程师应发挥施工现场管理的核心和调控作用。

(1)根据各项目施工作业实际进度，及时调整作业安排，保证主体工程施工作业按计划进行。

各项工作安排都应以主体工程(如路面)为主线，为其留出充足的工作面，如路面施工，根据施工进度推算，如可能出现互相干扰而打乱路面施工计划时(如应在路面上面层铺筑之前完成安全护栏立柱施工),应调集力量集中突击,如波形护栏立柱施工或标志基础等项目在路面作业以内施工时,应临时停止这些项目的施工或调整至不影响路面施工的作业面,保证路面工程的顺利进行。

(2)督促各项目施工单位加大工作力度,确保及时为后续作业和相关作业提供施工作业条件。

(3)检查落实为保证相关作业工程质量的措施。如为避免波形护栏施工时机具漏油对沥青结构层造成污损,可在机具下安装一个较大的铁托盘等。

二、安全护栏工程质量监理

1.安全护栏的分类

护栏按设置位置可分为路侧护栏和中央分隔带护栏;按刚度可分为柔性护栏、半刚性护栏和刚性护栏三种。

2.安全护栏质量监理的要点

(1)立柱

立柱的安装宜在沥青路面上面层铺筑前完成,并督促施工单位采取有效措施避免对已完工程的损害,如对已铺沥青路面的污损等。立柱安装质量控制的重点:

①保证立柱安装坚固。当采用打入法施工时,应打入不被扰动的坚实的地基,一次打到设计深度。如打入过深,必须全部拔出将地基压实后重新打入;当无法采用打入法施工而采用开挖法或钻孔法埋设立柱时,应采用良好的回填材料分层夯实到规定压实度。

②保证位置准确、线形平倾、竖直度符合要求。

(2)波形梁

波形梁安装宜在完成沥青路面上面层铺筑、分段检测立柱间距、位置、竖直度、顺直度符合要求后进行。波形梁搭接必须顺行车方向,在托架或防阻块、波形梁、拼接螺栓和连接螺栓就位后,不宜过早拧紧螺栓,以便调整,形成平顺的线形。连接螺栓不宜拧得过紧,以利用长圆孔调节温度应力。

三、道路交通标志工程质量监理

1.交通标志的分类

道路交通标志一般设置在路侧或道路上方,分为主标志和辅助标志两类。

主标志包括警告标志、禁令标志、指示标志、指路标志以及旅游区标志、道路施工安全标志;

辅助标志是附设在主标志下,起辅助说明作用的标志。

道路交通标志由标志面、标志底板、支柱和基础紧固件组成。标志底板、面板、支柱在工厂加工制作,现场安装。混凝土基础一般在现场浇筑完成。

2.交通标志施工监理要点

施工现场监理主要内容是:混凝土基础的现场浇筑或预制安装,支柱、标志板的安装和调整。

1)混凝土基础现场浇筑或预制

(1)施工放样检查

根据复核调整后的设计资料,采用坐标放样法检查施工单位对标志基础现场放样的中桩位置及高程，并对比已有的路基和结构物的位置，确保设计标志及桩号位置与现场情况相一致。

(2)质量控制

检测现浇和预制混凝土基础所用原材料的质量，拌和、运输、浇筑、养生等项目的监理按“桥涵工程监理”要求进行，并注意：

①现浇混凝土。由于标志混凝土基础浇筑作业点分散，如混凝土采用集中拌和，简易工具运输时运距不应超过500m；如采用在浇筑地点拌和，不得在油层上堆料和拌和，可以临时在已形成强度的基层上拌和，但不得损坏基层；如果在路面以外场地拌和，应加以硬化或铺垫，以免污染砂石材料。

由于边坡坡度较陡，模板不易支设和加固，应要求施工单位使用整体性较好的定型模板，并能适应坡面形状，易于拼装和加固。

②基础浇筑或埋设。开挖基坑时不得在油层上堆放开挖材料和影响路面施工，尽量减少对边坡和防护工程的破坏。

路侧式标志板面应与道路中线垂直或成一定角度：禁令和指示标志为0°~45°，指路和警告标志为0°~10°，在埋设预埋件时应注意调整。

混凝土基础顶面及预埋件顶面要保持水平，在施工时应用水准仪或水平尺控制。

混凝土基础浇筑并养生完毕后，应对开挖的基坑及坡面采用与边坡相同的材料分层夯实回填，并恢复防护工程。

2)支柱、标志板的安装和调整

支柱和标志板的安装和调整应使用水准仪或垂球等仪器量测，并配合远处目测等方法，保证支柱的垂直度，并使板面与道路中线垂直成一定角度。螺栓紧固适度，保证稳定性。

3)施工质量检验

标志施工完成后，标志板面应无任何裂缝和划痕，金属构件镀锌面的损坏面积不超过构件面积的1%。

四、道路交通标线工程

1.交通标线的分类

道路交通标线是由标划于路面上的各种线条、符号、文字、突起路标和轮廓标等所构成的交通安全设施。

道路交通标线工程监理工作内容是对施工单位选择涂料和按设计要求和规范施工的控制。

2.交通标线的施工监理要点

(1)检查施工放样

标线放样应根据路面边线及路缘石边线，在保证设计尺寸的基础上使线形平顺、流畅。

(2)检查标线涂料

检查涂料加热温度、底剂喷涂、涂料喷涂等施工操作和程序严格按照有关要求进行。

(3)标线施工

标线施工应在路面干燥、风力较小、温度在5℃的情况下施工，并在雨前降至常温或凝固，不受降雨的影响。

标线处路面应清扫干净，保证无浮杂物和污染。施工时应封闭交通，保证涂敷后标线在凝固前不受损坏。

3.施工质量检验

道路标线的施工质量检测,包括外观检测和实测项目检测。

(1)外观检测

标线以外的道路被标线材料污染面积每处不超过 $10m^2$,标线边缘无明显毛边,标线线形平顺、流畅。

(2)实测项目检测

标线实测检测项目包括标线几何尺寸、溶剂型标准层厚度测定、热熔型标线涂层厚度测定、标线色度性能。

五、视线诱导设施质量监理

1.视线诱导设施分类

根据视线诱导设施的结构组成,其施工主要包括的内容有:反射器、立柱、支架、底板、连接件、突起路标及其基础的加工制作或采购和现场安装两个环节,工序较为简单,重点是做好构件的质量检测和现场安装质量控制。

2.施工监理的主要内容

(1)检查视线诱导设施料源。施工前监理工程师应和施工单位共同对拟采用的视线诱导设施取样送检合格后确定材料料源。

(2)线诱导设施安装

视线诱导标的施工一般在路面施工完成后进行。附着于护栏或其他结构物上的视线诱导设施,一般在护栏等安装后安装。

反射器应尽可能与驾驶员视线垂直。安装时应根据已有的构造物准确定位,并与已有构造物协调一致。混凝土基础尺寸较小,可采用先集中预制后埋设的方法施工。

六、防眩设施质量监理

1.防眩设施分类

防眩设施按构造形式可分为三类:防眩板、防眩网、植树。按设置方式分为独立设置,在波形梁护栏的横梁上设置,在混凝土护栏上设置三种情况。

防眩板主要由基础、支柱、纵(横)向骨架、防眩板条、连接件等构成。基础一般采用混凝土,支柱、支架一般为钢材,防眩板条一般使用薄钢板、钢带或高分子合成材料制作。防眩板的施工内容包括各构件的加工制作或采购进场、基础现浇、安装调整等。工序较为简单,其重点是构件质量检验和安装质量控制。

2.防眩设施施工监理要点

(1)测量放样

测量放样应在放好主点后,根据相应路段的桥梁、波形护栏、路缘石等已完成结构的情况适当调整,使之线形顺畅、美观。

(2)施工控制

防眩板混凝土基础的施工应要求施工单位安排在路面上面层铺筑前完成,同时协调好与波形梁护栏、通信管道、中央分隔带硬化等施工的关系。在路面或护栏工程完成后安装。应提示施工单位不得损坏中央分隔带的通信管道、护栏等设施。安装质量要对其牢固、直顺注意控制，符合设计及技术规范要求，以保证线形顺畅，防眩效果良好。防腐层的任何损伤均应在发现后的24h之内予以修补，损伤面（包括气泡、裂纹、疤；痕、端面分层、毛刺等）不超过该防眩板表面积的10%。

七、隔离和防护设施质量监理

1.隔离设施分类

隔离设施是指设置于公路路基两侧用地边界上，为了对汽车专用公路进行隔离封闭的人工构造物的统称。

防护设施主要是指设置在高速公路立交桥或人行天桥两侧的防护网，山区高速公路在有落石危险的路段设置的防落石网，以及有雪崩危害路段的防雪栅。

隔离设施一般分为金属网、钢板网、刺铁网和常青绿篱。

隔离栅主要由基础、立柱、斜撑、隔离网、连接件、门（门柱）等构件组成。其施工主要包括以下内容：构件的加工制作，混凝土基础预制安装或现场浇筑，立柱安装，网片安装及调整。

2.隔离设施施工监理要点

施工监理主要对隔离栅成品构件加工制作和进场检验，混凝土基础现场浇筑或预制安设及立柱、网片的安装调整控制。

（1）隔离栅成品构件的加工制作，一般是在远离工程现场的工厂车间进行，监理工程师可以结合原材料的抽检工作，到加工地点阶段性检查其施工工艺及操作过程是否符合有关要求。

（2）隔离栅是公路最外围构筑物，其施工对其他项目影响较小，应在边沟防护施工完成后分段施工，为其他项目的施工留有足够的通道和作业面。

（3）混凝土基础可以采用现场浇筑或集中预制后现场安装的方法。集中预制现场安装运输安装难度稍大；现场浇筑需加强控制混凝土质量、振捣质量和几何尺寸。条件允许时宜采用集中预制现场安装的方法。

（4）现场测量放样，在依据设计资料的基础上，根据地形、沟渠、构筑物情况进行适当调整，在保证其隔离功能的基础上，兼顾纵向平面线形，立面高程的直顺和圆滑过渡，保证隔离栅坚固、美观。

八、监控系统质量监理

1.监控系统分类

高速公路监控系统由信息采集系统、信息提供系统和监控中心构成。

信息系统子系统包括交通流信息设备、气象检测器、环境检测器、交通控制与引导设备、电视监视系统设备和紧急电话。

监控系统的施工内容主要包括设备的采购、检测、安装调试。

2.监控系统安装监理要点

监控系统安装监理主要是设备的检测及安装运行检测。

（1）产品外观检测

产品外观及安装的检测内容包括设备名称、型号、规格、合格证及产地的认可，主要技术指标的标定，抽检关键设备作例行试验（高温、低温、湿度、过压、耐压、振动、电磁兼容性等）。

（2）设备运行的检测与诊断

智能设备的检测主要包括连续72h运行考核，信息处理能力的检测，系统主要功能的考核，平均无故障工作时间与平均修复时间的考核，接地电阻的测定，绝缘性测定等。

九、照明设施质量监理

1.照明设施分类

道路照明可分为为运行车辆提供照明和为公路管理业务及乘客提供照明两类。

公路照明的技术指标通常用亮度、照度、眩光限制和诱导性4项指标表征。其中亮度、照度、眩光都与光通量、发光强度有关。

照明设施施工内容主要包括照明设施的采购、检测、安装调试和运行检测。

2.照明设施质量监理要点

照明设施质量监理主要是对照明设施的检测和安装运行检测。

(1)照明设施的检测

主要包括单项设备检测和照明效果检测。

单项设备：照明灯具、灯架、灯杆，照明供电系统，照明控制系统；

照明效果：特殊部位，相关场所的平均亮度，照明的色显、照度、防眩性及诱导性。

(2)安装运行检测

主要有产品外观质量检测，设备及使用性能参数检测，几何尺寸及安装检测和防腐性能检测。

①几何尺寸及安装检测

电杆组立的垂直度偏差不大于0.50(梢经)，线杆横向位置偏移不大于50mm。

照明灯具安装水平倾斜角度应控制在0°~15°之间，用水准仪、经纬仪(全站仪)测试。

高杆照明应符合《升降式高杆照明装置技术条件》(JT/T 312)的要求。

②设备及使用性能参数检测

主要是三相负荷分配平衡，独立供电系统的供电线路应能互相连通。

低压照明线路的末端电压不应低于额定电压的90%或不应低于始端电压的95%，照明灯具效率应大于60%。

照明效果检测通过照度计测定路面平均照度，根据平均照度计算防眩指数，以判断其是否达到防眩限制标准。照明色显效果可通过色差计测定。对诱导性能只能通过行车效果来定性检测。

第二节　机电及服务设施施工质量监理

一、机电工程系统主要构成与功能

1.机电监控系统的主要构成

机电监控系统按其功能可分为9个子系统：交通监控系统、视频监视系统、紧急电话系统、火灾自动报警系统、隧道通风控制系统、隧道照明控制系统、供配电监控系统、调度指令电话系统、有线广播系统。

机电监控系统虽然由9个子系统组成，但他们之间并不是完全独立的，相互之间要交换信息，有机地构成一个系统。一个路段的监控系统是根据道路的特点、桥梁与隧道大型构造物的分布，交通量以及气候环境等因素来构架本路段的监控系统，可以是全部系统，也可能只有交通监控、视频监视、紧急电话和调度指令电话等子系统。特大桥还会有桥梁结构安全检测子系统。

2.机电监控系统的主要功能

公路监控系统主要是实时收集道路状况、交通流信息、气象信息及相关设备状态,控制与调节交通流,疏导交通,减少交通事故,保证行车安全。

二、施工质量监理的基本要求

1.机电监控系统的质量监理基本要求

(1)各种设备的质量合格、功能完善,配套;

(2)安装位置正确、各线路通畅;

(3)安装调试试运行良好,发挥各个设备的功能;

(4)安装后的图纸清晰、明了,安装记录详细、齐全,便于运行后的检查维修。

2.服务设施的质量监理基本要求

(1)服务区的房建质量符合设计和相关规范要求;

(2)停车区的布置合理,各种车辆驶入的标志标线清晰;

(3)维修点、加油站等各种设施布置合理,便于驾乘人员使用;

(4)通信、供电系统通畅。

三、机电工程及服务设施施工质量监理

(一)施工准备阶段的监理工作

在施工准备阶段,监理工作除了按合同约定安排监理人员进场,准备检测仪器、熟悉合同文件等工作外。还应重点检查施工单位开工前的准备工作、审批施工组织设计、做好原材料抽检试验、控制测量复查工作等,以避免施工过程中出现不必要的变动。

1.审批施工组织设计和施工方案

2.检查原材料的用量和质量

3.检查施工准备工作

4.检查到场人员、机械、材料

(1)应到场的管理人员、技术人员、质检人员、安检人员等已到场;

(2)施工单位已到场机械设备的品种、规格、型号、数量及配套状况等满足要求,每台机械的试运转情况良好,操作人员能熟练操作;

(3)用于机电工程和附属工程的各种材料已经抽样试验合格后进场。

5.审批开工申请报告

当所有机电工程和附属工程施工准备工作就绪,报验手续齐备,监理工程师签署开工申请报告,下达开工令后,方可进行机电工程和附属工程施工。

(二)施工阶段的监理工作

1.服务设施

1)房基

(1)检查房基土质承载力是否符合设计要求。

(2)检查灰土房基的灰土材料和配合比。

(3)检查房基压实后的压实度。

(4)检查基坑开挖的边坡稳定性。

2)砌砖工程

(1)检查砌体砂浆的工作性是否符合要求。

(2)检查砌筑方法是否正确。

3)屋架和门窗

(1)检查屋架结构材料是否符合要求。

(2)检查屋顶面防水层的施工质量。

(3)检查门窗的质量是否符合要求。

4)抹灰、装饰工程

检查抹灰和装饰工程的施工质量是否符合规范要求。

5)地面工程

检查地面工程的施工质量是否符合规范要求。

6)油漆和玻璃安装

检查玻璃安装和油漆的施工质量是否符合规范要求。

2.公路机电工程系统

(1)检查施工单位进场的机电设备是否符合合同的规定。

(2)检查施工单位申报的机电设备的质量证明材料的真实性和合格性。

(3)旁站检查施工单位机电设备的安装过程。

(4)检查安装后的机电设备有无外观质量缺陷产生。

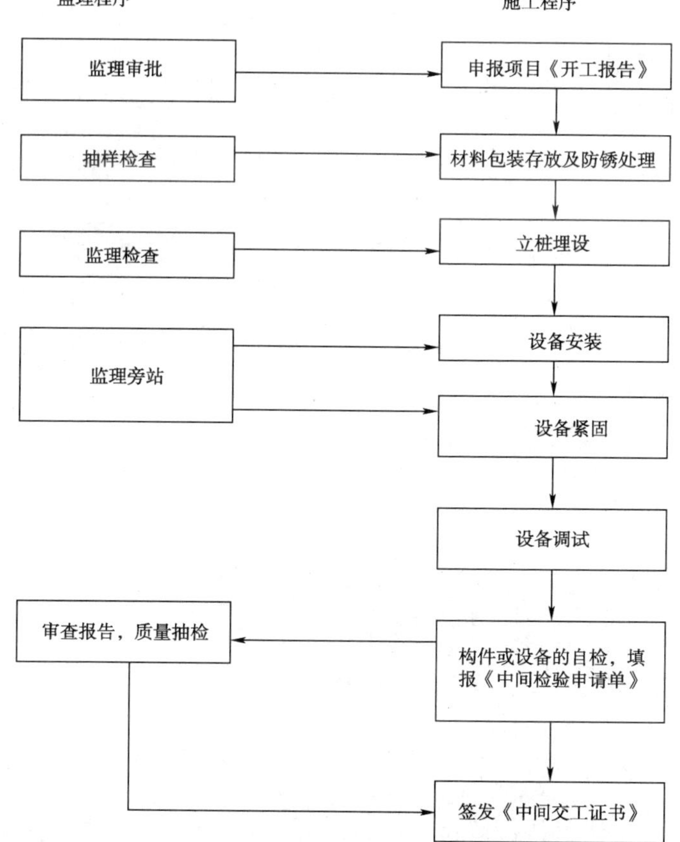

图 2-8-1　公路机电工程和服务设施施工质量监理的通用程序

(5)审核施工单位提交的隐蔽工程的安装图纸是否真实、完善。

(6)旁站检查施工单位对所安装设备的调试。

四、公路机电工程和附属设施施工质量监理的程序

公路机电工程和服务设施施工质量监理的程序见图 2-8-1。

复习思考题

1.试述交通工程及沿线设施施工质量监理的要点。

2.试述安全护栏、道路交通标志、标线、视线诱导设施、防眩设施的施工质量监理的主要内容。

3.监控系统主要有哪些部分构成?

第九章　交工及缺陷责任期的质量监理

第一节　交工验收及交工证书签发程序

一、交工验收

1.交工验收

交工验收是建设单位于工程接收管养和投入使用前对施工单位申请交工的合同工程完成情况的全面检验,评价施工单位是否按合同约定的工程内容、质量和工期,完成了工程施工阶段合同义务,决定是否接受管养、投入使用、进入缺陷责任期,提出未完工程和遗留问题等处理意见,是工程建设管理和合同管理的重要环节。

交工验收应按交通部《公路工程竣(交)工验收办法》规定执行。由建设单位主持,质监、设计、施工、管养、监理等有关部门组成的交工验收小组对工程进行验收。

2.交工证书的类型

合同实施中,工程的交工日期,应是根据通用条件规定的在投标书附件中列明的整个工程或工程的任一区段或任一部分在规定的期限内应予完成的日期,或根据通用条件规定的在允许延长工期内应予完成的日期。工程交工证书,应是工程全部完成,根据施工单位申请,监理工程师按照合同有关规定对工程进行验收后签发的一种证明。它包括以下两种类型:

(1)合同工程交工证书

在规定的交工工期以前,如果合同范围内的全部工程已基本完成,并通过合同规定的任何检验后合格,施工单位应向监理工程师提交一份要求签发交工证书的申请,并保证按通用条件的规定在缺陷责任期内完成任何未完工程,则监理工程师在经过对工程的全面检查,认为符合合同文件要求时,应在21d内向施工单位签发全部工程的交工证书。若不符合合同文件要求,则监理工程师应向施工单位发出指令,指出施工单位尚应完成哪些工作,施工单位必须按照监理工程师的指令完成,并使监理工程师满意后,才能在规定的时间内得到交工证书。

(2)部分交工证书

根据上面的原则,如出现下述情况之一者,施工单位可向监理工程师要求签发部分工程的交工证书:①工程的任何一主要部分已完成,能够独立交付使用。②合同中规定有不同交工工期的任何部分工程。③已由建设单位占用或使用的任何工程。

3.交工验收与竣工验收

(1)分项工程中间交工验收

分项工程完成后,施工单位先进行自检,提交完整的自检资料和交工申请。监理工程师进行检查评定合格后,签发分项工程《中间交工证书》。

(2)分部工程中间交工验收

分部工程各分项工程完工后,施工单位先进行自检,提交完整的自检资料和交工申请。监理工程师进行检查评定合格后,签发分部工程《中间交工证书》。

(3)单位工程中间交工验收

单位工程各分部工程完工后,施工单位先进行自检,提交完整的自检资料和交工申请。监理工程师进行检查评定合格后,由总监理工程师签发单位工程《中间交工证书》。

(4)合同段竣工验收

合同段范围内的工程完工后,施工单位应先进行自检,提交施工资料及合同段竣工验收表报监理部门,各级监理部门审查及复审后提出具体意见,提请建设单位组织验收。经过对工程全面检查,符合合同文件要求时,由建设单位、监理工程师、设计代表、施工单位各方代表签认《交工证书》。

4.交工验收具备条件

(1)本合同工程或单项工程已按合同要求建成,具有独立使用价值。

(2)已经合格地通过了合同规定的各项交工检测的检验。即施工单位按交通部制定的《公路工程质量检验评定标准》及相关规定的要求对工程质量自检合格;监理工程师对工程质量的评定合格;且各项资料齐全,监理工程师在各种场合以不同的形式向施工单位指出的各类质量问题,均已得到妥善的解决;质量监督机构按交通部规定的公路工程质量鉴定办法对工程质量进行检测(必要时可委托有相应资质的检测机构承担检测任务),并出具检测意见。

(3)已按交通部《公路工程竣(交)工验收办法》规定完成了竣工资料的编制。

(4)监理工程师确定施工单位对其申请交工的工程已经进行全面的现场清理,包括临时用地、材料场地和取土场。

(5)施工单位已向监理工程师提交了交工申请,并附有详细的未完工程和遗留问题清单,以及为在缺陷责任期内完成的措施(包括人员组织、机械设备、计划安排等)。

(6)施工单位、监理工程师已完成本合同段的工作总结。

(7)监理工程师已审查同意施工单位的交工申请,并报告了建设单位。

二、交工证书的签发程序

对施工单位提交的工程交工申请,监理工程师按合同及有关规定要求,审查施工单位提交的合同工程交工验收申请,重点检查:合同约定的各项内容的完成情况,施工自检结果,各项资料的完整性,工程数量核对情况,工程现场清理情况等。如果满足相应合同、规范和规定的要求,则监理单位对施工单位提交的工程进行验收。其交工验收程序如下:

(1)成立交工检查小组。

监理工程师受到施工单位递交的交工申请,确定工程满足交工验收内容的要求后,应指派专人负责交工检查工作,并应成立有监理工程师、建设单位参加的交工检查小组,需要时,建议建设单位邀请设计部门和质量监督部门参加。

监理工程师还应提示施工单位列席参加并负责提供小组检查工程时所需要的情况、资料、人力和设备,为交工检查活动提供服务。

交工检查小组的任务:

①进一步审查交工申请报告;

②现场检查申请交工的工程;

③审查施工单位缺陷责任期的剩余工程计划;

④根据以上情况写出交工检查报告;

⑤决定是否签发交工证书。

(2)对交工申请进行审查。

(3)现场检查及评价。

(4)检查报告。

(5)签发交工证书。

上述程序的各项内容在下面将分别进行说明。

三、缺陷责任期

(1)根据通用条件规定,自监理工程师签发《工程交工证书》至监理工程师签发《工程缺陷责任终止证书》的时间,称为缺陷责任期。如果工程的任何区段或部分规定有关单独的交工日期,则该区段及部分的缺陷责任期应分别自该交工证书写明的实质交工之日算起,在此情况下,根据通用条件的规定,整个工程的缺陷责任终止期,应是最迟的那个缺陷责任期的终止。除非合同另有规定,缺陷责任期为2年。

(2)缺陷责任期内,施工单位应尽快完成在交工证书中写明的未完工程(或工作),并完成对本工程缺陷、病害或其他不合格处的修复或监理工程师指令的修补工作。

第二节　交工验收的监理工作

(一)督促施工单位准备交工验收

(1)根据工程进展的实际情况,在预定工期结束前的适当时间,向施工单位提示工程交工验收应具备的条件及程序。

(2)与施工单位共同全面检查按合同规定应完成的工程和工作。督促施工单位加快进度,重点是:

影响工程独立使用的未完工程和遗留问题;

影响后续工程施工的场地清理,整修工程外观,如边沟与路面清理、桥梁污染和损害、取土场的整理和恢复、施工便道整理和恢复等。

(3)督促施工单位编报交工申请资料、拟在缺陷责任期内完成的未完工程和处理遗留问题清单及其实施措施;根据交通部《公路工程竣(交)工验收办法》、《公路工程质量检验评定标准》和档案管理的有关规定编制竣工资料。

所有资料均应达到分类归档的要求,并初步评定本合同工程质量等级。

(4)督促施工单位根据工程量清单及说明、合同图纸、工程变更令及修订的工程量清单、合同条件、技术规范和有关计量的补充协议、《索赔时间/余额审批表》等复核工程量、检查与合同文件规定计量要求的符合性,有无多计或漏计的工程量。

(二)检查和处理合同执行中的遗留问题

在交工验收前,监理工程师在提示和督促施工单位准备交工验收的同时,还应检查和处理合同执行中的遗留问题。

1)按合同规定全面检查工程完成情况

(1)根据合同文件、补充协议、工程变更通知等文件,全面复核已完工程及资料。要使竣工图纸与实际计量工程一致,计量工程范围、内容及其支付费用与合同规定一致,各工程项目支付细目总量与工程量清单、工程变更、实际测量资料等依据一致,各种计量、支付及其依据等资料齐全,手续完备。对复核中发现的差错和问题,分析原因,根据合同规定研究调整措施,并补充或完善必要的手续。复核工程量、计量、支付的依据原则和主要方法见费用监理部分。

(2)根据工程全面复查情况,研究确定:

交工前应抓紧完成整修的工程项目(如构造物外观、交工使用后不便整修的路面、缘石勾缝、护栏调整、伸缩缝损坏、建筑垃圾等),并通知施工单位;

制订未完和遗留工程等待处理项目清单,列明其工程项目位置、细目、数量,提出施工单位为完成这些工程应采取的施工组织、技术、设备、计划安排和建议。

2)核定未完和遗留等待处理的工程费用

经监理工程师初步验收,合同工程已经实质完工,施工单位在交工验收前尚有不能完成,但不影响工程使用的工程及缺陷,可在缺陷责任期内完成。

为促使施工单位重视和按期优质完成,并考虑可能因施工单位违约或不能按时完成,会给建设单位造成的风险,监理工程师应根据市场情况并与施工单位协商确定一个完成这些工程的价格,以便建设单位另委托其他人完成。一般这个价格应高于原合同支付单价和市场价,也可按原合同单价 2~5 倍暂定,作为施工单位违约时,建设单位向施工单位扣款的依据,以避免建设单位风险,保证工程全面完成。

3)清理未处理的合同遗留问题,并提出处理意见,按规定程序报告建设单位。常见遗留问题主要有未定价或暂定价的工程费用支付、未处理的索赔申请、承包与指定分包的争议、价格调整和有关合同解释(如:认为监理人员对质量、计量、支付控制与合同规定差异等)、第三方对工程影响等涉及责任和工程费用方面的争议等。

处理的依据是:

(1)合同文件(包括组成合同文件的所有文件及附件)规定的原则、标准、规范、程序、时限、责任和义务。

(2)建设单位、监理工程师、施工单位约定或指令性文件或会议纪要、监理记录、试验检测资料。

工程合同和监理服务协议规定监理职责和授权。监理工程师在职责范围内依据有关的合同规定公正地维护合同各方合法权益。不处理职责外或虽属监理职责,但并不知情的有关合同事宜。

(三)整理监理档案、编制竣工资料

1.按档案管理规定整理监理资料

整理时应注意:

(1)归档的文件、资料,应按档案管理规定分类、排序、全面整理存档。

(2)上述内容以外的监理文件、资料、记录、纪要等应在分类整理、排序、编卷后,由监理单位或建设单位暂存,以备工程投产后,处理有关问题时使用。

2.编写监理工作报告

监理工作报告,内容参见有关章节。

3.编写监理工作总结应注意问题

(1)工程概况部分与建设、设计单位总结内容重复,应尽可能压缩。重点从工程规模、内容、工期、工程复杂程度方面,说明监理机构设置、人员配备与赋予监理机构任务的适应性、合理性。

(2)进度、质量、费用监理和合同管理,着重说明针对本合同工程内容和特点采取的监理方

法、控制重点和施工中发生的疑难问题处理原则、方法和效果。

(3)工程变更中应概括工程变更的类型、原因、规模,对工程质量、费用、工期的影响以及采取的监理方法和处理原则。

(四)审查施工单位竣工资料

施工单位的竣工资料应经监理工程师审查确认后作为交工申请内容的组成部分,提交交工验收。

按合同规定、交通部《公路工程竣(交)工验收办法》(2004 年 交通部令第 3 号)、《公路工程质量检验评定标准》(JTG F80/1—2004)及档案管理的有关规定核查施工单位的竣工资料。

(1)竣工资料编制符合合同有关要求,真实、齐全,按档案管理规定分项装订。

(2)竣工图应与监理记录、实际已完工程相符。

(3)施工原始资料齐全、完整,无涂改现象。试验室的资料按原材料抽检、标准试验,委托试验分类装订。分部、分项、单位工程划分正确,质量评定和外观情况描述符合《公路工程质量检验评定办法》要求。

(4)案卷内文件排列顺序参考《公路工程竣工资料编制要求》。

(5)照片及声像资料档案宜采用专用档案盒。特大桥、大中桥等关键隐蔽工程均应有照片资料。

经监理审查合格的竣工资料应予签认,不合格或待补充的资料应退交施工单位修改补充后,再行审查。

(五)审查施工单位交工申请报告

施工单位应于合同期满或建设单位确定交工验收日期前,向监理工程师提交交工申请报告及其附件。

1.主要内容

(1)合同范围内的全部工程,或工程任何主要部分,或合同中规定有不同交工期限的任何部分工程,或已由建设单位占用、使用的任何工程,已经完成,剩余工程很少,不影响工程正常使用,并可在缺陷责任期内完成。

(2)申请交工工程经过全面检查、检测、工程质量全部符合合同及规范要求,各项资料齐全。

(3)监理工程师经实际检查确认申请交工工程的施工现场(施工便道、料场、预制场、拌和场、取土场和临时设施等临时用地)已全面清理完毕。

(4)交工资料已根据合同规定完成或基本完成,符合实际情况,准确齐全。交工资料主要有:

①交工验收申请报告;

②竣工资料;

③施工总结;

④未完和遗留工程清单;

⑤施工单位缺陷责任期剩余工程实施计划(有关施工组织、技术、设备、工艺安排等具体措施)。

2.审查方法

(1)内业审查应由监理人员根据交工验收资料编制要求,对照监理记录,全面检查核对。

(2)全面逐项现场实地检查工程完成情况,核实所列未完成或遗留等待处理工程的位置、部位、性质、数量及其可能对工程正常使用的影响。

(3)审查未完成或遗留等待处理工程费用。

(4)审查缺陷责任期各剩余工程施工计划和所采取措施的可行性、可靠性及其对工程正常使用和安全施工的影响。

(5)建立审查责任制、经综合审查分析后写出审查结论。对不符合交工验收条件,但能在交工验收前改善的工程缺陷、场地清理和完善、补充的交工资料应通知施工单位抓紧完成,对剩余工程记录不全的应予增列。不能在交工验收前修复或完成的工程均应列入剩余或待处理工程。对工程实际已经完成,交工资料编制过慢,难以短时间满足交工验收要求的工程,应在审查意见中说明,提交建设单位研究决定是否办理交工验收。

3.提交审查报告

监理工程师应在接到施工单位交工验收申请报告后的14d内,对交工验收申请审核完毕,并把审查意见提交建设单位。

(六)参与、配合交工验收

1)若经交工检验认为工程达不到合格标准,监理工程师应根据交工验收小组意见,在验收完毕后7d内向施工单位发出指令,要求施工单位对不合格工程采取返工处理或补救措施,处理完成并自检合格后应重新申报交工申请。

2)对交工验收可能出现例外情况,作如下处理:

(1)如果建设单位未能在上述规定的时间内组织交工验收,建设单位应从规定期限最后一天的次日起承担延期验收的工程照管和养护费用;或发给交工证书的工程不能立即移交管养时,施工单位仍继续负责工程照管和养护,监理工程师在与施工单位和建设单位协商后,应确定与此相关的工程照管与养护费用全额加到合同价格上,并通知施工单位,抄送建设单位。

(2)如经交工检验认为工程质量虽合格,同意验收,但某些工程影响使用尚需整修和完善,且不同于缺陷责任期内的缺陷修复,则应缓发交工证书,限期修好。待整修和完善工作完成,经监理工程师复查认可达到质量要求并报请交工验收小组核批后,再发给交工证书。

第三节　缺陷责任期的监理工作

(一)缺陷责任期的监理工程师职责

(1)履行监理服务协议和合同规定的有关监理工程师职责和义务。

(2)督促和监督施工单位尽快完成在交工证书中写明的未完成工作,并完成对本工程缺陷的修复。

与施工单位(邀建设单位参加)共同调查本工程缺陷责任期内发现、发生的工程缺陷、病害或其他不符合规范要求之处,分析原因和责任,研究修复的措施,并抄报建设单位。

(3)监理缺陷责任期内发生工程变更的实施。

(4)定期或不定期地进行工程质量检查。尤应在对工程质量有不利影响的季节,如春季、雨季、变温季节,加大检测频率。

(5)按合同规定办理工程计量与支付,并签发终期支付证书。

(6)查施工单位补充、完备后的竣工资料。

(7)汇编监理资料档案及监理工作报告。

(8)参加建设单位主持的竣工验收。

（二）监理工作准备

1.建立监理组织机构

人员应包括：现场监理人员、试验的人员、合同管理人员。

2.现场调查

同施工单位一起对全工程逐项检查，确认交工验收时的未完及遗留工程项目和新发现发生的工程缺陷及数量，判断出现此缺陷的原因和归属，做好记录，并写出处理意见，双方签字确认后，进行缺陷的修复和监理。

3.制订工作制度

如：《缺陷责任期的工地巡视制度》、《缺陷责任期监理人员的岗位责任》、《缺陷责任期的安全管理制度》、《缺陷责任期例会制度》等。

4.制订工作计划

监理工程师根据工程实际情况制订监理工作计划。

5.制定监理表式

6.审核施工单位施工计划和方案

审查中应注意如下方面所采取措施的可行性、可靠性：

(1)保证工程质量措施。

缺陷责任期内应完成的剩余工程和应修复的缺陷，多因工程量不集中，施工作业点零星、分散（如路面坑槽）、适应质量要求的专业施工设备已难发挥优势，或不能利用原有施工设备完成剩余工程，施工方案必须针对这一特点采取足以满足规范规定质量要求的机械（如沥青混凝土拌和机）、材料（如改性沥青）和工艺措施。

(2)保证交通通畅、行车和施工安全的措施。

工程已投入正常使用、零星分散地施工作业易影响交通通畅，危及行车和施工安全。方案应注意如下措施：

①各种施工作业路段最大限度地集中、缩短；

②明显、齐全的预告、限速、限高（如果需要）施工标志（夜间应有反光施工标志）和施工车辆标志、运行路线标志，有专人管理交通；

③施工作业快速、高效；

④施工人员安全防护教育和措施；

⑤与道路管理部门协调与配合。

(3)施工进度作业计划充分考虑雨、雪、气温等自然因素影响。

(4)质量保证措施（人员、仪器、试验等配备情况）。

(5)针对未完工程和工程缺陷、病害不同情况和原因采取的技术措施。

（三）监理工作

1)质量监理人员对现场施工旁站监理，主管工程师组织抽检验收。要在雨季、春季、冬季前后，加大巡查和抽检的频率，检查工程进展并使施工操作和工程质量满足规范的要求。对不符合要求的工作，及时通知施工单位纠正。注意经常观察投入使用后工程的质量变化，发现新的工程缺陷或病害，做好详细的检查记录，并对缺陷或病害原因调查分析，研究修复措施。

2)工程进度监督，定期检查施工单位剩余工程和缺陷修复计划的完成情况，并及时进行必要的调整，确保工程进度计划的实现。

3)会同施工单位共同调查分析在缺陷责任期内，本合同工程出现的任何缺陷病害或其他不合格之处及其原因,如确认是属施工单位的责任造成,应指令施工单位根据有关规定自费修复;若不属于施工单位的责任,监理工程师应同建设单位、施工单位协商,由建设单位委托施工单位或其他人进行修复,费用由建设单位承担,监理据实办理计量支付。

4)在缺陷责任期满前,监理工程师参加建设单位组织有关部门对工程的全面检查,使本工程达到建设单位和监理工程师认为符合合同所要求的条件(正常磨损除外)。对于经检查仍不能满足合同规定的缺陷、病害或其他不合格之处,应再指令施工单位在缺陷责任期满后的14d内,按照建设单位的指示和监理工程师在缺陷责任期满前检查结果发出的有关指令,对存在的缺陷、病害或其他不合格之处进行修补、重建及修复。

如果施工单位未能在规定的时间内执行上述指令,建设单位雇佣其他人从事这些应由施工单位自费进行的工作,并在支付报酬时,监理工程师在与建设单位和施工单位协商后应从退还给施工单位的保留金中扣除或向施工单位索回这项支付费用。监理工程师通知施工单位,并抄送建设单位。

5)在缺陷责任期内,下述原因造成缺陷修复费用应由施工单位自行负责。

(1)施工单位所用的材料、设备或操作工艺不符合合同要求;

(2)施工单位的疏忽或未遵守合同中对施工单位规定的义务。

如果监理工程师指令施工单位修复的缺陷不属于上述原因造成,监理工程师应根据合同有关规定,在与施工单位协商并报业批准后,确定合同单价的增加额,通知施工单位并抄送建设单位。

6)根据交通部《公路工程竣(交)工验收办法》(2004 年 交通部令第 3 号)审核施工单位的支付申请及缺陷责任期的资料。

7)签发最终支付

在最后结账单和清账单收到14d内,监理工程师审核同意后签发一份最后支付证书报建设单位审批,并抄给施工单位,证明:

(1)监理工程师认为根据合同规定的最后应付款额;

(2)在对建设单位以前所付的全部款额和建设单位根据合同规定应得的全部款项予以确认后,建设单位欠施工单位或施工单位欠建设单位(视具体情况)的差额。

8)编制缺陷责任期监理工作报告,内容包括工程概况,缺陷责任期起止时间,剩余工程完成及缺陷工程和新发现的工程病害修复情况,资料整理情况,缺陷计划实施情况,监理检查工作情况、工程变更、计算支付、质量控制和养护管理工作应注意的事项和建议等。

9)移交缺陷责任期全部竣工资料,包括缺陷责任期监理工作报告,缺陷责任期工程修复资料、计量支付资料、工程变更资料等。

(四)缺陷责任期内对工程质量缺陷的处理

1)在缺陷责任期内,如果工程发生的缺陷、变形、不合格等是由于施工单位材料、设备或施工工艺不符合合同要求,或由施工单位负责设计的部分永久工程在设计上有失误,或因施工单位一方的疏忽或未遵守合同中对施工单位一方明确或暗示规定的任何义务造成的,经监理工程师证明后,由此发生的一切费用由施工单位承担。

2)如果经监理工程师查明,工程中的任何缺陷、变形或不合格等的产生是由于任何其他原因,则不合格工程的修补、修复或重建,按通用条件规定应作为变更工程,并按规定进行工程费用的估价,经与建设单位和施工单位协商后加到合同价格上去。

3)如果施工单位没有对缺陷责任期中尚存的工程缺陷、变形、不合格之处进行修补、修复和重建,或完成未完工程,则建设单位有权雇佣其他人从事这些应由施工单位完成的以上各项的修补、修复或重建工作,并付给报酬,由此发生或伴随产生的全部费用应从退还给施工单位的保留金中扣除或从建设单位应付给施工单位的其他款项中扣除。监理工程师通知施工单位,并抄送建设单位。

(五)签发缺陷责任终止证书

在合同工程缺陷责任期结束,收到施工单位向建设单位提交的终止缺陷责任的申请后,监理工程师应进行检查。符合条件时,经建设单位同意,监理工程师应在合同规定的时间内签发合同工程缺陷责任终止证书,并按规定向建设单位提交缺陷责任期监理工作总结。

复习思考题

1.什么是交工验收和缺陷责任期?

2.交工证书的类型有哪些?

3.交工验收应具备的条件是什么?

4.交工证书的签发程序是什么?

5.交工验收阶段和缺陷责任期的监理工作有哪些?

第三篇　工程进度监理

第一章　进度监理概述

第一节　进度监理的作用与任务

一、进 度 监 理

进度监理是在确保质量和安全的基础上,以计划控制为主线进行监理工作。监理工程师应要求施工单位按时提交进度计划,严格进度计划审批,及时收集、整理、分析进度信息,发现问题及时按照合同规定纠正。

工程进度是工程承包合同规定工期中施工活动的时间安排,因此进度监理是履行工程承包合同的重要内容,工程进度涉及到建设单位和施工单位的重大利益,是合同能否顺利执行的关键之一。为此,在工程进度监理中,一定要把计划进度与实际进度之间的差距作为进度控制的关键环节。除满足工期要求外,还应满足合同规定的工程质量及费用要求及安全生产从而达到高效、经济的工程施工的目的。

二、进度监理的作用

实行工程进度监理的作用主要表现在:

(1)合理控制工期、质量和费用及安全生产,使项目管理达到综合优化;

(2)通过审查施工进度计划及控制实际进度与计划进度差异情况,从而完善施工进度计划管理;

(3)除充分考虑时间控制问题外,同时还考虑劳动力、材料、施工机具设备等所有生产要素的问题,使其得到最有效、最合理、最经济地配置与利用;

(4)通过计划、组织、协调、检查与调整等手段,调动施工活动中的一切积极因素,努力实现施工过程中各个阶段的进度目标,以确保工程施工全过程的总工期目标的实现。

三、进度监理的主要任务

与进度有关的单位很多,但影响最大的单位是施工单位、监理单位及建设单位,所以参与项目管理的三方只有大力配合,才能确保工程进度总工期目标的实现。

(1)监理工程师应认真审批施工单位所提交的施工进度计划,在计划执行过程中,对实际

进度与计划进度进行定期地、经常地检查,发现问题应通知施工单位采取措施进行调整;

(2)建设单位应按合同的规定将资金准备到位,监理工程师应确保施工方按合同规定适时得到工程费用;

(3)建设单位则应按工程承包合同要求及时提供施工场地和图纸,并尽可能地改善施工环境,为工程施工顺利进行开创条件。

四、工期、质量、费用三者的关系

工期是由工程项目从开工到竣工的一系列施工活动所需的持续时间之和构成的;工程质量是施工过程中生产出来的产品结果;工程费用则是施工过程中所产生的消耗。所以,工程项目施工过程中,工期、质量、费用三者构成了相互联系、互相制约的密切关系,其关系曲线如图3-1-1所示。

由图3-1-1知,工程进度的加快与减慢对工程质量及费用都产生直接影响。设 T_A 为正常工期,其质量 Q_A 也正常,此时费用 C_A 最低;当放慢施工进度,即 $T > T_A$ 时质量上升,但费用也上升;当加快施工进度,即 $T < T_A$ 时质量将下降,而费用仍然增加。因此,工程进度监理不仅仅是单纯进度计划管理和时间控制问题,而且还要同时考虑工程质量的好坏及工程费用消耗的高低问题。

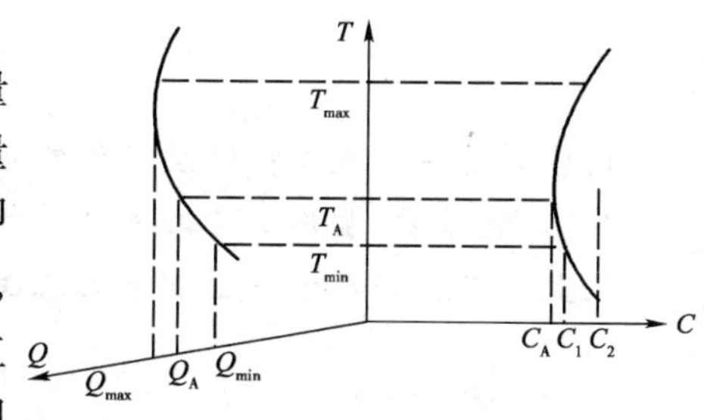

图 3-1-1 工期、质量、费用三者关系

第二节 监理工程师在进度监理中的职责与权限

监理工程师的职责与权限应严格按建设单位与监理单位签订的监理服务合同所授予的职权范围以及按建设单位和施工单位签订的合同文本明确规定的各项内容执行。

一、监理工程师在进度监理中的主要职责

根据《公路工程施工监理规范》(JTG G10—2006)的规定,监理工程师在工程进度监理方面的主要职责应包括下列内容:

(1)审批施工单位在工程开工前提交的总体施工进度计划、现金流动计划和总说明以及在各个施工阶段提交的各种详细进度计划和变更调整计划。

(2)审批施工单位根据项目总体施工进度计划编制的年度施工进度计划以及分解落实到一年中4个季度的施工进度计划。

(3)在施工过程中检查和监督进度计划的实施,力争控制实际进度与计划进度的偏差,使实际进度尽量按计划进度执行。

(4)当工程未能按计划进度执行时,应要求施工单位调整或修改进度计划,并通知施工单位采取必要的措施加快施工进度,使实际施工进度符合工程承包合同的工期要求。

(5)定期向建设单位报告工程进度情况,当施工进度可能导致合同工期严重延误时,有责任提出中止执行施工合同的详细报告,供建设单位采取措施或作出相应的决定。

二、监理工程师进度监理的权限

根据 FIDIC 合同条件和我国《公路工程施工监理规范》的要求,监理工程师在工程进度监

理过程中具有以下权限:

(1)审查施工进度计划的权限。当监理工程师认为施工进度计划不符合要求时,则要求施工单位修改,符合要求时应予以批准执行。

(2)监控工程进度执行的权限。当施工单位实施批准的施工进度计划时,监理工程师应监督检查施工进度执行情况,并控制实际进度与计划进度的偏差。

(3)施工单位无正当理由延期又不采取加快施工进度措施时,监理工程师有权向建设单位报告,由建设单位决策是否终止施工合同。

(4)根据实施控制的偏差情况发出实际进度快慢信息及施工现场计划调度指令。

(5)协调与进度有关的各单位,解决影响施工进度的各种问题,确保施工进度总目标的实现。

复习思考题

1.什么是进度监理?进度监理的作用和任务是什么?

2.工期、质量、费用三者的关系是什么?

3.监理工程师在进度监理中的主要职责

第二章　公路施工进度计划监理

公路工程项目进度计划是对工程实施过程进行监理的前提,没有进度计划,也就谈不上对工程项目的进度监理。因此,在工程开始施工之前,施工单位应按合同文件中的规定向监理工程师提交一份科学、合理的工程项目进度计划,报监理工程师审批。

第一节　进度计划的编制原则和依据

监理工程师应要求施工单位在合同规定的期限内编制并提交进度计划。监理工程师应按下述要求审核施工单位提交的进度计划是否符合编制原则,依据是否准确充分。

一份完整的进度计划,从施工单位角度讲是履约合同的保证、指导工程的依据,从监理工程师的职责看是控制进度、管理工期的凭证。所以,双方一开始就要对编制计划保持不断的信息交流。监理工程师要对计划编制提出要求,制定必要的规定,明确方法、确定内容,编制切实可行,既能符合合同,又能指导施工的进度计划。施工单位在接到中标通知书后,应认真阅读技术规范、设计图纸,并对现场的地形地物、征地拆迁等情况进行认真地调查研究,作好相关的施工组织设计,编制施工进度计划。

进度计划编制的原则为:必须贯彻合同条件及技术规范;真实、可靠并符合实际;清楚、明了便于管理;表明施工中的全部活动及其他的相关联系;反映施工组织及施工方法;充分使用人力和设备;预料可能的施工障碍及变化。

进度计划编制的依据为:

(1)施工中合同规定的合同工期、开工日期及竣工日期;

(2)投标书中确认的工程进度计划及施工方案;

(3)主要材料和设备的采购合同及供应计划;

(4)工程现场的环境及气候条件;

(5)施工人员的技术素质及设备能力;

(6)已建成的同类工程的实际进度及经济指标等。

进度计划还应有文字说明、进度图表和保证措施等。总体进度计划中宜绘制网络图,标注关键路线和时间参数。总体进度计划和月进度计划中应绘制资金流量S曲线图。

第二节　进度计划的阶段划分及内容

监理工程师在审核施工方提交的进度计划时,应关注其进度计划的阶段划分的合理性,可行性,以及各阶段的内容的全面性。

工程项目进度计划,根据工程项目实施的不同阶段,分别编制总体进度计划及年、月进度计划;对于某些起控制作用的关键工程项目(如桥梁、隧道、立体交叉等),还应单独编制工程进度计划。监理工程师应按下述要求进行上述各种计划的监控。

1.总体进度计划

工程项目的施工总进度计划是用来指导工程全局的,它是工程从开工一直到竣工为止,各个主要环节的总的进度安排,起着控制构成工程总体的各个单位工程或各个施工阶段工期的作用。因此,工程的总进度计划是监理工程师作为控制和协调工程总体进度的依据。监理工程师主要应审查下述内容是否符合要求。

(1)工程项目的合同工期;

(2)完成各单位工程及各施工阶段所需要的工期、最早开始和最迟结束的时间;

(3)各单位工程及各施工阶段需要完成的工程量及现金流动估算;

(4)各单位工程及各施工阶段所需配备的人力和机械数量;

(5)各单位工程或分部工程的施工方案和施工方法等。

总体进度计划的编制可以采用横道图、斜条图、进度曲线或网络计划图。现金流动估算表即与总体进度计划相应的进度曲线,通过现金流动估算表可以得到每月完成的工程费用额及已完成工程费用的累计。施工方案及方法等则可通过施工组织设计来反映。

2.年、月(季)进度计划

对于一个公路工程项目来说,仅有工程项目的总体进度计划对于工程的进度监理是不够的,尤其当工程项目比较大时,还需要编制年度和月(季)进度计划。年度进度计划要受工程总体进度计划的控制,而月(季)进度计划又受年度进度计划的控制。月(季)进度计划是年度进度计划实现的保证,而年度进度计划的实现,又保证了总体进度计划的实现。监理工程师在审核中要关注各种计划之间的关系及衔接的合理性,并应按下述要点进行审查:

(1)年度进度计划应包括主要内容

①统一安排全年内各正在施工或将要开工工程的施工,确定年度施工任务。

②确定各项年度生产指标,即在年度内要完成哪些单位工程、分部分项工程或部分完成哪些工程项目。

③根据年度季节、气候的不同,合理安排施工进度。

因此,监理工程师应注意在年度进度计划中反映出的下述内容是否合理、可行:

①本年计划完成的单位工程及施工阶段的工程项目内容、工程数量及投资指标;

②施工队伍和主要施工设备的数量及调配顺序;

③不同季节及气温条件下各项工程的时间安排;

④在总体进度计划下对各分项工程进行局部调整或修改的详细说明等。

在年度计划的安排过程中,应重点审核是否突出了组织顺序上的联系,如大型机械的转移顺序、主要施工队伍的转移顺序等。重点、大型、复杂、周期长、占劳动力和施工机械多的工程是否安排合理,对主要工种或经常处于短线状态的工种的施工任务是否安排合理,能使其连续作业。

在审核中要关注是否处理好了下列关系:一般工程受重点工程的制约,配套项目受主体项目的制约;下级计划受上级计划的制约,计划内短期安排受整个计划工期的制约。在调整计划时尽量不改变年度计划的指标,以便于考核计划的执行情况是否作了充分的考虑。

(2)月(季)度进度计划应包括的主要内容

①确定月(季)施工任务是否合理、可行,例如,本月(季)施工的工程项目,每项工程包括哪些内容,预计要完成到什么部位,工作量和工程量是多少,由谁来完成,相互间如何配合等等。

②指导施工作业,即施工顺序如何,是否合理、可行,相关的施工专业队伍如何实现流水作业等。

③进行月(季)施工各项指标的平衡、汇总,以便综合衡量完成的工程数量和工程投资,作为考核月(季)施工进度情况依据的措施与办法是否符合要求。

因此,监理工程师应注意在月(季)工程进度计划中反映下述内容是否合理、可行:

①本月(季)计划完成的分项工程内容及顺序安排;

②完成本月(季)及各分项工程的工程数量及投资额;

③完成各分项工程的施工队伍及人力和主要设备的配额;

④在年度计划下对各单位工程或分项工程进行局部调整或修改的详细说明等。

3.关键工程进度计划应包括的主要内容

关键工程进度计划,是指一个公路工程项目中起控制作用的关键工程,如某一桥梁工程、隧道工程或立体交叉工程的进度计划。由于关键工程的施工工期常常关系到整个工程项目施工总工期的长短,因此在施工进度计划的编制过程中将单独编制关键工程进度计划。

监理工程师应注意在关键工程进度计划中反映下述内容是否合理、可行:

①具体施工方案和施工方法;

②总体进度计划及各道工序的控制日期;

③现金流动估算;

④各施工阶段的人力和设备的配额及运转安排;

⑤施工准备及结束清场的时间安排;

⑥对总体进度计划及其他相关工程的控制、依赖关系和说明等。

第三节　进度计划的审批程序

施工单位在接到中标通知书之日后,在合同要求的时间内应向监理工程师提交一份其格式和细节符合合同要求的工程总进度计划,以取得监理工程师的批准。总体进度计划应由总监理工程师审核;月进度计划等应由驻地监理工程师审核并报总监办。经批准的进度计划作为进度监理的依据。

如果监理工程师提出要求,施工单位还应以书面形式提交一份有关施工单位为完成工程而建议采用的施工方案和施工方法的总说明,供监理工程师查阅。

(一)提交进度计划

在中标通知书发出后合同规定的时间内,监理工程师应要求施工单位书面提交以下文件:

(1)一份详细和格式符合要求的工程总体进度计划及必要的各项关键工程的进度计划;

(2)一份有关全部支付的现金流动估算:

(3)一份有关施工方案和施工方法的总说明(即通过施工组织设计提出)。

在将要开工以前或在开工以后合理的时间内,监理工程师应要求施工单位提交以下文件(即阶段性进度计划文件):

(1)年度进度计划及现金流动估算;

(2)月(季)度进度计划及现金流动估算;

(3)分项(或分部)工程的进度计划。

(二)审批进度计划

监理工程师在接到施工单位提交的工程进度计划之后,应对进度计划进行认真的审核,其目的是为了检查施工单位所制定的工程进度计划是否合理,有无可能实现,是否适合工程的实际条件和现场情况，避免以空洞的、不切实际的工程进度计划来指导施工。

1.进度计划的审查步骤

监理工程师应组织有关人员对施工单位提交的各项进度计划进行审查，并在合同规定或满足施工需要的合理时间内审查完毕。审查工作应按以下程序进行：

(1)阅读文件、列出问题、进行调查了解；

(2)提出问题，与施工单位进行讨论或澄清；

(3)对有问题的部分进行分析，向施工单位提出修改意见；

(4)审查批准施工单位修改后的进度计划。

2.监理工程师审查计划的主要内容

监理工程师在审查施工单位的工程进度计划时应注意下列事项：

(1)工期和时间安排的合理性

①施工单位提交的工程总进度计划的总工期必须符合工程项目的合同工期，即计划总工期应少于或等于合同工期。

②各施工阶段或单位工程(包括分部、分项工程)的施工顺序和时间安排与材料和设备的进场计划相协调；施工的开始时间和结束时间应合理，尽可能使施工对资源的要求趋于均衡。

③易受冰冻、低温、炎热、雨季等气候影响的工程应安排在适宜的时间，并应采取有效的预防和保护措施。

④对动员、清场、假日及天气影响的时间，应有充分的考虑并留有余地。

(2)施工准备的可靠性

①所需主要材料和设备的运送日期是否已有保证；

②主要骨干人员及施工队伍的进场日期是否已经落实；

③施工测量、材料检查及标准试验的工作是否已经安排；

④驻地建设、进场道路及供电、供水等是否已经解决或已有可靠的解决方案。

(3)计划目标与施工能力的适应性

①各阶段或单位工程计划完成的工程量及投资额应与施工单位的设备和人力实际状况相适应；

②各项施工方案和施工方法应与施工单位的施工经验和技术水平相适应；

③关键线路上的施工力量安排应与非关键线路上的施工力量安排相适应。

当监理工程师通过调查了解，落实了上述对工程进度计划有关的条件和因素并经过评价后，如确认施工单位为完成工程而提供的工程进度计划是合理的，而且计划切实可行，则应在合理的时间内同意施工单位的进度计划并通知施工单位可以按照计划安排施工。

3.监理工程师审批计划的权限

根据FIDIC通用条件第十四条规定，无论何时，如果监理工程师认为工程的实际进度不符合上述已同意的工程进度计划，则施工单位应根据监理工程师的要求拟定一份修订后的总进度计划，表明其对总进度计划所作的必要的修改，以保证在竣工期内完成本工程。

因此，如果监理工程师经过充分的分析和调查了解，认为施工单位所提交的工程进度计划与他自己实际的技术、装备能力不相适应，尤其是计划中关键线路上的工作安排不合理，则可以要求施工单位修订工程进度计划，并重新拟定一份工程进度计划，以取得监理工程师的批准。

监理工程师在批准了施工单位所提交的工程进度计划之后，应在第一次工地会议上提供有关监督控制工程进度计划方面的一整套报表和有关规定。同时为了保证工程进度计划的正常进行，监理工程师应经常根据有关影响工程进度方面的记录资料，分析工程进度方面存在的问题，随时掌握施工单位的工程进展情况。如果监理工程师根据评价的结果，认为工程或工程的任何部分进度过慢与进度计划不相符合时，应立即通知施工单位并要求施工单位采取监理工程师同意的必要措施加快进度，以确保工程按计划完成。

关于工程进度问题，监理工程师应注意以下几个要点：

(1)在施工单位无任何理由取得延长工期的情况下，如果监理工程师认为工程进度过慢，而不能按照进度计划预定的竣工期限完工时，监理工程师应将此情况通知施工单位，施工单位应采取措施加快工程进度，使工程在预定工期内完成。

(2)施工单位采用的加快工程进度的措施，必须经监理工程师同意。

(3)在这种情况下，施工单位采用一定措施加快工程进度时，无权要求支付任何附加费用。

(4)如果施工单位为了加快进度，认为有必要在夜间或当地公认的休息日施工，施工单位必须取得监理工程师的准许。

(5)施工单位无论采用何种加快进度的措施，涉及建设单位的附加监督费用应由施工单位负担。

根据上述有关进度的条款规定，监理工程师可以要求施工单位按照合同条件所规定的内容，在进度缓慢或者严重缓慢时采取相应的措施，以加快工程进度。倘若施工单位未能按照合同条件的规定执行监理工程师的指示，监理工程师有权公正地采取措施，以使施工单位按进度计划中预定的竣工日期完成工程。

如果施工单位无正当理由而拖延工期或工程已经严重延误，而施工单位又不为此采取必要的加快工程进度的措施时，监理工程师应慎重对待这一事实，并向建设单位报告，以便由建设单位来决定是否继续执行合同。

通常工程项目进度计划的审核工作由监理工程师负责进行，但对于工程较大且复杂时，工程进度计划审核工作的工作量将很大。一般的做法是监理工程师审核工程项目总进度计划；单项工程进度计划(或关键工程进度计划)的审核由单项工程驻地监理工程师进行，并向监理工程师负责。

在工程开工后，驻地监理工程师应建立单项工程的月、旬进度报表及进度控制图表，以便对分项施工的工程月、旬进度进行控制。其图表宜采用能直观反映工程实际进度的形式，如形象进度图等，以便随时掌握各专业分项施工的实际进度与计划进度间的差距。当这种差距出现时，驻地监理工程师应及时向施工单位发出工程进度缓慢信号，要求施工单位采取措施加快进度，同时应向监理工程师汇报并提供资料，供监理工程师对工程实际进展情况进行综合评价。如果施工单位实际施工进度确实影响到整个工程的完工日期，则应要求施工单位尽快调整工程进度计划。

经常有这样的情况，即引起工程进度延误的原因来自几个方面，这种情况下监理工程师应召开工地碰头会议，召集各方面负责人进行协调，以便解决工程进度受阻的问题。一般情况下，应规定这种工地会议的定期召开时间，使其形成一种制度。

第四节　进度监理的实施与调整

一、进度控制的概念

进度控制是指在既定的工期内，由施工单位编制出合理的工程施工进度计划，报经监理工程师审批后,施工单位按计划进行施工。在施工过程中,监理工程师经常检查施工实际进度情况,并将其与计划进度相比较。若出现偏差,应分析产生偏差的原因和对工程工期的影响程度,如采取一定的措施或要求施工单位加强进度管理、调整后续进度计划等。

进度控制、质量和费用、安全生产控制一样是工程施工监理的重点之一。监理工程师在进行进度控制时,要明确进度计划的不变是相对的,而进度计划的变是绝对的;平衡是相对的,不平衡是绝对的,实际进度与计划进度完全一致几乎不可能。作为监理人员,在施工监理过程中应分清主次,即密切关注关键工作,避免造成工作盲目和被动;多观察,多记录,尽快发现影响进度的不利因素,及时采取措施和对策。

二、进度监理的基本方法

(一)横道图法

1.横道图方法

横道图又称为甘特图(Gantt Chart),它是美国工程师亨利·甘特在第一次世界大战期间创造的一种生产进度表达方法。

横道图是以时间为横坐标,以各分项工程或施工工序为纵坐标,按一定的先后施工顺序和工艺流程,用带时间比例的水平横道线表示对应项目或工序持续时间的施工进度计划图表。

2.横道图的常用格式

横道图的常用格式,一般由两大部分组成:

(1)左面部分为主要表格,其内容应包括编号、工程名称(施工工序)、施工方法、工程量或工作量的单位及数量等。

(2)右面部分为指示图表,它是由左面的数据经计算得到的。在指示图表中用水平横道线条形象地表示出分项工程或施工工序的施工进度,其线条长度代表施工持续时间长短,线条的位置表示施工过程,线条上方的数字表示该项目所需的劳动力数量,有时也可采用不同线条符号表示施工作业班组或施工段。

上述横道图常用格式,结合某工程总体进度计划,绘制该项目施工进度横道图,如图 3-2-1

______合同总体工程进度计划横道图

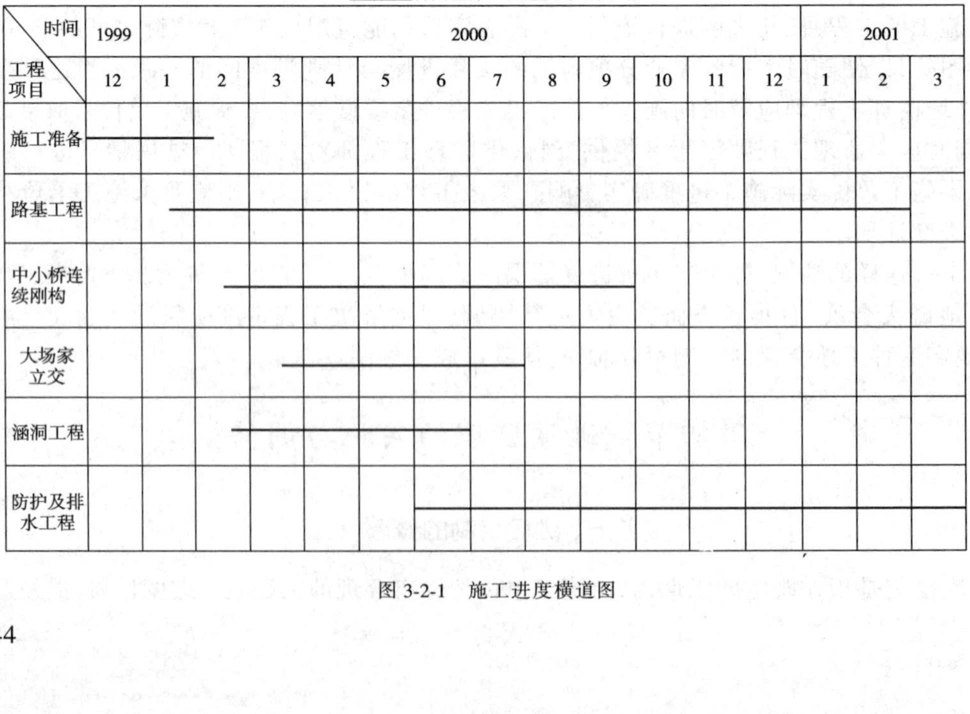

时间 \ 工程项目	1999	2000												2001		
	12	1	2	3	4	5	6	7	8	9	10	11	12	1	2	3
施工准备																
路基工程																
中小桥连续刚构																
大场家立交																
涵洞工程																
防护及排水工程																

图 3-2-1 施工进度横道图

所示。

由图 3-2-1 知，横道图可以方便地表达出施工计划的总工期和各分项工程或施工工序的持续时间，每项工作何时开始、何日完成一目了然，便于计算完成施工计划所需的劳动力、材料、机械设备及资金等各种资源用量。但是分项工程或施工工序之间的逻辑关系不明确，施工期限与地点关系无法表达，工程项目的分布情况不具体，无法寻找施工计划的潜力。

3.横道图的特点

横道图编制施工进度计划的优点为：简单、形象、明了、直观、易懂，且便于检查和计算资源用量。它的不足表现在：

(1)不容易看出工作之间的相互依赖、相互制约的关系，仅反映工作之间的前后衔接关系；

(2)无法反映工作的机动使用时间，反映不出关键工作及哪些工作决定总工期；

(3)不能实现定量分析，因而无法采用计算机计算；

(4)计划执行过程中实施计划偏离原计划时，只能进行局部简单的调整；

(5)无法进行施工组织及施工技术方案的比较与优化。

因此，横道图只适宜于编制集中性工程进度计划、材料供应计划或者简单的工程进度计划。

横道图作为一种施工进度监理的工具，它不仅可用于编制施工进度计划，而且还可用于工程进度实施中的监控。在进度计划实施中，在计划进度横道线下方同时标出各分项工程或施工工序的实际进度。根据实际进度与计划进度的比较，可对进度计划进行必要的修改与调整。

(二)S 曲线法

1.S 曲线

S 曲线即工程进度曲线，又称为现金流动曲线，因其曲线形状大致呈 S 形故而得名。

S 曲线是针对横道图监控工程进度时，计划进度与实际进度的比较只能在各个分项工程或工作(序)之间进行，无法对整个工程进度情况进行全局性的管理这一不足而提出的。S 曲线以工期为横轴，以累计完成的工程费用的百分比或累计完成的工程量的百分比为纵轴的图表化曲线。

2.S 曲线的形状特点

假设工程进度曲线用函数 $Q=f(T)$ 表示，则 $V=\mathrm{d}Q/\mathrm{d}T$ 表示工程在点 T 处的施工速度，也就是该点处曲线的切线方向即为曲线的斜率。

如果工程项目施工中投入相同数量的劳动力和施工机械，每天保持完成相等的工作量，则工程按相同的施工速度进行，工程进度曲线就是一条直线。这种情况在项目实际施工中很少出现。

一般情况下，项目施工初期应进行临时工程建设或做各项施工准备工作，劳动力和施工机械的投入逐渐增多，每天完成的工作量也逐渐增加，所以施工速度逐渐加快，即工程进度曲线的斜率逐渐增大，此阶段的曲线呈凹形；在项目施工稳定期间，施工机械和劳动力投入最大且保持不变时，若不出现意外作业时间损失，且施工效率正常，则每天完成的工作量大致相等，这时施工速度近似为常数，工程进度曲线的斜率几乎不变，故该阶段的曲线接近为直线；项目施工后期，主体工程项目已完成，剩下修理加工及清理现场等收尾工作，劳动力和施工机械逐渐退场，每天完成的工作量逐步减少，此时施工速度也逐步减小即工程进度曲线的斜率逐步减小,此阶段的曲线则为凸形。

由此可见,一般工程进度曲线大体上呈 S 形(图 3-2-2),所以该曲线又称为 S 曲线。

3.S 曲线在公路工程施工监理中的作用

由于 S 曲线是工程进度曲线也是现金流动曲线,所以它在公路工程施工进度及费用监理中均可应用,其作用如下:

(1)审批施工进度计划时,可用 S 曲线判断施工单位编制的施工进度计划是否合理。

合理的施工进度计划,其工程进度曲线的形状大致呈 S 形,劳动力、材料和施工机具设备供应及工程费用使用分配符合一般规律。反之,工程初期曲线不是凹形;或者施工稳定期间,曲线完全不是直线;或者工程后期曲线不呈凸形等均说明施工中资源调配违背了一般规律。上述任何一种不合理情况都应要求施工单位重新修订施工进度计划。

(2)监控施工进度计划实施阶段,进度控制可方便地利用 S 曲线评价实际进度情况属于正常、提前或滞后。在项目施工过程中,按规定时间将检查的实际完成情况,绘制在与计划 S 曲线同一张图上,比较两条 S 曲线可以得到如下信息:

①项目实际进度与计划进度比较,当实际工程进展点落在计划 S 曲线左侧则表示此时实际进度比计划进度超前;若落在其右侧,则表示拖后;若刚好落在其上,则表示二者一致。

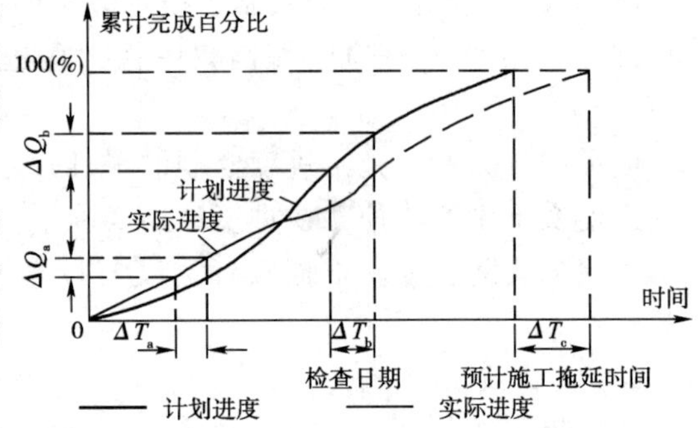

图 3-2-2 S 曲线比较图

②项目实际进度比计划进度超前或拖后的时间如图 3-2-2 所示,ΔT_a 表示 T_a 时刻实际进度超前的时间;ΔT_b 表示 T_b 时刻实际进度拖后的时间。

③项目实际进度比计划进度超额或拖欠的任务量,如图 3-2-2 所示,ΔQ_a 表示 T_a 时刻,超额完成的任务量;ΔQ_b 表示在 T_b 时刻,拖欠的任务量。

④预测工程进度,如图 3-2-2 所示,后期工程按原计划速度进行,则工期拖延预测值为 ΔT_c。

(3)S 曲线可用于工程费用监理中工程计量及费用支付的依据。

S 曲线是工程进度与累计完成的工程量或工作量(费用)的百分比图表化曲线,也是工程项目实施中进度与现金流动关系曲线。项目实施期间实际完成了多少工程量或工作量(工程费用),在实际进度曲线上一目了然,据此可方便地进行中期工程量的计量与支付。

4.进度管理曲线

在项目施工进度计划实施过程中,实际工程进度曲线将因施工条件及管理条件而变化,所以实际进度曲线往往与计划进度曲线不一致。如果二者的偏差太大时,将使工程陷入难以恢复的状态,因此应使实际进度始终处在一个安全的区域内,这样才能确保工程项目按时交工,为此用进度管理曲线规定这个安全区的范围。

进度管理曲线是工程进度曲线规定的允许界限线,它指出了施工进度允许偏差范围所应满足的进度曲线变动区域。虽然组织突击赶工也可以按期交工,但这样做将会影响工程质量和经济效益,而进度管理曲线指出的安全区,不是组织突击赶工,而是在保证工期、质量和经济性的条件下,施工进度曲线规定的允许变动范围。

美国加利福尼亚州公路分局对典型的 45 项工程绘制了进度曲线,根据对工程所经过的时间和完成工作量之间关系的调查研究结果，编制了作为公路工程的进度管理曲线，如图 3-2-3 所示。此进度管理曲线研究了每当时间经过 10%时完成工作量的变化范围。因为图形呈香蕉形状，所以被称为香蕉曲线。

从图 3-2-3 可以看出，根据香蕉曲线，当时间经过了 30%时，工程进度的容许安全区域为 16%～35%。如果实际进度曲线此时低于 16%，则表明工程进度处于危急状态，需要采取补救措施。进度管理曲线一般作为进度曲线的一种核对方法来使用，所以并不一定要求它有严密的准确性。

在绘制工程进度曲线及管理曲线时，应注意下列问题：

①首先应根据横道式工程进度图来绘制计划进度曲线，此曲线应位于进度管理曲线的允许界限以内。假如进度曲线偏离了允许界限，则一般来说此工程项目的进度计划安排的不够合理，此时需要将横道式工程进度计划图中的主体工程向左右移动进行调整。

②当计划进度曲线在进度管理曲线的允许界限内时，合理地调整工程初期和后期的进度，尽量使 S 曲线的中期，即正常工程进展阶段与允许界限的直线段相吻合。

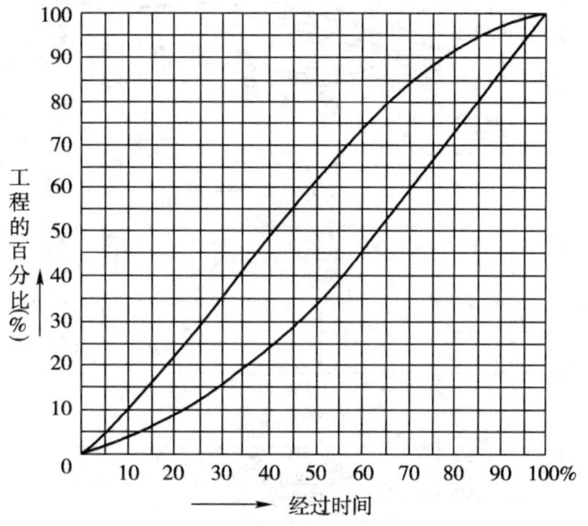

图 3-2-3　公路工程进度管理曲线

③由计划进度曲线的终点所引出的曲线的切线，表示工程进度危险的下限，所以应在这个界限内维持施工。假如实际进度曲线接近限界时，则需要立即采取补救措施。

④实际进度曲线超出香蕉曲线及其他管理曲线的下限时，表示工程拖延相当严重，此时不可避免地要进行突击赶工，因此，应研究突击赶工时控制投资和保证质量的措施。

使用工程进度曲线和进度管理曲线，能够把工程进度的偏差控制在适当的范围之内来进行计划和管理，可将它们作为判断工程全局进度情况的工具。但由于它们是建立在横道图的基础之上，因而仍不能弥补横道图所具有的缺点。

(三)斜条图法

1.斜条图

斜条图法又称为垂直图法或垂直坐标表示法。斜条图以纵坐标表示施工期限，横坐标表示里程或工程位置，而各分项工程或施工工序的施工进度则相应地以不同形式的斜条线表示。图 3-2-4 为某工程总体进度斜条图。

2.斜条图的特点

由图 3-2-4 可以看出，斜条图与横道图相似，它是横道图的另一种表示方法。在斜条图中各分项工程或施工工序的相互关系、施工紧凑程度及施工速度都十分清楚，工程的分布情况和施工日期清晰可见，从图中还可以直接找出任何时间各施工队伍所在的施工位置和应完成的工程数量。它与横道图相比，减少了横道图的以上不足，但它作为一种进度监理工具，仍然存在以下缺点：不能反映各项目或工作(工序)之间错综复杂的关系；不能确定工作的机动时间及其关键工作；不能使用电子计算机进行定量分析；计划的编制及修改的工作量较大；不能进行计划方案的比较及优选等。因此，斜条图法仅是编制道路、隧道等线形工程施工进度计划的一种较好形式。

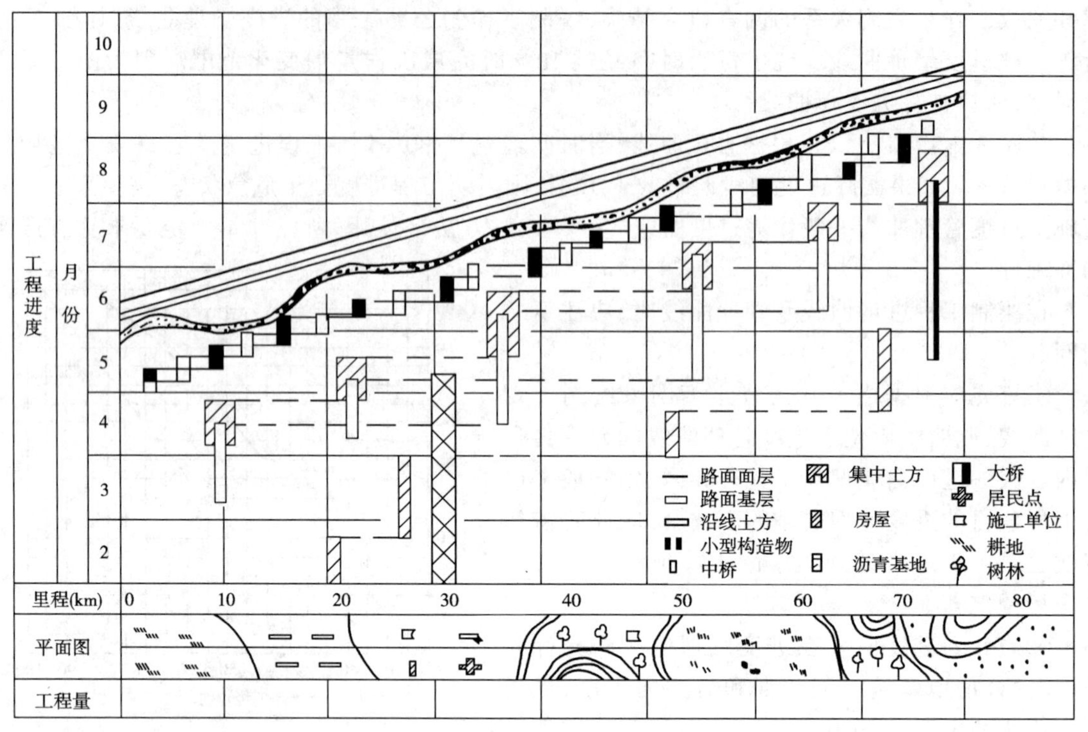

图 3-2-4 斜条式综合工程进度图

(四)网络计划图法(详见公路施工组织)

三、工程施工中的进度检查

(一)进度检查中涉及的有关概念

1.延误(Delay)

延误是指施工中实际进度与计划进度相比较的拖延或耽误,即进度偏差的不利一面。在工程施工过程中涉及延误时,往往是指某些正在施工的工作(或分项工程)的延误。所以在无限定词时的延误一般是泛指工作拖延或耽误,也可以是局部某一分项、分部、单位工程的拖延,而不是指整个工程项目或合同段。

2.工期(Project Duration)

工期原来是泛指完成一件事情所需的时间。事情可大可小,小到一个工作(或工序),大到一个工程项目或合同段。因此以前人们常将工作所需的时间称为工期(Duration),工程项目所需的时间也有人称为工期,一般情况下为了区别而称为总工期。但是目前工程界习惯将工作所需的时间称为工作持续时间,而将工程项目或合同段施工所需时间称为工期(Project Duration)。可参见 GB/T 13400.1—92 网络计划技术常用术语。因此,本章节内容为避免工期一词带来的混乱,在谈及工期时都表示工程项目或合同段所需的时间,即过去习惯的总工期。

3.工期拖延即延误工期(Fail to Comply with the Time for Completicn)

延误工期(或工期拖延)是指工程项目所需的时间超过计划或合同规定的竣工时间,简称为误期。误期是建设单位、监理单位、施工单位都不愿意发生的事件,进度控制的目标就是尽量避免误期的发生。因此误期这个词并不涉及造成误期的原因与责任,在 FIDIC 合同条件中既有施工单位原因造成误期的处理条款,也有非施工单位原因造成误期的处理条款。

(二)进度检查的方法

进度检查就是将实际进度与计划进度作对比,找出偏差。偏差不外乎有三种可能,实际与计划相比的提前、按时(正常)或拖延(延误)。在进度检查时所谈及的偏离往往是针对正在检查的内容即工作(或分项工程)。因此还应分析这些偏差对工程项目或合同段工期有何影响,即工程总体进度状况发展的趋势。

1.横道图法与S曲线法

工程进度表是反映每个月工程实际进度与计划进度的图表,它是横道图与S曲线的结合。图表中,用横道图反映每月相应各分项的计划量与实际量以及开、完工时间,用S曲线表示本月整个工程量实际值(实线表示)与计划值(虚线表示)的累加值对比。横道图中横线下方数值为计划完成量百分数(或累加百分数),上方为实际完成量百分数(或累加百分数)。参见图3-2-5,图表中其他数据项的关系为:

单项占合同价% = 单个细目合同金额(元)/合同总价 × 100%

单项完成% = 单(分)项的累加完成量(元)/合同数量(元) × 100%

= 横道图中各月实际量百分数的累加

完成占合同价% = 单(分)项的累加完成量(元)/合同总价 × 100%

工程进度表实现了横道图法与S曲线法的优势互补,取长补短,克服了横道图不便了解工程整体进度的弱点和S曲线无法了解各分项工程进度的弱点,所以工程进度表是监理工作进度控制的重要形式。从工程进度表中了解到工程进度的总体状况和各分项工程的情况;但对于工程进度中的具体问题,发生在哪些段落还得借助于细节横道图和网络计划图,特别是在处理是否给予延期问题时,用网络图最方便。

2.网络计划进度检查的计算方法

(1)网络图中工作的延误

前面已阐述了延误的概念,在检查时一般是指工作的实际时间与计划时间相比的拖延或耽误。在网络计划中,计划时间有最早和最迟两种,所以严格地说延误都是工作的实际时间与计划最早时间相比的拖延或耽误。这点对正确理解网络计划的进度检查尤为重要。

对以上延误的理解,可能有些人怀疑它的合理性,认为应该是与计划最迟时间相比的拖延或耽误,事实上这是对时间参数的误解。例如我们常说:“关键线路上任何工作(即关键工作)有延误,则一定会造成工期的拖延或增长,非关键工作的延误只要不超过其总时差就不会拖延或增长工期”。这句话说明延误是相对于最早时间相比而不是最迟时间,否则就成为不论关键与否任何延误都将造成工期拖延或增长。再例如,有一个工作(或工序),工作最早开始时间ES = 6,工作持续时间 $t = 8$,工作最早结束时间 EF = 14,而工作最迟结束时间 LF = 18。如果实际开工为6即按时开工,而实际工作持续时间用10d才完成该工作,我们习惯是认为该工作延误2d(拖延2d),这也说明6 + 10 = 16减去EF = 14得2是与最早时间相比,否则,要是与最迟时间相比,对这种情况却要认为是提前2d完成工作,岂不荒唐了。所以在网络图中进行进度比较时延误是与计划最早时间相比的拖延,对延误含义的正确理解有助于我们的进度检查。

(2)延误工期(工期拖延)

即前面提到工程项目工期的拖延或耽误,简称为误期。在网络计划中就是工作的实际时间与计划最迟时间相比的拖延或耽误,也等于工作延误减去其总时差。这是网络计划图的最显著优点,使计划管理人员能从局部的工作预计未来的工程全局。

在网络计划图中进行进度检查能做到一举两得。检查时,工作实际进度情况与计划最早

________合同工程进度表

施工单位：　　　　　　　　　　　　　　　　　　　　　　　　　合同号：C
监理单位：　　　　　2000 年 6 月 21 日至 2000 年 7 月 20 日　　　　　编　号：第 18 期

业主： 由 K10 + 900 至 K19 + 949　全长 9.049 公里	开工令日期：　时间延长：　个月 合同期限： 合同完成日期：　修改合同完成日期：	合同总价：97 586 730 元　工程变更：6 777 900 元 工程量清单金额：88 715 209 元　工程索赔：　元 暂定金额：8 871 521 元　估计最终金额：95 493 109 元

清单号	项目名称	合同金额	本项占清单总值%	本项完成%	每月计划与实际完成																														
					1998 年		1999 年												2000 年												2001 年				
					11	12	1	2	3	4	5	6	7	8	9	10	11	12	1	2	3	4	5	6	7	8	9	10	11	12	1	2	3	4	5
100 章	总则	1705578	1.92	100					100																										
									100																										
200 章	路基土石方	10559106	11.90	159.79	8.40	24.10	33.50		15.00	14.60	3.28	0.69	13.63	5.60	8.36	0.00	0.00	0.00	0.00	0.00	0.00	0.00	0.00	0.00	0.00										
					8.40	24.10	33.50		15.00	14.60	3.28	0.69	13.63	5.60	21.60	16.60	3.14	2.82	0.00	0.00	0.00	0.94	2.75	2.29	10.33										
300 章	路面工程	42266084	47.64	47.49									1.69	4.30	20.08	17.03	1.22	0.00	0.00	0.00	3.47	10.62	10.21	6.26	4.96										
													1.69	4.30	3.85	13.94	17.40	3.44	0.00	0.00	0.00	4.76	12.17	4.57	10.76										
400 章	桥梁结构工程	24174938	27.25	96.56	1.09	3.61	9.90		4.80	1.50	3.33	2.89	10.12	3.40	10.24	6.65	0.00	0.00	0.00	0.00	0.27	0.27	0.00	0.00	4.64										
					1.09	3.61	9.90		4.80	1.50	3.33	2.89	10.12	3.40	3.17	7.50	9.51	32.76	0.00	0.00	0.00	6.38	4.87	0.23	3.52										
600 章	排水与涵洞	2216012	2.50	50.1			1.93				5.95		24.22	5.87	3.74	0.00	0.00	0.00	0.00	0.00	0.00	0.00	0.00	0.00	0.00										
							1.93				5.95		24.22	5.87	4.83	2.00	1.58	1.74	0.00	0.00	0.00	10.26	31.88	0.00	0.45										
700 章	防护工程	7793491	8.78	80.42			4.27			0.83	2.78	5.99	53.13	4.14	6.61	0.00	0.00	0.00	0.00	0.00	0.00	8.43	8.43	0.02	0.00										
							4.27			0.83	2.78	5.99	53.13	4.14	19.91	0.03	2.26	5.58	0.00	0.00	0.00	3.15	4.55	0.74	1.55										
工程月					1	2	3	4	5	6	7	8	9	10	11	12	13	14	15	16	17	18	19	20	21	22	23	24	25	26	27	28	29	30	31
监理工程师收到日期 年　月　日		计划进度（%）	累计		1	5.55	12.86	12.86	17.98	20.29	22.86	25.23	34.73	38.88	52.93	62.85	63.44	63.44	63.44	63.44	65.94	70.94	79.94	85.94	90.94	94.54	97.54	100							
			月计		1	4.55	7.31	0.00	5.13	2.31	2.57	2.36	9.50	4.16	14.05	9.92	0.58	0.00	0.00	0.00	2.50	5.00	9.00	6.00	5.00	3.60	3.00	2.50							
		实际进度（%）	累计		1	5.55	12.86	12.86	17.98	20.29	22.86	25.23	34.73	38.89	15.96	56.68	68.20	79.63	79.63	79.63	79.63	84.39	93.04	95.62	103.08										
			月计		1	4.55	7.31	0.00	5.13	2.31	2.97	2.36	9.50	4.16	7.07	10.72	11.52	11.43	0.00	0.00	0.00	4.76	8.65	2.58	7.46										

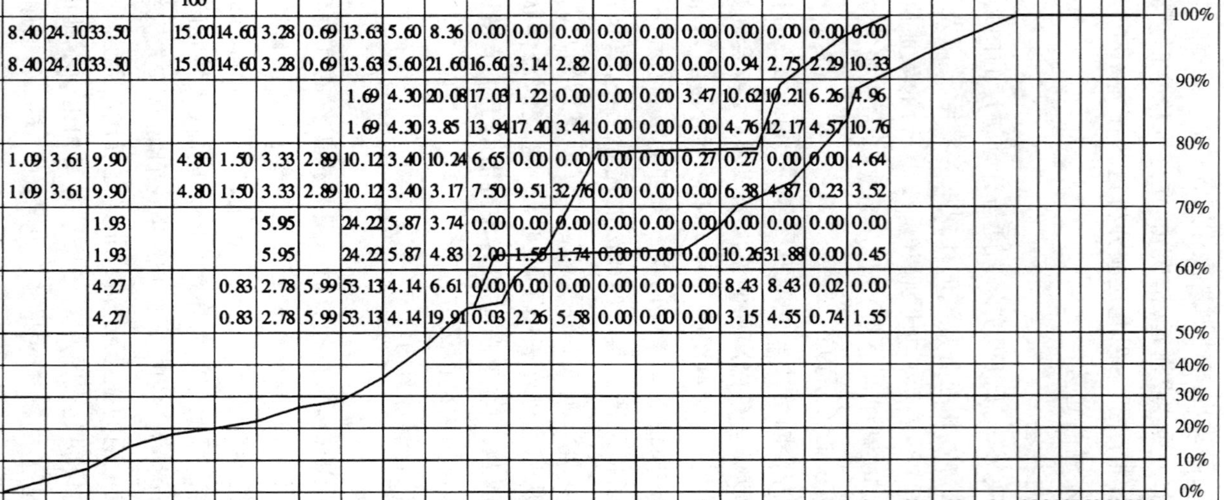

驻地工程师：　　　　计量工程师：　　　　项目经理：　　　　制表：

图 3-2-5

时间相比可了解到本身工作的进度状况，也了解了后续工作可能受到的影响，同时与计划最迟时间比可了解对工程项目工期的影响。用网络计划图进行进度检查，既全面又简单、快捷，真正做到了局部和全局都一目了然。

3.时标网络图进度检查的前锋线法

双代号时标网络图一般采用最早时间形式绘制。时标图很直观地表示工程各工作的最早开、完工时间和各工作的自由时差(局部时差)，但各工作的总时差必须通过自由时差反向逐个计算或从该工作往后看线路上各工作的自由时差之和的最小值来求得。

实际进度前锋线是网络计划技术中用时标图的形式动态反映工程实际进度，是工程施工动态管理的科学方法。实际进度前锋线形象地表示出某个时刻工程实际进度所到达的“前锋”，反映出工程实际执行状态以及与其计划的目标差(即偏差)。通过对前锋线形态变化的分析，发现计划执行中的问题，预测未来的进度状况和发展趋势，为计划的管理者以及监理工程师提供许多有用信息，揭示了解决问题的最佳途径，以指导管理者和监理工程师从实际出发有预见地采取有效措施，争取最佳经济效益。

(1)实际进度前锋线

实际进度前锋线是指计划实施过程中某一时刻正在施工的各工作实际进度到达的连线。它在时标网络图上，从检查时的时间线(或日期线)开始，自上而下依次连接正在施工的各工作实际到达点，通常形成一条折线。检查日一般认定为晚上收工时。

(2)实际进度前锋线的标定方法

绘制实际进度前锋线的关键是标定某时刻正施工的各工作的实际进度到达点。有以下两种标定方法。

①按已完成的实际工程量标定

当一项工作的工程确定后，其工作的持续时间与其工程量成正比，比值就是该工作的效率。以该工作的总工程量在计划持续时间内全部完成为假设前提，用已完成的实际工程量表示实际进度点。

$$\frac{\text{已完成工程量}}{\text{总工程量}}=\frac{\text{已施工的标定时间}}{\text{计划工作持续时间}} \tag{3-2-1}$$

标定时是从该工作的最早开始时间点起(即箭尾)，从左向右画在相应位置上。例如某土方工程，土方量为3000m^3，计划持续时间为21d，检查时已完成了1000m^3 土方，则该工作实际进度前锋点应在该箭线实线部分的1/3处或$1/3\times21=7$d处。

②按尚需时间来标定

在工程施工中，特别是公路工程施工，有些工作的持续时间难以用工程量来计算，只能根据经验或其他方法估算，所以无法获得已完成的工程量，只能凭经验估计尚需时间。另一方面，第一种标定方法没有考虑依照目前效率对本工作未完成部分进度的预测；用尚需时间表示就能反映出未完成部分的工作依照目前的实际效率施工的进度结果。尚需时间的标定方法是将计算或估算的尚需时间，从该工作最早结束时间点(即箭线中实线的末端)起，反向从右向左画在相应位置上。

当工作实际效率不等于计划效率，实际工程总量不等于计划总量时，尚需时间按下列过程进行计算。

目前的实际效率计算

$$\text{实际效率}=\frac{\text{已完成的工程量}}{\text{已施工的有效时间}} \tag{3-2-2}$$

已施工有效时间的计算

是指到检查时为止已施工的有效时间，即实际开工时间至检查时间再扣除该工作在施工中的停工时间(雨天)。

尚需时间的计算

$$尚需时间 = \frac{预计实际工程总量 - 已完成工程量}{目前实际效率} \tag{3-2-3a}$$

这里的尚需时间计算适用于在该工作的后续施工是连续地、均匀地按目前效率进行的情况。如果后续施工过程中可能由于气候原因有停工现象时，还应再加上停工时间。我们应注意到工程施工中的情况是复杂和多变的，这些方法只是相对准确，不可能也无必要绝对精确。例如，某土方工程，计划持续时间为10d，原计划工程量为3000m^3，已施工了7d时间，完成了1400m^3工程量，由于工程变更造成工程量增加了600m^3。该工作尚需多少时间完工？

$$效率 = 1400/7 = 200\ m^3/d$$

$$尚需日 = (3000 + 600 - 1400)/200 = 11d$$

对于实际与计划的效率和工程量差异不大时，尚需时间也可按下式计算：

$$尚需时间 = 计划持续时间 - 已施工时间 \tag{3-2-3b}$$

在工程施工中监理人员用前锋线进行进度检查，就必须要求施工单位在提交的报告中有反映进度的上述数据，而监理人员也应注意这些进度数据的收集和记录，以及影响进度的其他数据。具有了上述数据才能绘制出前锋线，才能对未来的施工进度做出预测。

(3)前锋线对工程进度描述的预测和评价

实际进度前锋线的功能之一就是对工程进度的描述。以检查时的日期线作为基线，若前锋线与工作的交点在日期线之前(右方)，则表示该工作比计划提前；若交点正好在检查日期线上，则表示该工作与计划相比按时；若交点在日期线之后(左边)，则表示该工作与计划相比延误。偏差值就是交点与日期线的差值。前锋线反映了正施工的各工作实际进度与计划进度的偏差。处于前锋线波峰的工作比相邻的工作进度快，处于前锋线波谷的工作比相邻的工作进度慢；但不能认为波峰的工作一定是提前，波谷的工作一定是延误。波峰和波谷是相对于相邻工作而言，而提前和延误是相对检查日期线而言。

例如图3-2-6中，从第5d晚上检查情况分析，E工作延误2d，F工作延误1d，B工作按时，I工作按时，K工作提前1d。此时的进度发展趋势，虽然关键工作B是按时，进度正常，但E工作延误2d过大，扣除其1d总时差后，E将造成工期拖延1d(2 - 1 = 1)，即误期1d。工作的总时差在时标图中如何计算，参见时标网络图部分或按下列式子计算。

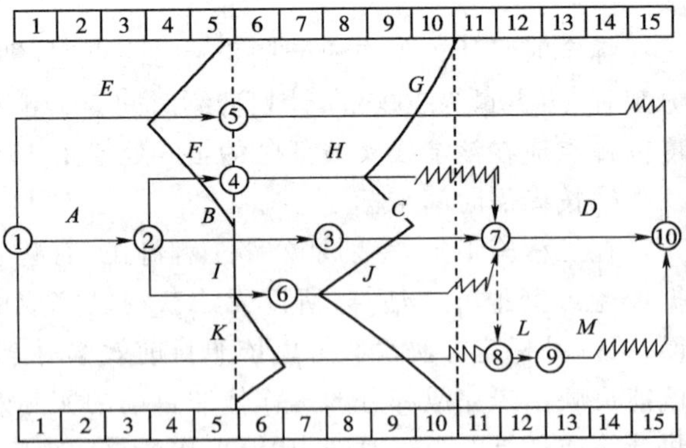

图 3-2-6

$$TF_{ij} = FF_{ij} + 后续线路中工作自由时差之和的最小值 \tag{3-2-4}$$

$$工作的误期值 = 工作的延误值 - 工作总时差 \tag{3-2-5}$$

$$工期影响 = \max\{工作误期值\}\begin{cases} < 0\ 工期提前 \\ = 0\ 按期 \\ > 0\ 延误工期 \end{cases} \tag{3-2-6}$$

根据前锋线提供的信息,就可以对后续的施工作出合理调整,加快引起误期的工作或其后续工作,即 E 或 G 工作。而对有较多机动时间的延误工作,如 F 工作,可暂不作处理。可抽调有较多机动时间工作的资源支持关键的工作,此时的 B 工作已经不再是关键,而 E 工作却变成关键。

第 10d 晚上检查结果见图 3-2-6,G 工作延误 1d,H 工作延误 2d,C 工作延误 1d,J 工作延误 3d,K 工作延误 1d。对工期有影响的有 2 个工作,C 工作误期 1d,J 工作误期 3d,所以工期将拖延 3d。要加强对 J 工作管理,分析延误原因采取措施,尽快使工程达到进度目标。从上述例子中也反映出工程进度控制是一个动态过程,网络计划技术最适合于动态管理。

在计划实施过程中,我们不仅可通过前锋线预测工程项目的总进度目标的情况,还可按照一定的时间间隔对计划的执行情况进行检查,通过依次画出不同时刻的实际进度前锋线进行进度预测。例如图 3-2-6 中,①—⑤—⑩这条线路的工程在加快进度,①—②—⑥—⑦—⑩这条线路的进度过于缓慢。可以用进度比指标来衡量。

$$进度比 = 线路上两前锋线的时间差 / 日期线差 \qquad (3\text{-}2\text{-}7)$$

进度比值大表示进度快,小表示进度慢,比值为 1 是基准,说明不快也不慢。通过现在时刻和过去时刻两条前锋线的分析比较,则可反映出过去和现在计划的执行情况,在一定范围内对计划未来的进度和变化趋势作出预测。

4.无时间坐标网络图的进度检查

用网络图来进行进度检查是进度控制中计划检查的最有效方法,也最简单。在检查时需记载实际进度情况,在网络图中有以下几种记录实际进度的方法。

(1)图上实际进度的记载

①各工作实际持续时间的记载

例如某工作,计划持续时间为 6d,而实际持续时间为 8d。记载方法见图 3-2-7 所示。

②各项工作实际开工和完工时间记载

例如某工作实际于 4 月 9 日开始,于 4 月 16 日结束,记载方法见图 3-2-8 所示。

③已完成工作的记载

如图 3-2-9,若 1 ~ 2 工作已经完成,则可在①和②节点内涂上不同颜色或用斜线表示。

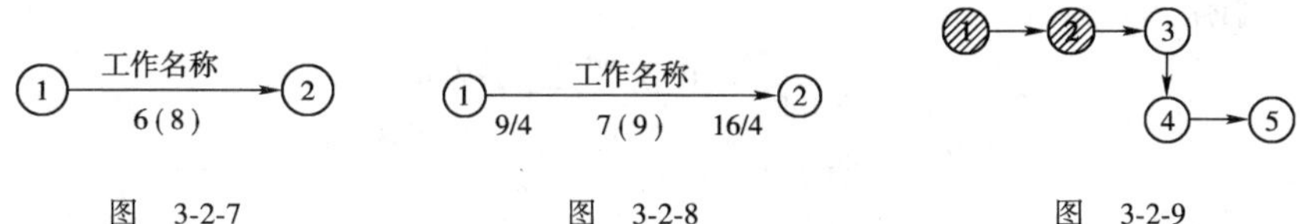

图 3-2-7　　图 3-2-8　　图 3-2-9

(2)无时间坐标网络图进度检查

无时间坐标的网络图进行进度检查,可用割线将正施工的各工作切到,通过列表计算,对这些工作的实际进度和计划进度进行比较和分析,找出进度偏差和工期影响程度以及对后续工作的影响。

①各工作延误的分析与计算

工作发生延误有两种可能性,一种是开工延误,另一种是工作持续时间增长。根据前面对延误的含义的理解:

$$开工延误 = 工作的实际开工 - 工作的计划最早开始(ES) \qquad (3\text{-}2\text{-}8)$$

$$工作持续时间增长 = 工作实际持续时间 - 计划持续时间(t) \qquad (3\text{-}2\text{-}9)$$

$$工作延误值 = 开工延误 + 工作持续时间增长$$

$$= 工作实际结束时间 - 计划最早结束(EF) \tag{3-2-10}$$

考虑到检查时某些工作正在施工，还未真正完工，将式(3-2-10)中的工作实际结束时间改为预计工作的实际结束时间，见下式。

$$工作延误 = 预计工作的实际结束 - 计划最早结束(EF) \tag{3-2-11}$$

式(3-2-11)中的预计工作的实际结束为：

$$预计工作的实际结束时间 = 检查日 + 尚需日 \tag{3-2-12}$$

检查日数值一般定为晚上收工的日期，如果是早晨检查则减 1d。尚需日可按时标网络图检查中尚需日的计算方法来计算或估算，见式(3-2-3)。

各工作进度偏差分析评价与判断

$$工作延误值\begin{cases}<0\ 说明该工作提前\\=0\ 说明该工作按时(正常)\\>0\ 说明该工作延误(拖延)\end{cases} \tag{3-2-13}$$

②各工作进度延误(偏差)对后续工作的影响

$$工作延误值 - 工作自由时差\begin{cases}\leqslant 0\ 不使后续工作推迟开工\\>0\ 推迟后续开工\end{cases} \tag{3-2-14}$$

我们只考虑延误是否对后续工作开工的影响问题。对于工作提前是否使后续工作开工提前的问题较复杂，要分多种情况讨论，因学时有限在此不作讨论。

③工期的影响计算和分析

工期的影响应通过正施工的各工作的误期值的计算来分析。工作的误期值就是工作单独对工期的影响。工期的影响则应比较各个工作单独影响工期的误期值，影响最大的误期值就是工程项目或合同段工期的影响。

$$工作的误期值 = 工作延误值 - 工作总时差 \tag{3-2-15}$$

将式(3-2-15)和总时差 = LF - EF 代入上式可得：

$$工作的误期值 = 预计工作的实际结束 - 计划最迟结束(LF)$$

工期影响判断

$$\max\left\{\begin{matrix}工作的\\误期值\end{matrix}\right\}\begin{cases}<0\ 说明工期提前\\=0\ 说明工程按期竣工\\>0\ 说明工期拖延\end{cases} \tag{3-2-16}$$

④割线列表计算的步骤和示例

用式(3-2-3)先确定出各工作检查时的尚需完成日；

用式(3-2-12)计算出各工作预计实际完成时间；

用式(3-2-11)计算各工作的延误值；

根据式(3-2-13)判断各工作延误情况；

用式(3-2-15)计算各工作的误期值；

用式(3-2-16)判断工程工期的影响；

用式(3-2-14)对有延误的工作判断其后工作开工的影响。

例：已知网络计划图如图 3-2-10 所示，第 13d 晚上进度检查 C 工作尚需 1d，C、D、E 工作的尚需日分别为 1d、4d、1d。用割线列表法进行进度检查与评价，结果见表 3-2-1。

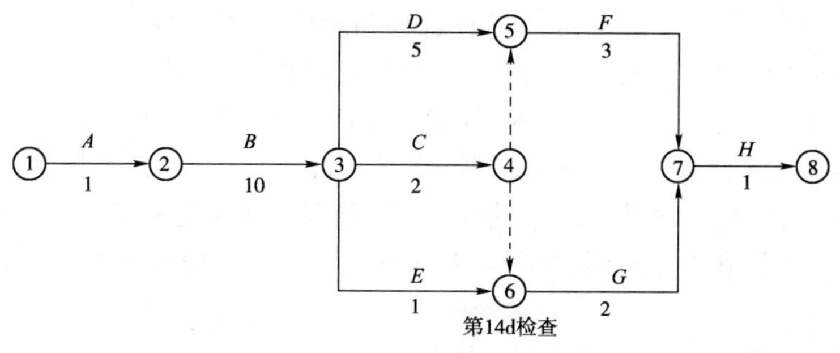

图 3-2-10

表 3-2-1

工作名称	检查时尚需日	预计实际完成	计划最早结束(EF)	工作延误值(3)-(4)	工作进度判断	计划最迟结束(LF)	工作误期值(3)-(7)	工期影响判断	工作自由时差	紧后工作影响(5)-(10)	紧后开工影响判断
(1)	(2)	(3)	(4)	(5)	(6)	(7)	(8)	(9)	(10)	(11)	(12)
C	1	14	13	1	延误 1d	16	-2	max{误期} = +1 工期将拖延 1d	0	1	推迟 1d
D	4	17	16	1	延误 1d	16	1		0	1	推迟 1d
E	1	14	12	2	延误 2d	17	-3		1	1	推迟 1d

四、进度计划的调整

(一)计划调整的必要性

由于公路工程施工过程中受外部各种因素的影响较多,其实际进度与计划进度发生偏离不可避免。进度拖延或耽误超过允许的正常范围,阶段工期和总工期目标难以实现,必须对进度计划进行调整。

进度计划的调整根据原因可分为:非施工单位责任和施工单位责任引起的计划进度调整。根据合同规定,非施工单位责任的进度滞后,工程工期应合理延长,具体延长的时间由监理工程师根据实际情况决定并报建设单位批准。这种调整实际是按新的合同工期要求重新编制进度计划。由于施工单位的原因造成的工程进度延误,或者虽然进度延误是非施工单位因素引起的,但建设单位不同意延长工期,在建设单位按合同给予施工单位相应补偿的前提下,工程仍按原合同工期完成,实际是在压缩原合同工期情况下的进度计划调整。施工单位为此要加大人员和设备的投入,调整有关工程的工作关系和作业方法,保证工程在合同规定的工期内完成。

(二)进度计划调整方法

调整进度计划主要是调整关键线路上的施工安排和为实现这一安排对所需要的技术、人力和物力的调整。

1.获得合理延期的进度计划调整

经批准延长工期的进度计划调整,是按新规定的工期,重新编制进度计划。应在已完成工程的基础上,针对造成分项或分部工程进度延误的实际情况对施工安排和措施进行调整。

2.压缩工期的进度计划调整

(1)调整单项工程计划、月计划、保证阶段计划和总体计划。

为保证阶段计划和总体计划的如期实现,在分析进度延误原因后,一般在重新确定有关工程的月度进度计划时,应在一定的时限内,补偿已经滞后(耽误)的工作量(或工程量),以及与其相关的人员、设备、材料和资金的投入计划,使施工能力适应调整工程进度计划的需要。

(2)为压缩工期,应用网络计划,使工期优化,以选择和确定能有效缩短工期、成本较低、工艺先进的关键工作项目和工作时间,并采取措施保证其顺利实施在人力、物力、资金等方面的需要。

(3)调整非关键线路,保证关键线路工程计划

经优化调整确定关键线路工程项目及所需的施工时间后,应视需要调整非关键路线工程,以集中力量保证关键线路工程的工期。具体的做法,可把有机动时间的非关键线路的机械、人员调整至关键线路的关键工序上,增开工作面,展开平行作业,缩短关键线路工程所用时间。

(4)调整关键工作的组织关系,把顺序作业改为平行施工作业或流水施工作业。

3.准确预测施工单位履约能力,及时果断地采取补救措施

1)预测施工单位履约能力,应考虑:

①施工单位施工管理能力与合同意识;

②施工过程中执行监理工程师提示、建议、指令的有效性;

③按调整计划调整施工组织、适时增加施工人员、机械设备、采备材料、改进工艺的可能性;

④预测施工单位实际可能采取的措施落实后的实际施工能力。

2)根据施工单位履约能力的预测,在调整计划中可考虑如下措施:

①施工单位有能力履约,措施到位,仍由原施工单位完成调整进度计划。

②施工单位承诺可以完成调整进度,但因为种种原因(如承建工程项目多,人员、设备无法保证准时到位等)无法保证措施落实。对此除仍由原施工单位完成调整计划外,应做临时增加其他施工单位参加施工的准备,完成预定的工期目标。如沥青路面施工时,由于设备能力等原因,施工单位可能无法完成调整计划,施工安排中应指令施工单位提供路基,路面施工由合同段的中部开始向两端延伸施工,以便为相邻合同段的施工单位帮助完成其计划提供条件等。

③施工单位虽已承诺,但实际已无力完成调整计划,应建议建设单位采取分包措施补救。

对施工单位的能力预测和采取补救措施,要充分考虑选择其他施工单位(包括相邻合同施工单位的支援)及其进场、备料、设备调运、安装、调试、试验段等施工准备所需时间和不利施工季节的影响,并按合同有关规定,与原施工单位协商,明确采取措施后的各方义务和风险。

4.施工单位无力履约引起进度滞后的补救

若施工单位的实际工程进度过慢,除另外有规定外,在接到监理工程师通知要求采取必要措施加快工程进度后14d内,施工单位未能采取加快工程进度的措施,致使实际工程进度进一步滞后,或施工单位虽采取了一些措施,仍无法按交工日期交工时,监理工程师应立即通知建设单位,并抄送施工单位。建设单位在向施工单位发出书面警告通知14d后,可按工程合同63.1款,终止对施工单位的雇佣,可将本合同工程的一部分工作交给其他施工单位或指定分包人完成,施工单位应承担因此所增加的一切费用。

五、进度监理中注意事项

(1)进度计划的执行和完成情况关系到施工投入、工程成本、投资效益等,施工单位和建设

单位的经济利益和社会效益，监理工程师在履行监理职责时必须严肃认真、公正负责。

（2）必须严格履行工程合同和监理服务协议授予的监理权限和义务，执行有关程序、时限等规定，按总监理工程师根据上述文件制定的监理工作管理程序、岗位分工、规范管理，开展工作，不越权和违规操作。

（3）进度监理，既要控制正在进行的施工进度计划的执行，还要切实掌握实际情况，详尽记录、分析影响进度计划执行的因素，预测可能发生或即将发生对工程进展的影响，向有关方面及时提示预防和解决。

（4）不经建设单位书面授权，不得要求或指令施工单位加速施工，压缩工期或赶工，也应避免监理工程师行为对施工单位可能造成类似要求的误解，以防范监理风险。

复习思考题

1. 编制进度计划的依据是什么？

2. 年度施工进度计划的作用和内容是什么？

3. 横道图的方法及其特点是什么？

4. S 曲线的概念及其形状特点是什么？

5. 某项目工程进度网络计划如下图所示，若合同工期为 110d，计划应如何调整？调整前和调整后如果工作(6,8)延长 29d 完成，总工期有何影响？

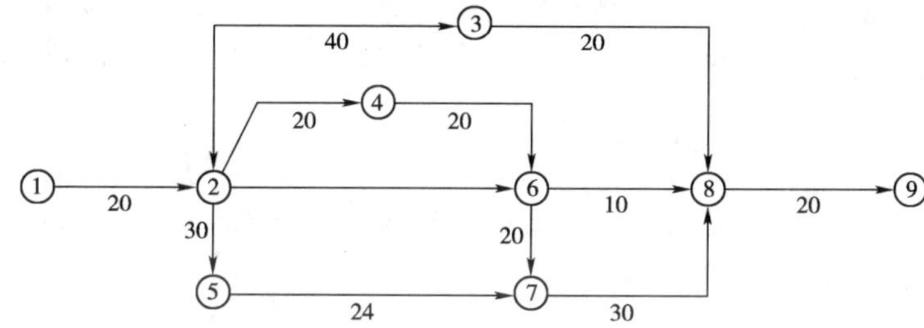

第四篇　工程费用监理

第一章　工 程 费 用

第一节　概　　述

1.工程费用概念

工程费用是指通过施工生产活动而形成的建筑安装工程所具备的价值或工程价值的货币表现。它是工程项目造价的主要组成部分和直接基础，工程费用由直接成本、间接成本和利润等部分组成。一般约占总造价的60%～80%左右，同时工程费用又分为预算工程费用和实际工程费用两类。

2.工程费用特点

工程费用具有以下特点：①预先定价；②以工程成本为基础；③主要由施工单位使用；④必须由监理工程师签认；⑤由建设单位支付等。

3.影响工程费用的因素

公路工程是一种线长而广，受各种自然因素和社会因素影响较多的工程项目。其施工活动必然会受到各种因素的干扰，进而使工程费用受到影响。影响工程费用的因素很多，归纳起来有如下几种：①设计因素；②施工因素；③合同因素；④社会因素；⑤自然因素；⑥监理因素；⑦建设单位管理因素。以上诸因素都是影响工程费用的关键性因素和决定性因素。

第二节　工程费用的预算种类及计算方法

(一)工程费用的预算种类

工程通常是一种按期货方式进行交换的商品，其造价在形成过程中要受商品经济规律与工程特点的支配。由于工程本身的特点及其进行监理的需要，便决定了要对其费用进行测算。凡施工前对工程费用所进行的测算均称作工程费用预算，按我国公路部门现行政策规定，费用预算可分为如下几种：

1.费用估算

费用估算是可行性研究中投资估算的主要部分，主要是为投资决策提供数量依据，应按照交通部的有关规定进行。

2.概算

概算又分为设计概算和修正概算两种。它们是国家确定基本建设总投资额，安排基本建设计划，控制基本建设投资及施工图预算和考核设计经济合理性的依据，应根据国家有关方针和政策、设计资料及《公路工程概算定额》和《公路基本建设工程概算、预算编制办法》等来编制。费用概算的内容主要是建安工程费及预留费两部分。

3.施工图预算

公路基本建设工程不论采用几个阶段设计，最后均应编制施工图预算。施工图预算是决定工程造价的具体文件，是考核施工图设计经济合理性的依据，对于按施工图预算承包的工程，它是签订建筑安装工程合同，实行建设单位和施工单位投资包干和办理工程结算的依据；对于进行施工招标的工程，施工图预算也是编制工程标底的依据。其中工程费用仍然由建安费和预留费两部分组成。

施工图预算必须以施工图图纸、说明书、施工组织设计(或施工方案)以及编制预算的法令性文件(如交通部颁发的《公路工程预算定额》、《公路基本建设工程概算、预算编制办法》、《公路工程机械台班费用定额》等)为依据。

4.施工预算

施工预算是施工单位进行成本控制与成本核算的依据，也是施工单位进行劳动组织与安排和进行工、料、机消耗控制的依据，对施工组织和施工起着极为重要的作用。它是施工单位从自身的角度对施工成本进行预算。同时，施工预算也是进行投标报价的基础。

5.标底

标底是直接对工程费用所作的一种预算，它由招标单位，以工程费用概、预算为基础，根据合同文件和工程量清单编制，基本上应是工程的社会平均价值。

6.报价

报价是与标底相对应的一种费用预算，它由投标单位按工程量清单与合同文件，根据自身的特点对工程费用进行预算。报价一旦中标，将直接构成合同价的内容并对施工过程起着严格的制约作用。

7.合同价

合同价是在施工单位报价的基础上，建设单位评标时对报价作过校核和错误修正后，通知施工单位并得到其同意的标价。可以说它是施工单位与建设单位共同对工程费用所作的预测，其准确性较前面几种要高，并对施工单位和建设单位双方都有法律性的约束作用，对工程施工过程中的各项费用起控制作用。

(二)工程费用的计算

公路工程费用由公路工程概预算总费用中的建筑安装工程费及预留费用的一部分组成，主要部分是建筑安装工程费。

根据现行的《公路基本建设工程概算、预算编制办法》的规定，建筑安装工程费用由直接费、间接费、计划利润、施工技术装备费和税金5部分组成。其中直接费的计算是关键和核心，其他4部分费用分别按规定的基数以各自的百分率计算取费。

1.直接费(直接成本)及其计算

直接费是指完成某一建设项目所直接消耗并体现在工程上的费用，即直接使生产资料发生转移而形成预定使用能力所投入的费用。它直接决定了工程费用乃至整个工程造价高低。它由人工费、材料费、施工机械使用费和其他直接费4部分构成。它本身取决于设计质量，施工方法，概、预算定额，工程所在地的人工工日单价，材料预算价格，机械台班单价以及其他直接费费率等因素。

1)人工费

人工费是指直接从事施工的工人和附属生产单位的人工工日数和工日单价相乘计算的费用。工程所需人工数由相应定额确定,工日单价由工程所在地决定。

2)材料费

材料费是指材料预算价格与工程所需材料数量的乘积,材料数量由定额确定,材料预算价格由材料供应价格、运杂费、场外运输损耗、采购及保管费组成。

$$材料预算价格 = (材料供应价格 + 运杂费) \times (1 + 场外运输损耗率) \times (1 + 采购及保管费率) - 包装品回收价值 \tag{4-1-1}$$

对于公路工程项目,材料预算价格组成中供销部门手续费和包装费及场外运输损耗,不是所有材料都会发生的。

(1)材料供应价格

公路工程对材料供应价格的划分为:外购材料、地方性材料、自采材料三种。

①外购材料。外购材料在计划经济条件下是指国家或地方统一分配的工业产品和其他工业产品(如钢材料、水泥、木材等)。按国营工业产品出厂价格计算,并根据情况加计供销部门手续费和包装费。如供应情况、交货条件不明确时,也可采用当地生产资料交易市场牌价和当地一定时期销售量与成交价格关系合理确定。如建设项目的外购材料按市场经济考虑时,则材料供应价格,应根据市场调查价格确定。

②地方性材料。地方性材料主要指砂、石、灰、砖、瓦等材料。按当地主管部门和当地物价管理部门规定的价格或实地调查价格确定。

③自采材料。自采材料是指施工单位为公路工程施工自行组织生产加工的砂、石等材料。自采材料的供应价格按预算定额中开采单价辅助生产现场经费确定。

(2)供销部门手续费

材料供销部门手续费是指材料不能向生产厂直接采购、订货供应,必须经过物资部门或供销部门供应时,按规定支付给物资部门或供销部门的附加手续费。供销部门手续费标准,应按国家规定计算。其计算式为:

$$供销部门手续费 = 原价 \times 供销部门手续费率 \tag{4-1-2}$$

或

$$供销部门手续费 = 材料净重 \times 供销部门手续费(元/吨) \tag{4-1-3}$$

(3)包装费

包装费是指为便于材料的运输或为保护材料免受损坏而进行包装所需要的费用,包括包装材料的折旧摊销及水运、陆运中的支撑、篷布摊销等费用。

凡由生产厂负责包装者,其包装费已计入材料原价内的。不再另行计算包装材料费,并应扣回包装器材的回收价值。

①包装器材的回收价值:如主管部门有规定者,应按规定计算。例如:公路工程概预算编制办法规定:桶装沥青、汽油、柴油按每吨摊销一个旧汽油桶计算包装费(不计回收)。如无规定时,可参考下列数据计算:

a.用木材制品包装者,以70%的回收量,按包装材料原价的20%计算。

b.用铁桶、铁皮、铁丝制品包装者,铁桶以95%,铁皮以50%,铁丝以20%的回收量,按包装材料原价的50%计算。

c.用纸皮、纤维品包装者,以60%的回收量,按包装材料原价的50%计算。

d.用草绳、草袋制品包装者,不计算回收价值。

②包装费已计入材料原价的,其包装材料回收值应从材料价格中扣除。包装器材残值回收计算公式为:

$$包装器材残值回收费=\frac{包装器材原值\times回收残值率}{包装器材标准容重} \quad (4\text{-}1\text{-}4)$$

③如用户自备周转使用包装容器的,按下列公式计算包装费:

$$包装费=\frac{包装材料原价\times(1-回收率\times回收残值率)+使用期维修费}{周转使用次数\times包装器材标准容量} \quad (4\text{-}1\text{-}5)$$

(4)运杂费

运杂费是指材料由来源地(供应点)起运至工地仓库(或存放材料的地方)止,全部运输过程中所支付的费用,包括车、船等的运输费、调车费、出入仓库费、装卸费,有时还应计囤存费及其他杂费(如过磅、标签、支撑加固等费用)。

①社会运输。社会运输运费的确定应根据公路工程分布情况、材料来源地、运输里程、运输方式、运输工具,并根据国家或地方规定的运输及装卸费标准计算。

②自办运输。自办运输是指施工企业根据公路建设项目所在地交通不便,社会运力缺乏的情况,结合本企业运输能力而组织主材料运输的一种运输方式。自办运输运费的确定应按公路工程概预算编制办法的规定进行:

a.30km以上的长途汽车运输,按当地交通部门规定的运价、装卸费标准计算。

b.30km以内的运输,允许单程在10~30km的汽车运输按当地交通部门规定的统一运价,另加50%计算运费。

c.10km及以内的汽车运输以及人力场外运输,按预算定额计算运费,其中人力装卸和运输另按工费价即辅助生产现场经费。

③运距的确定。公路工程建设不仅材料用量大,品种多,而且同一品种的材料可能来自若干个供应地点。同一品种的材料有若干个来源地,其运输费用可根据每个来源地的运输里程、运输方法和运价标准,采用价权平均的方法,先计算平均运距后,按平均运距计算运输费。

材料运距的终点应为工地的仓库或堆料场,当施工组织设计不能提供工地仓库和堆料场位置时,材料终点位置为:

a.路线工程为路线中心里程桩号;

b.一种材料如有两个以上供应点时,应根据不同运距加权平均计算运距;

c.大中桥或独立桥梁工程为桥梁中心桩号。

(5)场外运输损耗

场外运输损耗是指有些材料在正常的运输过程中会发生损耗,这部分损耗应摊入材料预算单价内。可按材料场外运输操作损耗率表进行确定,损耗率表见《公路基本建设工程概算、预算编制办法》。

(6)采购及保管费

采购及保管费是指材料供应部门(包括工地仓库以上各级材料管理部门)在组织采购、供应和保管材料过程中所需的各项费用,包括工地仓库的材料储存损耗费用。

材料采购管理费,以材料的供应价格加运杂费及场外运输损耗的合计为基数,乘以采购保管费率计算。材料的采购保管费率为2.5%。

外购的构件、成品及半成品的预算价格,其计算方法与材料相同,但设备、构件(如外购的钢梁、钢筋混凝土构件及加工钢材等半成品)的采购保管费率为1%。

3)施工机械使用费

施工机械使用费是指列入概、预算定额的施工机械台班数量按相应机械台班费用定额计算的施工机械使用费和小型机具使用费。

$$\begin{matrix}\text{施工机械}\\\text{使用费}\end{matrix}=\sum\left(\begin{matrix}\text{概、预算定额}\\\text{机械台班数量}\end{matrix}\times\begin{matrix}\text{机械台班}\\\text{预算单价}\end{matrix}+\begin{matrix}\text{小型机具}\\\text{使用费}\end{matrix}\right) \tag{4-1-6}$$

施工机械台班预算单价由不变费用和可变费用组成,应按交通部公布的《公路工程机械台班费用定额》计算。机械台班费中的 不变费用包括折旧费、大修理费、经常维修费、安装拆卸及辅助设施费,可变费用包括机上人员的人工费、动力燃料费、养路费和车船使用税。

确定机械台班单价时,随机操作人员数及动力物资消耗量应以机械台班定额中的数值为准。工资标准按《公路基本建设工程概算、预算编制办法》的规定计算。工程船舶和潜水设备的工日单价,按当地有关部门规定计算。

动力燃料费按当地的动力物资的工地预算价格计算。

养路费及车船使用税,如需缴纳时,应根据各省、自治区、直辖市及国务院有关部门的规定标准,按机械的年工作台班计算台班费中。公式如下:

$$\begin{matrix}\text{台班养路计}\\\text{车船使用税}\end{matrix}=\begin{matrix}\text{载质量或}\\\text{核定吨位}\end{matrix}\times\frac{\begin{matrix}\text{养路费}\\\text{(元)}\end{matrix}\times 12+\begin{matrix}\text{车船使用税}\\\text{(元/吨年)}\end{matrix}}{\text{年工作台班}} \tag{4-1-7}$$

年工作台班可按以下数值计算:

(1)沥青洒布车、汽车式画线车　150台班

(2)平板拖车组　160台班

(3)机动翻斗车、载货汽车　220台班

(4)液态沥青运输车、散装水泥运输车

混凝土输送泵车、自卸汽车、运油汽车　200台班

洒水汽车、内燃拖轮等

(5)工程驳船　230台班

4)其他直接费

其他直接费是指直接费以外施工过程中发生的直接用于工程的费用。公路工程施工中包括冬(雨)季施工增加费、夜间施工增加费、高原地区施工增加费、沿海地区工程施工增加费、行车干扰工程施工增加费、施工辅助费等7项。施工现场的水、电费及因场地狭小等特殊情况而发生的材料二次运费等其他直接费已包括在概、预算定额中,不再另计。

5)现场经费

(1)临时设施费

临时设施费与临时工程的划分:在公路工程定额中列有临时工程定额,以计算临时工程的费用(有的部分称大型临时设施),这是公路工程不同于一般工业和民用建筑工程的地方。为使临时设施费所包括的生活与生产房屋及规定范围内的道路、水、电、管线等内容,与临时工程所包括的内容不发生交叉,可参照公路工程施工现场设施、临时工程、临时设施划分表进行。

$$\text{临时设施费}=\text{各类工程定额直接费之和}\times\text{相应工程的临时设施费费率} \tag{4-1-8}$$

(2)现场管理费

现场管理费包括基本管理费和其他单项费用。单项费用为主副食运费补贴、职工探亲路费、职工取暖补贴、工地转移费 4 项。

计算方法为：以各类工程的定额直接费之和为基数，分别乘以各费用项目的相应费率。

2.间接费及其计算

间接费指为完成组织和管理工程施工任务而发生的费用，由施工企业完成工程所共同使用的开支。间接费由施工管理费和其他间接费组成。

施工管理费包括基本费用和其他单项费用，具体由工作人员工资及其附加费、劳动保护费、行政办公费、差旅费、职工培训费、流动资金贷款利息、投标费、合同公证费、上级管理费、印花税等组成。

间接费以定额直接费为基数，按工程类别和工程所在地的特点，套用间接费定额率计算。

3.施工技术装备费

施工技术装备费直接列入企业资本公积金。该项费用的计算方法为：

$$\text{施工技术装备费} = (\text{定额直接费} + \text{间接费}) \times \text{施工技术装备费费率} \tag{4-1-9}$$

4.计划利润

计划利润计算方法为：

$$\text{计划利润} = (\text{定额直接费} + \text{间接费}) \times \text{计划利润费率} \tag{4-1-10}$$

5.税金

税金按《中华人民共和国营业税暂行条例》及财政部《关于对国营建筑安装企业承包工程的收入恢复征收营业税的通知》等文件规定，以直接工程费、间接费、计划利润 3 项之和为基数计算。公路概预算编制办法对税金的计算规定为：

$$\text{综合税金额} = (\text{直接工程费} + \text{间接费} + \text{计划利润}) \times \text{综合税率} \tag{4-1-11}$$

$$\text{综合税率} = \frac{1}{1 - \text{营业税税率} \times \left(1 + \text{城市维护建设税税率} + \text{教育费附加税税率}\right)} - 1 \tag{4-1-12}$$

第三节　工程费用的监理

(一)工程费用监理的目的及意义

工程费用监理的实质是使建设项目的实际总投资不超过该项目的计划投资额(合同价)，并在保证质量、工期、安全和环境保护条件下减少投资，还应确保资金使用合理，使资金和资源得到最有效的利用，以期获得最佳投资效益。具体说，费用监理的目的和作用是发现和减少偏差。费用监理的偏差有两个方面：①工程施工的实际耗费同合同价的偏差；②工程费用的计量与估价是否符合合同的要求和精神。

工程费用监理具有十分重要的意义，包括以下几个方面：

(1)可以促进建设单位筹集资金，偿还贷款；还可以促使施工单位实行内部管理体制改革，降低成本，提高劳动生产率，达到加快施工进度、提高工程质量，优质高效完成工程项目的目的。

(2)给施工单位引进了竞争机制，也为建设单位改善了投资环境，实现了投资监督，使资金变为有偿使用。

(3)工程费用监理是集技术、经济与管理于一体的综合性工作。

(4)可造就一批既懂技术,又懂经济和管理知识的专门人才。

(二)工程费用监理的原则及其方法

1.工程费用监理的要求

监理工程师应时刻注意工程的进展情况,及时收集各种信息,了解工程费用的实际值与合同价的差异,判断并分析偏差的原因是什么?偏差值是否在允许范围内?以及采取什么样的措施来处理偏差等。

监理工程师在进行工程费用监理时可以采取指导、限制和监督等方面进行费用调节。即指示和引导施工单位如何达到目标;对不符合合同要求的工程不予计量支付;对不正当的行为和支出进行纠正,对发出的监理指令进行督促和检查等。

2.工程费用监理的原则

(1)政策性原则。工程费用监理是一项政策性、法律性、经济性和技术性很强的工作,必须严格遵守国家法律和有关制度,正确处理国家全局和工程局部利益的关系。

(2)合同原则。工程承包合同一方面综合体现了国家的经济政策、基本建设管理制度及法规,另一方面也全面概括了工程设计的意图及其要求,同时还综合考虑了工程施工中的各种因素,因此,合同是关于工程施工的综合性文件。监理工程师应以合同为依据,按其基本精神和要求进行费用监理,保证每一笔工程费用的支付都符合合同的原则和要求。

(3)公正原则。监理工程师在工程费用监理中,应实事求是、客观公正、认真负责地做好每一项工作。尤其是当施工中发生工程变更、工程费用索赔和各种特殊风险时,更应独立而公正地作出判断及对其进行合理估价,使施工单位和建设单位的货币收支行为趋于准确和合理。

(4)责、权、利相结合的原则。工程费用监理的目标不是使工程实际支付的费用少于合同价,而是让实际支付的工程费用更趋合理,且符合合同的要求。这就需要费用监理的责、权、利高度结合,即让监理工程师职责明确,权利适当,利益合理。这样搞好工程费用监理,可以充分调动他们的积极性。

3.工程费用监理的方法

从时间角度出发,工程费用监理的 方法有以下三种:①事前主动监理;②施工过程中跟踪监理;③事后反馈监理。

(三)工程费用监理的职责和权限

1.工程计量中的职责与权限

监理工程师对工程费用的监理,是通过工程计量和支付工程费用两个环节来实施的。工程计量的范围不仅包括对工程量清单中已列的工程细目的实际工程量进行测定,也包括对施工过程中所有与费用支付有关的工作内容的准确记录,如恶劣天气、停工对施工单位的实际影响等。为了准确测定施工工程实际工程量的大小,监理工程师必须拥有相应的计量权力。在合同通用条件中,对监理工程师在工程计量中拥有的职责和权限作了十分具体的规定。

1)计量的职责

公路工程的承包合同一般采用的是单价合同,而工程量清单(报价单)中的工程数量,又仅是一种按设计图纸估算的工程量。每一工程细目竣工后的实际工程量需由监理工程师按技术规范中有关的计量规定在现场进行计量,并对计量结果加以确认。所以,计量就是按合同有关规定准确测定已完工工程的实际工程量,且是监理工程师的一项基本职责。

2)计量的权力

在一般的承包合同中,都明确规定计量工作由监理工程师负责,且无论采用何种方式计量,而最终确认工程量多少的权力均归监理工程师。同时,监理工程师有权审查和核实施工单位的计量记录,删除那些不合理的部分。即删除那些工程的质量虽然合格,但没有按工程量清单、技术规范及通用条件中关于计量规则和计量方法进行的计量;或大多数工程合格,但其中含有不合格的部分等。

3)权力的限制

工程计量直接关系到付款,涉及到建设单位和施工单位双方的直接经济利益,监理工程师对计量又具有最终确认权,其权力是很大的。虽然在合同文件中没有对监理工程师的计量权力加以具体限制,但合同对监理工程师的工作原则都进行了限定。即他不得损害建设单位的利益,必须公正独立地进行工作,认真地尽职和行使职权,这些原则无形地对监理工程师的计量权力起到了约束和限制的作用;同时,政府机关亦可按有关法律对监理工程师的工作进行监督,从而由另一个方面对其权力加以制约;此处,合同通用条件第56条在赋予监理工程师计量权力的同时,亦对这种权力的应用给予了相应的约束。

2.工程费用支付中的职责与权限

工程费用支付是工程费用监理的最后一个环节,同时亦是监理工程师进行合同管理的最后一个环节,是最终落实建设单位和施工单位经济利益的关键工作,也是确认实际工程费用的过程和工作。在施工合同条件中,监理工程师对工程费用支付的职责条款同时也是其权限条款。

1)工程费用支付的职责

(1)定期审核施工单位的所有付款要求,并为建设单位提供付款凭证,保证建设单位对施工单位的支付公平合理。

(2)按时代施工单位向建设单位提供付款证明,使施工单位能及时获得各种应收的款项。

进行审核和开具付款证书是监理工程师在费用支付中的主要职责,但这种审核必须按合同文件规定的原则和要求来进行,既为建设单位的每一笔资金支出把好关,也使施工单位应得到的经济利益得到维护。

2)工程费用支付中的权限

监理工程师在工程费用支付中的权限,内容很广,通用条件的全部条款几乎都和工程费用的支付有关,而每一支付条款都给与了监理工程师相应的权限,现归纳如下:

(1)审查、签发中期支付证书及合同终止后任何款项的支付证书。

(2)对不符合技术规范和合同文件要求的工程细目和施工活动,有权暂拒支付,直至上述工程细目和施工活动达到要求。

(3)合同价格调整的权力。在合同执行期间,由于后续法律、法令、法规等使用而使工程费用产生增减,或者由于资源价格的涨落而引起工程费用的变化,监理工程师均须与建设单位和施工单位协商,以确定新的合同价格;此外,当实际支付的总价与合同总价相差悬殊时,亦应对合同价格进行调整。

(4)其他有关支付方面的权力,如确定变更的单价、确认索赔金额、下令使用计日工、动用暂定金额,关于紧急补救及保留金支付等方面的权力。

复习思考题

1.工程费用有哪些特点？其费用由哪几部分组成？

2.影响工程费用的因素有哪些？

3.工程费用预算的种类有哪些？

4.工程费用监理有哪些原则和方法？

5.监理工程师在工程计量中的职责和权限有哪些？

6.监理工程师在工程支付中的职责和权限是什么？

第二章　工程量清单的内容

第一节　工程量清单的概念与内容

一、工程量清单的概念

工程量清单又叫工程数量清单，是招标单位按一定的原则将招标工程进行分解，以明确工程的内容和范围，并将上述内容数量化，且以表格形式表述的文件。工程量清单是招标文件的重要组成部分；当由投标人填上单价后，即成为标价的工程量清单（报价单）；中标的报价单即是工程费用支付时作价的直接基础。

实质上，工程量清单是一个工程项目表，常以每一个体工程为对象，按分部分项列出其工程数量，反映出该工程项目的主要内容和预算数量。

二、工程量清单的内容

工程量清单的内容包括：前言、工程细目、计日工明细表、工程量清单和工程量清单汇总表5个部分。

1.前言

前言主要说明工程细目的包容程度及费用依据，阐明编制工程量清单时已经采用的计算方法，以及这种计算方法是否将继续用于实际工程的计量。同时，前言还应说明单价所包含的内容和范围，并要求工程量清单必须和其他文件共同阅读和理解；在前言中，亦强调指出工程量清单中各细目工程数量的性质估算量，达到提醒投标人投标报价及将来施工计量支付时计量人员注意的目的。全面内容请参阅《公路工程国内招标文件范本》（以下简称《范本》）。

一般在前言中均规定：无论数量是否标出，在工程量清单中的每一细目均需填上单价，否则，没填单价的细目将被视为已分摊到其他细目的单价之中，那些符合合同规定的工作若没有列细目，亦视其费用已经分摊到有关细目的单价之中。

2.工程细目

工程细目又叫做分项清单表，是招标工程中各个工程细目的工程数量单位及单价数额的排列。各工程细目应分章编列，以便将不同性质、不同位置、不同的施工阶段或其他性质不同的工程加以区别。工程细目可根据工程的具体情况分为不同的章、节、目，现以表4-2-1为例，对章、节、目的整体联系和具体内容加以说明。

3.计日工明细表

一般包括：总则、计日工劳务、计日工材料、计日工施工机械、计日工汇总表4个方面的内容，并且由相应的计日工劳务单价表、计日工材料单价表、计日工施工机械单价表和计日工汇总表等4个表组成。其各表格式请参见《范本》。

4.专项暂定金额汇总表

“暂定金额”是指包括同之内,并在工程量清单中以“暂定金额”名称标明的一项金额。其设置是为了:

路 基 土 石 方

合同段　　　　货币单位:人民币　　　　表 4-2-1

编　号	项目名称	单位	数量	单价	总额
202-1	清除与掘除				
202-1.1	清理草皮及表土	m^2			
202-1.2	掘除树根	棵			
202-1.3	砍伐树木	棵			
202-2	拆除旧路面				
202-2.1	碎(砾)石土路面				
202-2.2	沥青混凝土路面	m^2			
202-2.3	沥青表处路面	m^2			
202-2.4	……				
202-3	拆除结构物				
202-3.1	钢筋混凝土结构	m^3			
202-3.2	混凝土结构	m^3			
202-3.3	砖、石、及其他砌体结构	m^3			
202-4	……				
203-1	挖方				
203-1.1	挖土	m^3			
203-1.2	挖石	m^3			
203-1.31	弃方超运	$m^3\cdot km$			
203-2	填方				
203-2.1	利用土填方	m^3			
203-2.2	利用石填方	m^3			
203-2.3	借土填方	m^3			
203-2.4	填方超运	$m^3\cdot km$			

(1)实施本工程中尚未以图纸最后确定其具体的细节或某一工程的部分或在施工过程中可能增加的工程细目或支付细目。如大桥荷载试验,或可能增加的一个匝道的收费亭等,而这些细目或附属、零星工程在招标时,尚未能肯定下来,可列为专项暂定资金。

(2)为了专项工程施工或供货、供材、供设备而由特殊的分包人或供货人提供专项服务(如铁路分离立交)。

(3)留作不可预见的费用,或用于计日工(如有规定,见《范本》第三卷第七篇工程量清单A,说明之12条)。

除合同另外有规定外,专项暂定金额汇总表见表4-2-2。

专项暂定金额汇总表　　　　表 4-2-2

清单编号	细　目　号	名　　称	估计金额(元)
400	401-1	桥梁荷载试验	60000
……	……	……	……
……	……	……	……

5.工程量清单汇总表

本表是对分项清单的汇总,包含着由各个工程量清单以章结转过来的内容,同时还列有考虑计日工、工程意外和价格意外等的暂定金额,详见表4-2-3。

工程量清单汇总表 表4-2-3

序号	章次	科目名称	金额(人民币元)
1	第100章	总则	
2	第200章	路基	
3	第300章	路面	
4	第400章	桥梁、涵洞	
5	第500章	隧道	
6	第600章	安全设施及预埋管线	
7	第700章	绿化及环境保护	
8	第100章至700章清单合计		
9	已包含在清单合计中的专项暂定金额小计		
10	清单合计减去专项暂定金额(即8-9=10)		
11	计日工合计		
12	不可预见费(暂定金额)		
13	投标价(8+11+12)=13		

第二节 工程量清单的使用与变动

一、工程量清单的使用

工程量清单在使用前,应先弄清楚所列的工程量清单栏目的形式,然后再根据需要加以使用。规范6.1.2条,列明了5类工程量清单的栏目形式,下面分别说明其使用方法。

1.有具体工程单位的清单栏目

此类清单栏目主要是用于工程的计量与支付。由于工程量清单栏目都有具体的工程单位(如以“t”“m^2”等物理单位来表示构件的质量和结构的面积;以“道”表示涵洞数量与通道,以“座”表示加油站数量等),其单价和数量又基本稳定,则监理工程师必须按工程量清单标明的单价和实际计量的工程数量办理。但是,当实际施工完成的工程量与工程量清单给定的数量有出入,即工程数量有自然增减,若其自然增减的幅度在合同规定的范围内时,则应该按工程量清单标明的单价和实际计量的工程数量办理;当实际施工完成的工程数量自然增长的幅度已超出合同规定的幅度,或因工程发生变更,鉴于这两种情况都使工程清单的数量和金额发生变化,因此,在处理时应按合同的有关具体规定办理。

2.以细目为单位的清单栏目

监理工程师应根据实际情况,确定细目计量划分比例。

3.暂估数量的清单栏目

本栏目的工程数量是暂估的,即是估计的、不准确的,其数量主要是为投标工作而设,因此,监理工程师必须严格控制工程数量。即在执行过程中要特别注重计量方法,并结合工程情况随时和及时地予以计量,以控制和掌握工程数量。

4.专项暂定金额的清单栏目

除合同规定之外,暂定金额由监理工程师报建设单位批准后指令全部或部分使用或根本不动用,且通常不允许超出使用暂定金额。如果工量量清单所列的暂定金额明显有误时,可通过颁布工程变更令来加以解决。施工单位有权得到的暂定金额应限于监理工程师根据规定动用暂定金额的工程、供应或不可预见的费用方面的金额。监理工程师应据此作出的每项决定应报建设单位审批并通知施工单位。

5.以时间为单位的清单栏目

监理工程师必须根据工程实施的具体情况严格掌握本清单栏目的使用。例如计日工,亦属此例,但其数量却属估计,因此,在使用时需要监理工程师根据实际情况确定如何使用及使用多少,并应持慎重态度。

二、工程量清单的变动

公路工程在施工过程中,由于意外情况,优化设计等原因进行工程变更,变更的结果,必然要涉及到工程量清单的变动。当监理工程师按照合同的规定办理工程变更时,应注意的几个要点:

(1)当仅变更工程数量,则清单细目的内容及其单价不变;

(2)工程性质变更引起单价变化,原清单细目的内容及数量不变;

(3)清单细目内容、单价、数量全部变更,其中包括项目整个被取消;

(4)新增工程,即清单细目、单价、数量全部是新增列的。

复习思考题

1.什么叫工程量清单?它包含哪些内容?

2.怎样使用工程量清单?工程量清单的变动注意那些问题?

第三章　工程计量

第一节　工程计量的规定

1.工程计量的范围

工程计量的范围包括:工程量清单及修订的工程量清单的内容;合同文件规定的各项费用支付(如费用索赔、各种预付款及其扣回、保留金、违约罚金、材料设备的价格调整等)。

2.工程计量的主要依据

工程计量的主要依据是:工程量清单及其说明、合同图纸、工程变更令及修订的工程量清单、合同条件、技术规范、有关计量的补充协议、《索赔时间/金额审批表》。

3.工程计量的程序和主要文件

工程计量由施工单位提出并附有必要的中间交验申请、试验报表等资料报监理工程师。监理工程师则应先审查施工单位提出的计量申请,再按照通用条件中的规定,在合理的时间内事先通知施工单位的项目经理。该项目经理应立即参加或派出合格人员前往协助监理工程师进行计量工作,同时,还应提供必要的人员、设备和交通工具。如果监理工程师在审查施工单位为计量准备的有关资料的过程中发现问题或资料不全时,应将这些资料退还给施工单位,且暂不进行计量,或计量后暂不予以支付。待施工单位改正符合监理工程师要求后,再进行计量。

对计量结果必须清楚真实的填写入《中间计量表》,并经双方签字认可。倘若施工单位对监理工程师计量核实后的确定不予同意,则应在上述审查后7d之内将其认为不正确的有关方面向监理工程师提出申辩。监理工程师应进一步检查计量记录并复议,然后将复议的结果通知施工单位。

工程计量的主要文件如下:《中间计量表》、《工程分项开工申请批复单》、《检验申请批复单》及有关的自检资料、《工程质量检验表》及有关的质量评定意见、《工程变更令》、《中间交工证书》等。

4.有关工程计量规定

按照合同规定,监理工程师应对施工单位提出的已完工程量通过计量来核实和确定其价值。施工单位接到监理工程师进行计量的通知后,如果不参加或未派人参加计量工作,则由监理工程师所作的或由他批准的计量应认为是对工程的正确计量,且可以作为支付的依据。而且,施工单位不能对此种计量提出异议。

对永久性工程,可采用记录和图纸的方法进行计量。当施工单位被通知要求参加此项计量时,施工单位应在工作过程中准备好该工程的记录和图纸并提交给监理工程师。双方应在监理工程师所发通知中约定的时间内一起审查和确认有关的记录和图纸。当双方均同意时,应在上述文件上签字确认。如果施工单位不参加或不派人参加上述记录和图纸的审查和确认,则应认为这些记录和图纸是准确无误的。除非施工单位在上述计量后7d之内向监理工程师提出申辩,说明他认为上述记录和图纸中并不正确的各个方面,且要求监理工程师予以决断。监理工程师在收到施工单位的申辩后,应进一步检查记录和图纸,或者维持原议,或者进行修改,并将复议后的结果通知施工单位。

5.工程计量的原则

监理工程师对工程计量或对施工单位申报的已完成工程数量的确认,应符合以下原则:

(1)不符合合同文件要求的工程,不计量。

(2)按监理工程师同意的计量方法计量。

(3)按合同文件所规定的方法、范围、内容、单位计量。

计量中,监理工程师还应注意下述要点:

工程计量只计量工程量清单中的全部项目;已由监理工程师发出变更指令的工程变更项目;合同文件中规定由监理工程师现场确认,且已获得监理工程师批准的项目;确属完工或正在施工中的已达到合同规定和技术标准,即已计量并签发了中间交工证书的工程项目;申报资料和验收手续齐全的项目;对于隐蔽工程,必须在其覆盖之前进行计量。

第二节　工程计量的方式和方法

1.工程计量的方式

工程计量有监理工程师独立计量;施工单位单独计量;监理工程师与施工单位联合计量3种类型。工程计量方式有以下三种:

(1)实地测量与实地勘察,如土石方工程,场地清理工程等;

(2)室内按图纸计算,如钢筋混凝土结构物及多数永久工程;

(3)根据现场记录计量,如计日工、打桩工程、《范本》中第100章的大部分内容等。

一般情况下工程量的计量由施工单位负责,且由双方共同进行,监理工程师必须对计量结果作出准确的记录,并将记录的副本抄送给施工单位,以及负责计量结果的审核。计量结果须经施工单位和监理工程师双方签字同意。如出现争议,首先应协商解决,如协商解决不了,仍由监理工程师最后确定。

一般情况下,当工程达到规定的计量单位时,监理工程师应审查施工单位为计量所准备的资料,看其是否具备计量的基本条件,如果不具备就不进行。但在某种条件下,如可能会发生费用索赔,则可先计量,但不支付,作为资料保存。

当工程发生变更时,原工程量清单内的某些工程项目、工程数量、计量单位均会有所改变,对这些变更工程的计量,应参照监理工程师颁发的工程变更令及其修订的工程量清单进行。

在特殊情况下,监理工程师和施工单位均可根据工程实际提出增加计量次数,但应提前向施工单位发出通知,并写明监理工程师准备在何时对何工程进行何种计量;施工单位则应提前填写计量申请单,写明要求增加计量次数的原因、计量的工程部位和计量的时间,以便监理工程师审查。

2.工程计量的方法

如果有些工程或合同文件中没有规定具体的计量方法,监理规范规定应按监理工程师同意的方法进行计量。这时,监理工程师应对计量方法予以补充或由施工单位建议,并经监理工程师确认以后再实施。

一般情况下,计量方法和计量规则均明确地规定在《范本》、《技术规范》篇中,在计量时必须遵守其要求。例如某工程规定：

(1)路基填筑，按规定其面积以原始地面线和最终横断面构成面积的平均值来计算，并可采用平均断面积法；对超路堤设计断面以外的及清除表土后原地面以下的填筑部分，则均不予以计量。

(2)软基路段的沉降，按路堤填筑计量。路堤在原地面以下的平均沉降值，按中心线处沉降值的85%，即下式计算：

$$V = 0.85 \times H \times B \times L \tag{4-3-1}$$

式中：V——软基沉降的路堤体积(m^3)；

L——沉降板观测所代表的路堤长度(m)；

B——横断面图上原地面线上路堤坡脚间的距离(m)；

H——道路中心线位置处沉降板所测得的沉降值(m)。

(3)圆管涵和倒虹吸涵洞、箱涵和通道、盖板涵和通道，以桥梁结构形式出现，且跨径 $L \leqslant 8m$ 的钢筋混凝土式通道及涵管，均以涵身中心线或通道轴线方向以延米为单位计量。

(4)砌体及防护工程，按图纸或监理工程师指示，以实际完成数量计算。

(5)钢筋、混凝土工程，以图纸或工程师指示，按实际完成的混凝土体积和钢筋数量计算。

(6)砂井、塑料排水以实际打设的根数和长度按延米计量。

(7)土工布以实际铺设的水平面积计量(其中回折和搭接部分的面积不予计量)。

另外，在不同的合同中，计量方法和计量规则会有一些差别，即是对同一工程内容亦如此。因此，计量时必须按照采用合同文件的计量规定进行，且不得按习惯的方法计量，更不能按别的计量规则。例如，同是压实土方工程，京津塘高速公路计量细则规定：填方料的体积以测量的地面高程为标准的设计断面的净体积计处；《公路工程国际招标文件范本》的计量细则规定：应以施工单位施工测量并经监理工程师审核批准的横断面地面线为基础，按图纸中的典型横断面所绘制的由监理工程师审核批准的横断面施工图为依据进行计算；成渝高速公路计量细则规定：以图纸所示或监理工程师指示为依据，按实际完成并经验收的数量计量，且经摊铺压实后，以 m^3 为单位进行计算。

3.计量审核的方法

(1)审核计量方法

监理工程师应熟悉有关规范规定和工程量清单前言中的有关内容和要求，并应熟练掌握计量方法，以满足审核合同和计量的需要。

(2)审核计量项目

在我国，目前执行的合同是单价合同，合同的单价一般固定不变，且是包括了很多内容的综合单价，一般情况下，对清单中没有列入的计量项目均包含在相应的项目内容之中了。因此为防止同一项目引用2个或2个以上的支付号，避免计量支付项目的重叠，监理工程师必须认真审查计量项目，尤其是对单项工程的工程量批复，其支付号更应引用准确。例如，桥台基础开挖后，砂砾垫层的回填与铺筑，因其单价已包括在结构挖方中，故不应再单独计量。

(3)审核计量数据

监理工程师应对照设计图纸或实地进行丈量，对计量的数据进行审核。特别是对桩号、高程、宽度及结构物的几何尺寸等原始数据，更应认真细致地进行审核，做到每一数据均准确无误。

(4)审核支付编号

因每一支付编号都与特定的项目内容和单价相对应，所以，应着重对项目内容相近或容易套错支付编号的项目进行审查，以避免差错。

5.全面审核

高级驻地监理工程师应对各专业工程师审核过的计量资料，再进行一次全面的检查和审核。其内容包括；质量检测、试验结果、中间交工证书和各类计量资料及其结果，但重点应审查计量的项目是否符合计量条件。待高级驻地监理工程师审核无误并签认，且将签认过的工程计量证书退还施工单位后，施工单位即可依据已签认的工程计量证书进行月工程进度款的申报和编制，从而进入支付报表的编制阶段。

4.工程计量的必要性及注意事项

(1)工程计量的必要性

在公路工程施工中，合同工程量清单中所开列的工程数量是按图纸计算的预计数量，通用条件55条亦明确规定了该工程量仅是估算的数量，不能作为施工单位应予完成的工程的实际和确切的数量，只是为投标人提供了一个计算标价的共同基础。

对施工单位的工程价款的支付，是按其实际完成的工程数量进行计算的；单价合同工程的付款，是将监理工程师认可的实际和准确的工程量与施工单位在报价中该项工程的填报单价相乘；另外，由于对不合格的工程和工作，监理工程师可不予计量(这就迫使施工单位必须按照合同规定行事)，因此，施工单位所得到工程价款均以计量的工程量为基础，而计量的准确与否则是保证建设单位与施工单位双方实现公平交易的关键。另一方面，因单价已在合同中签订，是固定不变的，于是，影响付款金额的唯一参数便是通过计量的工程量。合同中未在工程量清单中填入单价或总额价的工程细目，将被认为其已经包含在本合同的其他细目的单价和总额价中，建设单位将不另行支付。

此外，对于工程变更、计日工等，更应进行工程计量，以便取得完整的计量资料，作为工程用支付时的依据。

通过按时计量，监理工程师还可以随时掌握施工单位工作的进展情况和工程进度，以便调整施工组织计划。

(2)计量工作中的注意事项

在合同实施过程中，监理工程师应必须对所有已完成的工程细目进行计量和记录，以便检查施工单位以后的月度结账单；对涉及付款的工程细目在施工中发生的一切问题应进行详尽记录，如打桩、采芯时的钻探记录可作为付款的依据，又如底土的变化会影响到竣工工程数量与合同中工程量清单开列的数量间的差异等，及时而详细的记录这些问题，将有助于支付和解决纠纷；有关计日工、劳力、材料、机械等实际情况的记录，因均涉及到通用条件70条的计算调价的索赔，故亦应妥善保存；另外，还应特别注意那些在下一个计量日期已无法再进行计量的隐蔽工程，更须对施工单位的施工记录和报表等进行详细审查，并及时进行计量，以避免事后引起不必要的其他纠纷。

复习思考题

1.工程计量的范围、原则和依据分别是什么？

2.工程计量的方式、方法是什么？

第四章　工程支付

第一节　工程支付的意义与原则

一、工程支付的意义

公路工程施工合同是为经济目的而签订的，因此，工程承包是一种商业行为，在承包活动中的建设单位与施工单位双方均是独立的经济实体，有着各自的经济利益。由于建设单位和施工单位的目标与经济利益不同，在整个施工活动中又处于不同的经济地位，而合同的全面履行，施工单位必然要对工程的费用支付提出要求，要让他们按照合同履行各自的义务，则必须以费用支付为经济杠杆来加以协调。另一方面，工程施工是一种特殊的生产活动，具有复杂、风险性大、费用巨大、周期长及生产必须连续等特点，一般情况下施工单位不愿也不可能单方面承担施工中的各种风险，更无法垫付全部工程费用，假如建设单位不及时支付工程费用，施工单位肯定会出现资金周转困难，从而造成施工受阻，并最终影响建设单位的利益。

基于上述情况，通过工程的合理支付，使他们在共同参与的工程活动中公平地实现各自的经济利益，即资金随工程的进展情况逐步由建设单位向施工单位转移，而工程活动中的物质(材料)则经施工单位按图纸加工形成建设单位所需的特定商品——结构物。

二、工程支付的原则

支付是工程费用监理的关键，亦是监理工程师的核心权利。因此，监理工程师在费用支付中，一定要站在公平的立场，客观和准确地评价施工单位的施工活动，认真负责和正确地确定工程费用并及时加以签认，让施工单位能及时获得补偿。为了达到公平合理的支付目标，则应遵守下述原则：①支付必须以工程计量为基础；②支付必须以技术规范和工程报价单为依据；③支付必须以合同条款和日常记录资料为依据；④支付必须严格按照规定的程序；⑤支付金额必须大于阶段证书的最低限；⑥支付必须及时。

第二节　工程支付的种类与支付程序

一、工程支付的种类

工程费用支付可分为以下三种：

1.前期支付

前期支付包括动员预付款、履约保函及保险金。

2.中期支付

中期支付包括工程款、暂定金、计日工、材料设备预付款、工程变更、保留金、索赔、价格调整、迟付款利息、对指定分包人支付、合同中止后支付、工程交工支付。

3.最终支付

二、前期支付的程序

1.动员预付款

当监理工程师确认施工单位已经完成合同协议书的签署,并已收到施工单位向建设单位提交的履约保函及动员预付款保函之后,应按照合同规定,签发动员预付款金额的支付证明,建设单位则应按监理工程师签发的支付证书向施工单位付款。付款的最后期限应按合同专用条件的规定。

2.履约保函

当监理工程师收到并确认施工单位的履约保函后,应按照合同规定签发相当履约保函的一定百分比金额的支付证明。

当工程全部竣工,并由监理工程师签发的《工程缺陷责任终止证书》后,即应签发解除施工单位履约担保责任的证明。

3.保险

监理工程师必须按照合同规定的保险范围,审验由施工单位提交的各项保险证明,并按合同规定,签发相当于保险额一定百分比金额的支付证明。

监理工程师应及时从支付证明中扣除建设单位代施工单位在办理保险时所支付的费用。

三、中期支付的程序

中期支付内容繁多,是最为复杂和最为重要的支付。施工单位应首先提交有关的各项结账单和月报表,其中应说明已经完成的工程价值及这个月应该收取的工程费用金额,监理工程师对施工单位提交的月报表应进行全面的审核和计算,即在收到施工单位提交的交工财务报告后,对其报告的下列内容进行审查:按照合同规定日期完成的全部工程的最终价值,建设单位还应支付的任何追加款项,按照合同应付给施工单位的估算总额,当确认无误后即向建设单位签发《中间支付证书》。建设单位在收到监理工程师签发的支付证书后,即将费用支付给施工单位。

四、最终支付的程序

1.准备工作

在进行最终支付前,监理工程师必须做好以下准备工作:必须处理有关工程和合同方面的一切遗留事项,即确认施工单位所遗留的工程及缺陷工程已完成并达到了规范标准,且签发了该工程的支付证明;确认施工单位已获得监理工程师签发的全部工程的《工程缺陷责任期终止证书》,解除施工单位履约担保责任的证明,及退回或解除施工单位剩余保留金或银行保函的证明;确认已对符合合同文件规定的工程变更、时间与费用索赔、价格调整等事进行了清理与审定,并且签发了与之有关的支付证明。

在准备过程中监理工程师还必须澄清整个工程各个阶段的计量与支付,并完成下列工作:对所有支付的细目进行检查,应注意防止漏项和重复;对所有已计量的工程数量与费用计算进行复核;对所有存在争议的细目与计算进行核实,并与建设单位和施工单位协商,确定最终的处理办法。

2.最终支付

根据《范本》通用条件60.11款规定，在监理工程师签发缺陷责任终止证书后的28d之内，施工单位应以监理工程师批准的格式向监理工程师提交一份最后结账单草案，并附上详细的证实文件，供其审批。如果监理工程师不同意或不核证最后结账单草案中的任一部分，则施工单位应按监理工程师的合理要求，提交进一步的佐证资料，并对最后结账单草案做出他们之间协商同意的修改，然后由施工单位编制最终结算清单，并提交监理工程师审批。

最终结算清单包括：最终结算清单的说明、最终结算清单和最终结算清单的附件三部分。其中最终结算清单的说明应包括最终支付的依据及计算方法，经监理工程师确认按合同最终应付给施工单位的总金额，以及考虑建设单位以前所付的款额及建设单位、施工单位各自的责任对支付额的影响后，建设单位还应付给施工单位或施工单位还须付给建设单位的余额；而最终结算清单则由一系列清单及表格组成；最终结算清单的附件由一系列图纸、计算资料、文件、发票等组成。

施工单位在向监理工程师提交最终结算清单时，还应向建设单位提交一份书面清账书(并抄送监理工程师)，确认最后结算清单中代表了根据合同规定应付给施工单位的全部款项的最后结算。

监理工程师在收到最后结算清单和清账书14d之内，应签发一份最后支付证书报建设单位审批(并抄送施工单位)。建设单位在收到监理工程师签发的最后支付证书28d之内，应将其核批并通知经办银行将工程款支付给施工单位。

第三节　工程支付的分工与管理

一个大中型公路工程项目，其支付工作是十分复杂和繁重的。如果没有严格的分工和管理程序，势必造成混乱，进而导致监理工程师无法正常工作。因此，监理工程师应对其足够重视，如京津塘、成渝高速公路等项目所实行的驻地监理一级管理、高级驻地监理二级管理和总监代表处三级管理的三级管理模式，效果就较好。

一、分　　工

在驻地监理机构中，一般都配置有项目工程师(如道路工程师、结构工程师、材料工程师、合同工程师等)，为了控制本合同段的工程费用支出，还特别设置了计量与费用支付工程师。费用支付工程师不仅要认真尽职地搞好支付，还应将不同细目的支付控制目标明确，并在工程费用预算和本段工程费用分析的基础上，找出费用支付的重点，将责任落实到人，配合驻地的其他监理人员，切实贯彻以支付为核心、控制全面的指导思想，控制好本合同段的支付款额，使之符合合同的规定。

二、管　　理

支付是一项综合性工作，涉及的内容多，处理又极复杂，加上施工单位在申请支付时要填报大量的报表和资料，监理工程师为避免支付纠纷也记录了大量的原始记录和资料，因此，支付中的计算工作和资料管理工作亦是很繁重和琐碎的。

为了提高支付的准确性和工作效率，对于整个项目来说，做到下面几点：

(1)推行表格和报表的标准化管理，建立支付档案，采用计算机处理信息；

(2)建立支付的管理制度和各级支付人员的岗位责任，将支付职责具体落实到人，并对支付工作定期进行检查和考核，及时对违反支付管理制度的人员给予处理；

(3)对工程费用的动态进行全面分析，对各类工程费用进行专项分析，以便及时发现问题，并在分析研究的基础上制定对策，从而保证支付工作的顺利进行。

复习思考题

1. 工程费用支付的原则和种类是什么？

2. 工程支付的程序是什么？

3. 工程支付的分工与管理是什么？

第五章　清单支付与合同支付

支付项目的种类与划定,由合同条件、技术规范和工程量清单决定。如合同条件中没有调价的条款,将不会出现价格调整这一支付项目;同样,若技术规范和工程量清单中规定施工单位的驻地设施不单独计量支付,则因其费用已摊入其他项目,亦不会出现施工单位驻地设施建设这一支付项目。所以,从清单的角度来讲,监理工程师所支付的费用有两类:①清单支付;②合同支付。

第一节　清单支付的项目

清单支付是工程费用支付中最主要和最基本的内容,一般包括以物理单位计量的工程、以自然单位计量的项目、暂定金和计日工 4 类。凡能够在工程费用预算时可比较准确地计算其工程内容的,都将以物理单位和自然单位来计算;不太明确却可能发生的工程内容则使用计日工和暂定金来估算。当项目以物理单位计量,在支付时,以其计量的数量与单价相乘即可;而以自然单位计量的项目,在支付时,则必须另行规定支付比例和具体的支付办法。

1.以物理单位计量的支付项目

以物理单位计量的支付项目覆盖了清单的绝大部分,所占费用也约占整个工程费用的 85%左右。其支付条件是完成了技术规范和图纸所规定的工作内容,且质量合格、计量准确、工程达到监理工程师满意。支付的具体做法是将施工单位每月完成的工程项目的净估数量与其相应的单价相乘,并通过中期支付证书支付工程进度款,及由最终支付证书支付最终结算款来实施。

2.以自然单位计量的支付项目

以自然单位计量支付的项目有以下两种情况:①按计量支付的项目,如一项复杂工程(人行通道、房屋或某一项试验等)或一种结构物亦属此类;②以自然单位计量,如挖树根(以棵计)、桥梁的橡胶支座(以块计)、照明灯柱(以根数计)等。其中,第一种计价支付比较麻烦,第二种则比较简单,只需用计量数量与其相应的单价相乘即可。

按项目支付的项目主要集中在《范本》中技术规范的第 100 章 ~ 第 700 章之中,现以 100 章为例分述如下:

其清单内容如下:①保险费;②竣工文件施工环保费;③临时道路的修建、养护撤除(包括原道路的养护费);④电讯设施的提供、维修与撤除;⑤供水与排污设施。

本章的支付,应以合同规定的工程量清单内容为准,并按其技术规范规定的支付办法实施。

例如:《范本》中“技术规范”对保险费用的支付规定为:

合同条款中规定的“工程一切险”和“第三责任险”的保险费用,将根据保险公司的保单经监理工程师签证后支付。如果由建设单位统一与保险公司办理上述的两项保险,则由建设单位扣回。则其支付的细目如表 4-5-1 所示。

支付细目 表 4-5-1

细 目 号	细 目 名 称	单 位
101－1	保险费	
－a	按合同条款的规定，提供建筑工程一切险	总额
－b	按合同条款的规定，提供第三方责任险	总额

3.计日工

未经过监理工程师书面指令，任何工程不得按计日工施工；接到监理工程师按计日工施工的书面指令，施工单位不得拒绝。施工单位在计日工单价表中填列计日工的细目的基本单价或租价，并适用于监理工程师的指令的任何数量的计日工的结算与支付。计日工的劳务、材料和施工机械由施工单位(或建设单位)列出正常的估计数量，由施工单位的报告单价计算出计日工的总额后列入工程量清单的汇总表中。计日工不调价。

(1)计日工使用的规定

计日工是用于完成在招、投标时不能预料的一些工作；在合同施工过程中增加的工程或工程项目的工程数量，性质不明的工程或完成工程项目必需的附属工程；以及监理工程师认为必要或可取，可以指令按计日工完成的任何特殊的较小而需变更的工程，均可使用计日工。

计日工的使用必须得到监理工程师的批准。施工单位用于计日工的劳力不允许增加；用于计日工的材料一般应由施工单位提供，且未经监理工程师同意时不得任意改变，用于计日工的施工机械应由施工单位提出，若因故障而闲置时，则不支付费用；除非监理工程师事先同意，施工单位无权将计日工任意分包。

(2)计日工的支付

对所有按计日工方式施工的工程，在其持续进行的过程中，施工单位应每天将从事该项工作的所有工人的姓名、工种及工时的清单一式两份，以及表明该项工程所用的材料和施工单位装备(计日工明细表中已包括了以附加百分比表示的施工单位装备除外)的名称和数量的报表一式两份，经监理工程师审批后，其副本就应退回给施工单位作为支付的依据。在每月结束时，施工单位应向监理工程师送一份所有劳务、材料和施工单位装备的附有价格的账单，经审批后，亦作为支付的依据。

计日工的劳务费，可按施工单位投标时在合同计日工工程项目中所开列的单价计算，当遇到价格调整时，应按通用条款规定执行；材料费用应按其运至工地时的材料费票面净值加合同工程量清单规定的一个百分数，而从仓库或材料地到施工现场的二次搬运费，则应按所用劳务或施工机械的有关条目支付；施工机械费用按合同工程量清单中开列的基本租价支付，其机上人员的费用则在计日工劳务费中另行支付；用于计日工分包人费用的支付，应有分包人的发票证明，并按其票面净值加上合同工程量清单里计日工项目中规定的一个百分数。

应当说明，虽然计日工是用于施工中发生的，且是清单以外的工作，但只有在很特殊的情况下，即不能采用工程变更的方法解决时，方能使用计日工。由于计日工所产生的工程费用不可能提前估算，其中劳力、机械设备单价较高，材料费用实报实销，必然会使工程费大大增加，而且对计日工的管理也比较困难，因此，应尽量减少或不用计日工，而采取工程变更的形式来加以解决。

4.专用暂定金额

“专用暂定金额”是指包括在合同之内，并在工程量清单中以此名称标明的、为了实施本工程的任何部分、或为了供应货物、材料、设备、或提供服务、或供不可预见费用的一项金额。在招、投标期间,没有足够资料可以准确估价的项目,则可采取暂定金额的形式将其列入工程量清单。

暂定金额的使用,必须获得监理工程师的事先许可,并按监理工程师的指示,由施工单位或指定的分包人来完成暂定金额的工作。监理工程师可根据实际需要动用暂定金,并在审批了施工单位提交的相应工程的施工组织计划及其所需要的人工费、材料费、机械费、设备费及计算说明,与建设单位和施工单位就暂定金的支付进行协商,审核有关动用暂定金的凭证之后,签发暂定金的支付证明。

暂定金额一般按照实际发生的费用,加上合同中规定的费率进行支付。因此,施工单位应按监理工程师的要求,提交有关暂定金额开支的全部报价单、发票凭证、账目和收据,经审核后,按事先规定确认支付项目;若暂定金额项目由指定的分包人来完成,其支付则按通用条件59.4款所规定的办法和要求进行;暂定金额项目还可按计日工的计价方式支付。

鉴于暂定金额只是财务上的一种备用金,仅用于在招、投标没有足够资料准确估价的项目或应急项目,且应由监理工程师报建设单位批准后指令全部或部分地使用,或者根本不予动用。为此,施工单位在提交的开工报告中,不仅要有详细的施工计划、工料机配备,还应有一份满足合同有关要求的(指费率与单价)的施工预算,才可动用该款项,这是暂定金额支付的必要手续和条件。

第二节　合同支付的项目

除上述清单支付的项目外,工程施工中还有一些支付项目,虽未列入清单,但均符合合同的要求,即工程量清单以外的附加支付项目,或合同支付项目。其内容包括:动员预付款、材料预付款、工程变更、价格调整、索赔、延迟付款利息、拖期违约罚金、保留金和提前竣工奖金等。合同支付是监理工作的重点和难点,亦是搞好费用监理的关键。这里除介绍动员预付款、材料预付款、保留金等的支付外,重点阐述合同支付中技术性和技术性较强的工程变更、工程索赔及价格调整三种支付项目的费用的计算与支付,并在此基础上通过对产生合同支付的原因,即工程以外的分析,加强对合同支付项目的掌握和理解。

1.动员预付款

施工单位为减轻自己资金周转的压力,有权得到建设单位提供的一笔相当于合同价值0～20%无息的动员预付款,用以支付施工初期阶段的各项费用。

动员预付款应在合同实施中,根据合同专用条款的规定,从月进度支付证书中由监理工程师按一定时间或一定金额予以扣回,且扣回货币的种类和比例与付款是一致。

(1)动员预付款按时间扣回

一般情况下,动员预付款均按时间(即规定在一定的时间内)予以扣回。扣回时间开始于工程中期支付证书中工程量清单累计金额超过合同价值的20%的当月,止于合同规定竣工日期前三个月的当月,且从中期支付证书中逐月等值扣回。见下式:

$$G=\frac{F}{E-(D-1)-3} \tag{4-5-1}$$

式中:G——月扣除动员预付款数额(元);

F——已付动员预付款(元);

D——中期支付证书中工程量清单累计支付达到合同金额20%的时间(月);

E——合同工期(月)。

2.动员预付款按金额扣回

当按式(4-5-1)扣回动员预付款,若工程进度迟缓或因其他原因使工程款支付不多时,会出现扣回额大于或接近工程支付额,而使中期支付证书出现负值或接近零的情况。很显然,这是不太合理的。采用在一定的工程支付金额范围内扣回动员预付款,即每次的扣回款依每次工程支付额的多少来确定,工程完成额多就多扣,反之亦然。因此,每次的工程支付额不会出现负值或零的情况,比按月等值扣回的方法显然要合理得多。

采用本法的扣回时间开始于工程中期支付证书中工程量清单累计支付金额超过合同值20%的当月,止于支付金额达到合同价值80%的当月。在此期间,按中期支付证书当期完成的工程款占合同值60%的比例予以扣回,如下式:

$$G = M\frac{B}{\text{合同价} \times 60\%} \tag{4-5-2}$$

式中:G——中期支付证书扣回预付款额(元);

M——中期支付证书当期完成的工程量清单金额(元);

B——已付动员预付款占合同比例(%)。

2.材料设备预付款

施工单位根据《范本》60.7款规定,应从建设单位处获得一笔无息贷款,用于支付购进工地的各种成为永久工程组成部分的材料和设施。付款金额与货币种类及比例应是合同专用条件规定的购货发票面值的某一百分比,一般按所购材料单据开列费用的75%计,且应在施工单位将多购材料运抵工地及其储存方法得到监理工程师批准之后付款。其付款条件是:施工单位必须先填写进场材料申报表,并且监理工程师签发材料预付款计量证;材料设备已运抵工地现场或监理工程师认可的施工单位的生产场地;材料设备质量的存放方式均满足合同要求,且具有材料价格(进口材料有到岸价;外购材料有出厂价;毛条石、碎石、砾石、砂等地方材料的料场价)及材料费用凭证;施工单位应向监理工程师提交材料设备的定货单或收据。其付款方式是监理工程师按预付款的比例和种类,将确定的金额计入下一次的工程进度支付证书中进行支付。

监理工程师在签发材料设备预付款时应注意:累计支付的材料设备预付款的金额不应超过合同剩余的工作量;累计支付材料设备预付款的材料设备数量不应超过工程所需的实际总数量;预付款材料设备的品种应与工程的计划进度相符合;所签发的材料设备预付款的支付证明不是对该材料设备质量的批准。

当材料、设备已用于或安装在永久工程之中时,监理工程师必须通过《中期支付证书》将材料设备预付款逐次扣回。其扣回方法如下:

$$Q = A - B \tag{4-5-3}$$

或

$$Q = A' \times 75\% - B' \times 75\% \tag{4-5-4}$$

式中:Q——本月支付的材料设备预付款(元);

A——本月末材料设备预付款(元);

B——上期末材料设备预付款(元);

A'——本期末累计进场材料设备价值(元);

B'——本期末累计消耗材料的价值(元)。

此处应强调的是:已支付材料设备预付款的材料设备,其所有权归建设单位;工程竣工时所剩余的材料设备的所有权,则应属施工单位。待工程结束前,建设单位所支付的材料设备预付款应全部扣回,所余材料应让其迅速撤离工地。

3.保留金

保留金也叫抵押保留金,是建设单位为了让施工单位履行合同而对施工单位应得款项的一种扣留。保留金的扣留应按合同有关规定办理,且从《中期支付证书》中每次按已完成工程价值的10%扣除,扣除总额以全部合同价值的5%为限。如施工单位在第一个《中期支付证书》前,提交了一份由建设单位认可银行出具的银行保函,则监理工程师可不再替建设单位从《中期支付证书》中扣留保留金。

保留金在施工单位按期完成全部工程项目并通过验收后,分两次退还给施工单位。其中一半在竣工证书签发后退还,另一半则须待缺陷责任终止证书签发后再退还。如在签发缺陷责任终止证书时,施工单位仍有未完工程,则建设单位有权将余下的保留金扣留,直到遗留工程完成。

4.拖期违约损失偿金

根据通用条件47条规定,若施工单位在规定工期内未完成工程或按通用条件44条规定的在允许延期工期内仍未完成工程,则施工单位应向建设单位支付合同规定的拖期违约损失偿金。一般规定:每逾期一天,赔合同价的0.01%~0.05%,赔偿总额不得超过合同总价的10%;赔偿日期应自合同规定竣工之日算起,直至交接证书上写明的实质的竣工日期止,若不足一日,应按比例计算。

拖期违约损失偿金从施工单位的履约保证金中或从最终支付证书中扣除,也可从建设单位到期应付给施工单位的任何款项中扣除。此项扣除,不应解除施工单位对完成该项目工程的义务或合同规定的施工单位的其他义务和责任。

5.提前竣工奖金

提前竣工将使建设单位受益。如果施工单位比通用条件43条规定的工期提前竣工,则建设单位应向施工单位颁发奖金。该奖金应按通用条件48条规定的交接证书中写明的本工程(或合同段)实质上竣工的日期,与通用条件43条规定的竣工日期之间的天数计算并支付。

6.迟付款利息

根据通用条件60.15款规定,建设单位在收到监理工程师签发的中期支付证书14d之内应核批并通知经办银行将已完成的工程款支付给施工单位;或按60.13款,在收到最终支付书后28d之内,应核批并通知经办银行向施工单位付款。否则,建设单位应向施工单位支付利息。利息通常按复利计算,世行推荐的日利率为0.033%~0.04%,计算公式如下:

$$A = rB(1 + r)^{n+1} \tag{4-5-5}$$

式中:A——迟付款利息的金额(元);

B——中期支付证书金额(元);

r——合同规定的迟付款系数(利率);

n——迟付款的天数(d)。

当监理工程师确认建设单位在收到监理工程师签发的支付证书后,没有在合同规定的时间内向施工单位付款,则应签发迟付款利息的支付证明。

7.工程变更费用的计算与支付

变更是相对施工单位在投标时所依据的合同文件而言的变动,即工程在实施期间,监理工程师根据合同规定,对部分或全部工程在形式上、质量上、数量上所作的改变。

按通用条件所作的变更包括两个方面:①工程变更;②合同变更。一般情况下,任何工程上的变更(数量、质量、结构外形等)及合同变更,几乎都与费用有关,均将涉及建设单位和施工单位的经济利益。除了由施工单位的原因而自行造成的变更外,所有的变更都需建设单位为工程变更向施工单位支付费用。所以,对工程变更必须全面考虑,认真对待。

1)单价的确定

(1)在工程变更的支付中,最困难和最关键的就是对变更单价的确定。变更单价的确定应根据(2)的规定及下列步骤进行:①收集文件资料;②查阅资料;③协商;④裁决和确定。凡涉及变更的文件资料均在收集之列,然后根据变更项目的特点,查阅报价单,采用类似项目的单价和费率来确定单价;当原报价没有相应单价或虽然有但却明显不合理时,应以国家有关权威部门公布的价格表为参考依据,提出一个单价;当国家有关部门的价格表中也没有相应单价或虽然有但却明显不合理时,则以发货票为依据提供单价;当采用发货票依然不合理时,监理工程师便可提出一个他认为合适的单价。

(2)如果变更的工程性质或数量占整个工程的比例较大,使涉及的工程细目原有的单价或总额价因此而不合理,由监理工程师和施工单位议定一个合适的单价或总额价,并报建设单位批准;当不能达成协议时,监理工程师应根据情况在报建设单位批准后,定出他们认为合理的单价或协议价,并通知施工单位,抄送建设单位。但是如果合同的工程量清单中某一方面个别支付细目所列"金额"或"合价"超过签约时合同价格的2%,而且该支付的细目变更后的工程实际数量超过或少于工程量清单中所列的数量的25%,则该支付细目的单价或总额价应予以调整。

对于规定的指令的变更工程,应在监理工程师指令发出后7d内,并在变更工程(取消了工程除外)开始实施之前,发出下列通知:

①由施工单位将其要求变更单价或总额价的意向通知监理工程师。

②由监理工程师将其变更单价或总额价的意向通知施工单位。

若无上述①或②所述的通知,不考虑对单价或总额价予以作价或重新定价。

③对于变更工程价格的增加或减少额,应以工程量清单中的单价或总额价作为依据。如果工程量清单中未包含适用于变更工程的单价,则采用工程量清单中监理工程师认为适合的单价用于作价的依据,如果不适用,则由监理工程师和施工单位协议一个合理的单价或总额价并报建设单位批准后,定出他认为合理的单价或总额价,并通知施工单位,抄送建设单位。如果此单价或总额价一时不能议定,监理工程师可以确定暂时的单价或总额价,作为暂时付款列入根据基本"月结账单"中的规定签发的期中支付证书中,待议定后再在其后的期中支付证书中调整。

④如果在签发交工证书时,发现合同价格的增加或减少总共超过"有效合同价格"的15%(这里的"有效合同价格"是指扣除暂定金额后的合同价格,这种总额超过或减少15%)或以上时,监理工程师应与建设单位和施工单位协商后确定一笔管理费调整额,从合同价格中扣除或加到合同价格上。该调整的金额根据上述③和④调整额影响对相应间接费的合理调整。工程数量调整与变更太多,累计超过15%,表示工程规模的扩大或缩小,直接费随之调整了,但单价中还包含一些间接费(如预制厂、加工场)并未因工程规模增大而扩大,只是增加了利用率,但也随着工程量增加而上调,施工单位因此而受益,反之,又会因工程量大量削减而吃亏,所以才有此管理费的调整。监理工程师应将根据上述规定做出的决定通知施工单位,并抄送建设单位。这笔调整金额应只依据上述增加或减少超过有效合同价格的15%的那一部分款项(如

为正值，管理费往下调，如为负值，则往上调）。对中小型项目，如项目专用条款另有规定，可不考虑此项调整。

2）核算工程数量

工程变更后，必然引起工程数量的变化，监理工程师应重新加以核算。如原清单中列有此项目，则可以把变更前后的工程数量加以对比，并注明变更后使工程数量增加或是减少的数量；如原清单中未列此项目，则变更属于新项目，其准确的工程数量，可根据设计单位的图纸和文件、监理工程师的现场记录及施工单位提供的工程数量等方面获取的资料进行比较分析后，再加以确定。

3）计算支付费用

对于大的变更项目，在其立项时，应用经济分析方法和可行性研究作全面分析评估，其关键是对所需费用进行全面分析，并在此基础上确定变更方案的可行性。而对一般的变更，则在确定了单价和核算数量之后，即对所需总费用作出估算。因其计算方法与工程量清单项目的支付计算一样，不再赘述。

4）支付

当工程发生变更时，必有其特殊的原因。因此，监理工程师在签发变更工程的支付证明时，必须以工程变更令及其修改的工程量清单为依据，并在收到《中间计量单》且审查无误后，按工程变更令所确定的支付原则，加入其修订的工程量清单，办理支付手续。

工程变更的费用支付可通过《中期支付证书》进行。

对一些不可预见和意外的紧急事件，或变更范围不大且事先无法估价的较小变更项目，当监理工程师认为必要或可取时，根据通用条件的规定，可对该变更工程采用计日工的方法进行。而其付款方式亦与其他的情况下采用计日工时的方法相同。

5）变更总额的分析与限制

当一项变更和整个合同完成后，应对其变更的总额加以分析和限制。从本质上来看，变更是工程实施中各种风险的综合表现。为了公平和充分体现风险分担的原则，合同条件对这种实施过程中的变化，从数量上给予了限制。这种限制包括以下两个方面。

（1）对整个工程。执行通用条件51条规定的变更后，其工程变更费用超过或低于有效合同价（不包括暂定金额、计日工和通用条件70条规定的价格调整）的15%时，其超出部分的费用应予以调整。即在监理工程师与建设单位充分协商后，按协商结果，在合同价格中加上或扣减一笔金额；若协商不成，可由监理工程师在考虑了施工单位用于本合同的现场管理费和上级管理费后，确定一笔调整金额。不过，此种调整仅限于超过或低于“有效合同价”15%的那一部分。

（2）单项工程。当单项工程变更的金额超出合同价格2%，以及变更的实际工程数量超过原工程量清单所列工程数量的15%时，其超出部分，应予以调整。

此处的15%是一个经验数值，当变化小于15%时，由于施工单位在投标时考虑各种风险，且保留有一定余地，故其有能力承担。但一突破此界限，施工单位将无法承受，风险宜由建设单位和施工单位双方共同分担，所以要对“有效合同价”进行调整。基于同样的理由，对单项工程变更总额的分析和限制，亦应如此处理。监理工程师在使用变更时，一定要把握此界限，将变更规模控制在此范围内。

6）注意事项

由于工程变更是对投资在施工阶段运行中所进行一种调节措施，即当投资在施工阶段的实际情况与原定的投资目标偏差较大时,方可采用变更加以调节。因此,监理工程师一定要充分发挥自己的业务能力和技术水平,谨慎地对待变更,既不可因滥用变更而导致项目目标失控,使合同执行困难;也不致因变更而使合同作废或失效,而让施工单位的责任得以解除。

8.索赔费用的支付

索赔是一种经济行为,也是一项管理业务。费用索赔,即是根据合同的有关规定,建设单位或施工单位通过监理工程师向对方索取合同价格以外的费用。

由于公路工程承包活动是一种特殊的期货交易行为,其交易的成立与成品实行交接在时间上是分开的,且其价格是通过招、投标预先确定的,因此,索赔通常是以施工单位通过正当手续,要求建设单位偿付施工中所造成的额外费用的一种形式。

施工索赔的内容包括以下两个方面,一方面是对额外所消耗资源的赔偿,即费用赔偿;另一方面是对时间索赔,体现为工程项目竣工日期延后,即延期。本节仅对索赔费用的确认和支付方式进行讨论。

1)监理工程师对于费用索赔必须确认下述条件满足时,才能受理费用索赔:

(1)施工单位必须依据合同有关规定索取额外的费用。

(2)施工单位在出现引起索赔的事件后,按合同规定的期限向监理工程师提交索赔意向,并同时抄送建设单位。

(3)施工单位承诺继续按规定向监理工程师提交说明索赔数额和索赔依据等的详细材料,并根据监理工程师需求随时提供有关证明。

(4)施工单位在索赔事件终止后,按合同规定的期限,向监理工程师提交正式的索赔申请。

2)费用索赔的主要类型

(1)难以预见的情况引起,包括:异常恶劣的气候条件;外界障碍(化石、古物、地下建筑物等);战争入侵,叛乱、暴乱等,通常无法预测和预防的任何一种自然力。

(2)建设单位责任引起,包括:建设单位未按合同规定和施工单位合理的工程进度计划,提供对于现场的占有权和出入权;建设单位按规定向施工单位付款;延误提供图纸;提前占用或使用永久性工程区段而造成损失或损害;因工程设计不当而造成的损失与损害;建设单位违约使合同中途终止。

(3)监理工程师的责任引起,包括:延误签发图纸、指令;负责提供的书面数据不准确;要求进行合同中未规定的检验。

3)费用索赔的受理程序

(1)整理索赔资料,收集记录

(2)施工单位的索赔申请

①索赔申请的格式满足监理工程师的要求;

②索赔的内容符合要求。

(3)索赔评估

①施工单位提交的索赔申请资料必须真实、齐全,满足评审的需要;

②申请索赔的合同依据必须正确;

③申请索赔的理由必须正确与充分;

④申请索赔数额的计算原则与方法应恰当;

⑤数量应与监理工程师掌握的资料一致。

价格与取费的来源能被建设单位接受,否则应修订施工单位的计算方法与索赔数额,并与建设单位和施工单位进行协商。

4)审查报告

其组成文件包括：

(1)受理施工单位索赔申请的工作日期，工作简况，确定的索赔理由及合同依据，经过调查、讨论、协商、确定的测算方法及由此确定的索赔数额、结论等。

(2)附件：监理人员对该索赔的评语，施工单位的索赔申请，包括涉及的文件、资料、证明等。

5)确定索赔

监理工程师应在确定其结论之后，签发《索赔时间/金额审批表》，并通过中期支付证书予以支付。

下面就其中的若干内容作进一步的介绍。

(1)索赔费用包括的项目和内容

①人工费。由于增加了合同以外的工程内容，或因建设单位造成工程拖延，致使施工单位多使用了人工或者延长了工作时间，则施工单位有权向建设单位要求补偿人工费的损失。其计算方法如下：工资单价(按合同规定或日工资，分别按合同工、普工、技术工计)×人工数(分别按合同、普工、技术工计)×应赔偿(或延长)天数。经汇总，即为索赔的人工费。

②材料费。由于建设单位修改了工程内容，或重新施工制作，致使工程材料用量增加，则施工单位有权向建设单位提出索赔。其计算方法如下：(实际使用的材料数－原来材料数)×所使用材料的单价。

③机械费。机械费索赔主要是计算机械工作时间的增加量或停置的时间(台班)；新增各种机械的数量和工作时间的增加量(或停置时间)求出后，乘以合同规定的单价(或台班价)，然后再按各类机械费用累计、汇总后，即为机械费用的索赔数额。

④管理费。施工单位的管理费通常由现场管理费和上级部门(公司)的管理费组成。其计算方法如下：

现场管理费＝现场管理费率×直接费。其中：现场管理费率＝现场间接费÷工程直接费。

上级(公司)管理费＝上级(公司)管理费率×(直接费索赔额＋现场管理费的索赔额)。其中：上级(公司)管理费率，一般施工单位均有所规定，亦可由施工单位根据某一段时间内的工程进展情况加以确定。

最终索赔数额则以上述四种费用为基础，按合同规定的原则和方法进行计算并汇总即可。

(2)索赔金额的技术与确定

当索赔成立时，其关键工作就是确定索赔费用的金额。虽然施工单位在索赔报告中已有费用金额的计算，但监理工程师仍应对其严格审查，然后再确定索赔费用额。

①索赔细目与相应工作量的审定。首先应仔细阅读监理记录，如工地日记、监理工程师日记、计量与支付方面的记录及有关报表、停工导致索赔的有关记录；其次是仔细分析施工单位的有关记录(每日的现场记录、索赔时间发生时的同期记录)；再次是派员针对重点内容去现场查实；然后，根据上述监理工程师和施工单位两方面的记录及现场查实情况，按合同文件的有关规定进行综合分析，确定出索赔的细目和其相应的工程量(工程量的确定须按技术规范和工程量清单前言的要求进行)。

监理工程师应对施工单位根据相关规定提供的索赔证据和详细的账目进行审查和核实，在与建设单位和施工单位协商后，确定施工单位有权得到的全部或部分的索赔的款额，并按规定列入核签的期中支付证书或最后支付证书内予以支付。监理工程师应将此决定通知施工单位,并抄送建设单位。

②单价与费率分析。施工单位提出索赔时,一般会附上工程项目方面的资料与工资和成本方面的资料。监理工程师应详细审查这些资料,从中找出与索赔有关的情况及依据。一般说来,大多数的索赔项目均不包括利润,有的甚至还不包括管理费,而施工单位的报价单中,其价格已经包含了管理费和利润;另一方面,由于在施工过程中,合同中的一切基本条件可能已经进行了重大修改,早已不同于报价时的情况。因此,索赔项目不能照搬报价单中的单价和费率来进行索赔金额的计算,而应从报价单中将费率分解出来,重新加以确定,再进行索赔费用的计算。

③计算审查。监理工程师对施工单位的索赔费用计算,应进行详细的审查。首先,应对施工单位的计算原则、计算方法进行分析和审查,主要是看其是否符合合同的规定和要求;其次,是检查施工单位的计算有无错误。在许多情况下,施工单位的索赔费用计算往往存在计算错误,监理工程师在审查时,对此要足够重视。当然,审查的重点应是看其计算的原则和方法是否符合合同的有关规定和要求。

(3)索赔费用的支付

当索赔费用经计算确认后,就可以作为施工单位的应收款项,作为中期支付证书中(或最终支付证书)的一个支付项目支付给施工单位。如果一项索赔并没有全部结案,只要监理工程师已认可了其中的一部分,则该部分的款项亦应该以一项持续索赔的临时付款的方式支付给施工单位。不过,监理工程师必须依据《索赔时间/金额批表》,首先签发索赔支付证明,并按通用条件合同文件的规定,将其支付证书或最终支付证书予以支付,且必须按合同有关规定及《索赔时间/金额审批表》所确定的执行索赔金额的支付。

9.价格调整费用的计算与支付

(1)价格调整的必要性

在工程的施工过程中要消耗大量的资源,各种资源的价格又直接关系到工程费用的多少,因此,价格的变化必然对工程费用的增减产生直接的影响;倘若是国际工程,汇率的变化亦直接影响到工程费用;此外,立法(后继法规)的变化,也是引起工程费用增减的主要因素之一。上述诸因素,工程参与各方虽只能被动的承认和接受,但在施工过程中,可采取调整价格的方法,即对原来的合同价予以增减,来减少它们对工程费用的影响。

实际上,当在合同中列明价格调整的有关条款后,即将物价汇率和立法等意外风险让建设单位和施工单位双方共同承担,从而使投标人在报价时能够更合理的计算投标价,保证建设单位能获得一个较真实可靠的标价,也维护了施工单位的经济利益(一旦涨价便可进行价格调整)

(2)价格调整的有关规定

根据通用条件70.1款的有关规定,在合同执行期间,由于材料、劳务或影响施工成本的任何其他事项的价格涨落引起费用增减时,应根据本合同条件的第二部分,即专用条件规定的价格调整公式给予调价,将其浮动的价格从合同价值中增加或减去。

(3)价格调整费用计算的原则

价格调整费用计算,按以下两个时期分别进行。

①投标报价阶段。如果在送投标书截止期前28d之后,国家或省(自治区、直辖市)颁布的法令、法律、规章或条例出现修改或变更,因采用上述法律、法令、规章或条例等,致使施工单位

在履行合同中费用产生变化，则应对其价格进行调整。价格调整的计算，应按投标截止日期前28d当日政府规定的价格与现行价格的差值加到或从合同价值中减去，或按投标截止日期前28d当日政府公布的物价指数与现行物价指数计算出的金额加到或从合同价格中减去。

②施工阶段。可按投标人填入合同工程量清单中的单价并得到投标时认可的单价与现行价格差值分别加到工程量清单中，然后计算出调价金额，并加到或从合同价值中减去。

(4)价格调整的计算方法

价格调整的方法有两种：一种是公式法，另一种是票证法。如果合同没有规定具体的调整方法，监理工程师应与建设单位、施工单位协商后，决定价格调整的具体方法。

一般情况下，对在一年或更短时间内即可竣工的简单合同，无须进行价格调整；对工期较长的合同，则应随劳务、设备、原材料、燃料和运输价格等影响工程成本的因素而进行调整，并尽可能使用公式法根据不同的地区、不同材料的基价的现价指数来加以调整。外币部分价格调整的计算，应按专业条件有关规定执行。

国内工程通常采用公式法进行价格调整费用的计算，如下式：

$$\mathrm{TJE} = \mathrm{ZFE}\cdot\mathrm{ZH} = \mathrm{ZFE}\left(X + a\frac{\mathrm{RG}}{\mathrm{RG_0}} + b\frac{\mathrm{GC}}{\mathrm{GC_0}} + c\frac{\mathrm{SN}}{\mathrm{SN_0}} + d\frac{\mathrm{LQ}}{\mathrm{LQ_0}} + e\frac{\mathrm{JX}}{\mathrm{JX_0}} + f\frac{\mathrm{YL}}{\mathrm{YL_0}} + \cdots\cdots - 1\right) \tag{4-5-6}$$

式中：TJE——对年累计支付额的调价额；

ZFE——年累计支付额；

ZH——综合调价系数；

X——支付中不进行调价部分所占的权重系数；

$a,b,c,d,e,f\cdots\cdots$——分别为人工费、钢材、水泥、沥青、机械使用费、燃油料费用等其他材料费用在合同价格中所占的权重系数

$$X = 1 - (a + b + c + d + e + f + \cdots\cdots)$$

$\mathrm{RG_0}$——人工费基期价格指数；

RG——人工费当期价格指数；

$\mathrm{GC_0}$——钢材基期价格指数；

GC——钢材当期价格指数；

$\mathrm{SN_0}$——水泥基期价格指数；

SN——水泥当期价格指数；

$\mathrm{LQ_0}$——沥青基期价格指数；

LQ——沥青当期价格指数；

$\mathrm{JX_0}$——机械使用费基期价格指数；

JX——机械使用费当期价格指数；

$\mathrm{YL_0}$——燃油料费用基期价格指数；

YL——燃油料费用当期价格指数。

在利用调价调整公式进行调价时，还应遵守以下规定：

①合同价格在投标所在的年份不作调整，此后每年调整一次。

②式中的基价指数、投标年份(即送交的投标书截止期前28d的所在的年份)的价格指数，计算时采用100。

③式中的当期价格指数,采用本合同工程所在的省(自治区、直辖市)统计部门正式公布的该计算年的《建筑业产值价格指数》统计资料中的各项相关的价格环比指数。

④权重系数由建设单位根据标底资料测算确定范围,在招标文件发出前填写;施工单位应在投标时在此范围内填写各因素的权重系数,合同实施期间将按此权重系数进行调价,除非由于工程的实施或根据工程变更或其他原因,监理工程师认为某一因素的权重系数不合理或不适用,则权重系数应予以调整。

(5)价格调整费用的支付

监理工程师根据合同规定的价格调整方式,计算出价格调整金额,并归纳于《价格调整汇总表》后,即可通过《中期支付证书》,办理因价格调整而引起的费用支付。

第三节　合同支付的管理

合同支付的主要根源在于工程意外。在工程实施中所遇到的各种意外,可归纳为工程意外和外部意外两大类。属于工程意外的是:设计意外(设计变更);合同意外(合同因施工单位被驱逐或施工单位自动撤离而中止);工程管理意外(由于监理工程师工作失误等);施工实施条件意外(如工程地质变化、发生施工事故等)。外部意外则包括:价格、汇率变化、法规变更、特殊风险等。

上述两种意外,既相互联系,又相互渗透,从本质上讲,外部意外是一种根本性意外,是超出工程本身范围以外的意外,无法由工程参与者进行控制,而内部意外亦往往由于外部意外发生而发生,故其处理也较为困难。

工程在施工过程中什么时候出现什么样的意外,所出现的意外将造成多大损失等,均难以预见,因而无法在工程量清单中明确,而只能由合同条件作原则规定。对意外费用的监理也只能依靠监理工程师在实际工作中对所出现的各种意外,进行当机立断的处理,去控制和减少各种意外所造成的损失。一般地,对意外费用的支付常采取各方共同负担、公平支付的原则。并且,意外费用的支付属于损害赔偿性质,除工程变更项目之外,一般不包括利润,只支付成本。

1.工程停工的付款

公路工程在施工过程中,由于工程意外,常会导致停工。不管是什么原因导致停工,都将影响整个工程的竣工和交付使用,使建设单位的利益遭受损害;同样,停工将使施工单位的人员窝工、设备闲置及管理费用增加。因此,停工对双方都有害,应尽量避免。作为施工活动主导者的监理工程师,应尽力改善自己的工作,避免出现停工。但因工程意外,又常会产生停工。因此一旦发生停工,监理工程师应加倍注视工程情况,除设法尽快复工外,还要认真仔细地取得各类损失的依据,并准确计算双方的费用损失。

若工程停工是由施工单位自己的工作失误或所承担的风险而导致,则其所有费用由施工单位自己负担。如停工影响到工程竣工,应按通用条件 47 条向建设单位支付拖期违法偿金;当停工影响到其他施工单位工作,因而引起他们向建设单位索赔时,则建设单位将根据合同条件将这种支付转由造成停工的施工单位来支付,且采取从向该施工单位付款中扣减的方法来实现;如施工单位造成的停工严重影响工期时,还可能被建设单位驱逐。

若工程停工由于建设单位原因所致,则应根据合同中相应的规定和条款,对施工单位予以补偿。补偿金额则依现场情况及随后采取措施的内容及设备的闲置情况而确定,且一般只付成本。

2.合同中止后的付款

当工程意外严重时,将导致合同中止。合同一旦中止,应进行全面清理,以便确定费用如何支付。合同中止有以下三种情况:建设单位违约、施工单位违约和特殊风险。

(1)建设单位违约

当监理工程师确认建设单位不能继续履行合同,或因建设单位干涉、阻挠、拒绝监理工程师签发的支付证书,导致施工单位提出中止合同,其性质与通用条件第65条所指的因特殊风险而使合同中止相同。因此,建设单位应承担的支付义务与通用条件第65条的规定相同。另外,还应向施工单位支付由于建设单位违约,使合同中止而引起的、或与此有关的、或因合同中止后而造成的施工单位的任何损失费用,而且,在支付款额中还包括对施工单位利润损失的补偿。

(2)施工单位违约

根据通用条件第63.1款规定,当监理工程师确认施工单位违约后,应尽快确定并证明在合同中止时,施工单位根据实际完成的工程已经合理地得到或理应得到的价款、已用及未用的材料、临时工程和施工单位装备的价值。同时,监理工程师还应对由于施工单位违约而使建设单位产生和随之引起的所有费用的增加,按照合同文件的规定进行估价。最后,在与建设单位和施工单位协商后,签发扣除施工单位上述费用的证明。

(3)特殊风险

根据通用条件第20.4款规定,特殊风险应由建设单位承担。当工程在实施中遇到战争、叛乱、骚乱等特殊风险时,监理工程师应首先帮助建设单位澄清:合同中止之日前,施工单位已按合同完成的工程的全部费用,以及建设单位已支付给施工单位的款额与细目;施工单位依据合同为该工程合理采购的材料、设备与货物的费用;施工单位雇佣的所有从事工程施工人员在合同中止时的合理遣散费;施工单位机械设备的撤离费;施工单位为完成整个工程而合理发生的费用,而该费用又未包括在其他各项支付之内;施工单位应偿还建设单位的有关设备、材料和工程的预付款余额,以及合同中止之日,按合同规定,建设单位应向施工单位收回的任何其他款项。然后,在同建设单位、施工单位协商后,签发合同中止证书。

复习思考题

1.清单支付有哪些内容?

2.合同支付项目包括哪些?应如何进行支付?

第六章　支付证书及其表格

第一节　支付证书

支付证书是建设单位向施工单位付款的唯一凭证。在工程施工过程中，每月一次开具的，称为“中期支付证书”；在工程结束后开具的，称为“最终支付证书”。

(一)中期支付证书

中期支付证书是一种对规定时间内施工单位所作工作的价值估算，且由监理工程师向建设单位开具的付款凭证。中期支付证书由支付月报表和工程进度表组成。

1.月结账单

为便于统一管理，月结账单的格式由监理工程师设计或指定。每月末，施工单位应向监理工程师提交由其项目经理签署的，按监理工程师批准格式填写的月结账单一式6份。该月结账单包括以下项目，施工单位应逐项填写清楚：

(1)自开工截至本月末止已完成的工程价款；

(2)自开工截至上月末已完成的(已实际结算的)工程价款；

(3)本月完成的(应结算的)工程价款，即(1)-(2)；

(4)本月完成的(应结算的)计日工价款；

(5)本月应支付的暂定金额价款；

(6)本月应支付的已进场将用于或安装在永久工程中的材料、设备预付款；

(7)根据合同规定，本月建设单位应结算的其他款项(如工程变更、停工补偿、迟付款利息等)；

(8)费用和法规的变更发生的款项(即按通用条件第70条进行办理)；

(9)本月应扣回的保留金和扣回的材料、设备预付款及开工预付款；

(10)根据合同的规定，本月应扣除的其他款项。

2.监理工程师审核并开具证书

监理工程师在收到施工单位的月账表后14d内或专用条款数据表中另有规定的天数，应对其项目、款项等参照自己相应的记录，并结合各方面的情况和要求进行全面审核，然后签发《中期支付证书》。签发时应写明他认为到期应该结算的价款及需要扣留和扣回的价款，并报建设单位审批。

如果经扣款后，该月应付给施工单位的款额少于投标书附件内列明的中期支付证书的最低金额，则该月可不核证支付，而将支付金额按月结转，直至累计应支付的款额达到投标书附件中列明的中期支付证书的最低金额时为止。

(二)最终支付证书

监理工程师在收到施工单位提交的最后结账单和清账书14d之后，应签发最终支付证书并报建设单位审批，同时抄送施工单位。其内容包括：监理工程师认为根据合同规定最终应付的金额;在确认以前的收付款后,双方应找清的差额。

第二节 支付表格

《公路工程施工监理规范》的支付表格主要包括:工程进度表、中期支付证书、清单支付报表、计日工支付报表、工程变更一览表、价格调整汇总表、价格调整表、价格变更一览表、永久性材料金额一览表、永久性工程材料到达现场计量表、扣回材料设备预付款一览表、扣回动员预付款一览表、中间计量表、中间计量支付汇总表等。

上述报表应由监理工程师指定,并由施工单位仔细填写申报。监理工程师在收到这些报表后,应在合同通用条件时限内,通过仔细的审核,然后签发计量支付证书。

(一)工程报表的主要名词及指标

1.主要名词

合同开工日期(年、月、日);合同完成日期;合同规定的竣工日期(年、月、日);合同总价:即在中标通知书中写的,施工单位按合同规定实施和完成本合同工程及缺陷修复应得到的支付价款总额;保留金:在其中支付证书中应支付给施工单位的工程价款中分期予以扣留的金额,其扣留和退还的规定按具体合同办理;暂定金额:为了实施本工程的任何部分或供应材料、货物、设备或提供服务或供支付不可预见费用的,并已在工程量清单中标明的一项金额;开工预付款:指建设单位按投标书或附件中规定的金额而预付给施工单位的一项款项,其预付办法在合同中均明确加以规定;扣回预付款:指按合同规定,由施工单位向建设单位归还的开工预付款,其扣回的办法于合同中予以明确规定;支付款:经结算实际支付的工程款项。

2.指标

本期完成:本期完成反映的是截止填报报告期内已完成工程的数量;到上期末完成:抄自上期报表中的“到本期末完成”栏;到本期末完成:填报的工程数量系工程项目自开工以来到截止报告时所累计完成的,即到上期末完成的加本期完成的工程量之和;工程变更(+ -):本月(期)因工程变更增加(+)或减少(-)的工程费用;工程变更增减金额:抄自“到本期末”的变更(+ -);违约罚金:按合同文件有关规定确定其违约金额后,按实际发生金额填写。

(二)合同工程进度表

1.编表目的

本表主要是反映工程项目计划进度与实际完成的情况,每月由施工单位填报,并经各级监理工程师和建设单位签字认可后方才生效。

2.填表说明

单项合同金额:按与建设单位签约时建设单位认可并标价工程量清单的相应项目填写;单项占合同总金额(%):单项工程费用与“工程量清单总金额”之比;单项实际完成的百分比(%):单项工程累计完成金额与单项工程计划金额之比;实际完成占合同金额:单项工程累计完成金额与工程量清单总计金额之比,按月计划与实际完成,本栏以单项工程计划和实际完成的工作量横道形象图和工程项目计划与实际完成工作量进度坐标曲线形象图加以表示。

单项工程形象进度图由施工单位按施工组织设计先给出单项工程计划进度形象图,形象图下行数字表示单项工程按月计划完成百分数,并逐月填报,形象图上行数字表示实际完成百分数。

项目工程形象进度图由施工单位按施工组织设计以时间为横坐标,以工程数量为纵坐标,绘出工程形象进度图。在图中,先绘出的计划进度曲线以虚线表示,后绘出的实际进度曲线以实线表示。

实际与计划栏的填报:实际分上下两行填写,上行填写本月实际完成百分数,下行填写累计实际完成百分数;计划分上下两行填写,上行填写本月计划完成百分数,下行填写累计计划完成百分数。

报告日期:报表统计截止日期按年、月、日填写,并统一规定每月截止日期为25日。清单号、名称及编号系按工程量清单填写。

(三)财务支付月报表

1.编表目的

本表为合同工程项目财务支付的凭证,是施工单位向建设单位提供的工程进展情况和工程价款结算的汇总表,经各级监理工程师和建设单位审核后可作为临时支付证书。

2.填表说明

(1)合同价及变更增减金额:合同价及变更增减金额分别抄自工程量清单及本期末变更增减(+ -)

(2)名称栏下各行的填报:变更(+ -),抄自相应的计算表。合计:为以上各项分章工程、暂定金额、索赔等之和以及合同变更增减金额等、合同价与变更增减小计栏之和。保留金=本期合计×合同规定的10%。扣回预付款,抄自相应的计算表。支付=合计-保留金-扣回预付款-违约罚金。截止日期:报表统计截止日期(年、月、日)。

(四)清单支付月报

1.编表目的

本表为财务支付月报的附表。清单支付月报是按工程量清单中各工程项目的实际竣工数量和合同有关规定进行计量并计算工程价款,是填写财务支付月报的依据之一。

2.填表说明

(1)编号及内容:按工程量清单各章工程项目的编号填写。

(2)合同数量及单价金额:按工程量清单各章的分项目填写。

(3)本期完成数量金额:抄自工程月报附件的“本期分章计量支付数量汇总表”。

(五)设计变更一览表

1.编表目的

设计变更一览表所反映的是工程设计变更使工程量增减而发生的费用,填表时按清单分章分别对照工程量清单编号、项目进行填写,无清单编号应列入新增编号栏。设计变更一览表由施工单位编制,经监理工程师签认后上报。本表是填写财务支付月报的依据之一。

2.填表说明

(1)工程项目及批准变更数量:工程量增减按施工单位提供的、且经监理工程师签认后的变更令及变更设计报告和有关凭证分别填入有关栏。

(2)批准单价:批准单价有两种,一是采用合同对应单价,二是按合同的有关规定重新分析并经监理工程师签字认可的单价,该单价经建设单位批准后执行。

(3)工程量增减(+、-)金额=批准单价×工程量增减(+、-)。

(4)本期完成工程量增减(+、-)及工程金额增减(+、-):抄自附件中的本期分章计量支付数量的汇总表。

(5)批准文号:批准该项设计变更令的编号。

(6)因本表是变更统计表,因此,在填表时,无论本期是否发生变更,以前所有已变更的项目在每期报表上均要加以反映。

(六)单价变更一览表

1.编表说明

由于本表反映的是因单价变更且经调整后的单价,应分章分别对照工程量清单的编号、项目进行填写,并经监理工程师签认后上报。本表是填写财务支付月报的依据之一。

2.填表说明

1)调整前单价:签订合同时的该项目的单价。

2)调整后单价:按合同有关规定重新分析并经监理工程师签认的单价。该单价经建设单位批准后执行。

3)批准文号:批准调整项目单价变更的变更令的编号。

(七)永久性工程材料到达现场的统计表

1.编表目的

本表所反映的是施工单位采购的材料到达施工现场的具体情况,以便考核是否因合格材料未组织供应的现场而造成停工待料,影响工程进度。本表由施工单位编制并经监理工程师核实签认后上报。

2.填表说明

材料名称按核实分类填写。

(八)扣回预付款一览表

1.编表目的

本表反映的是施工单位按合同规定完成银行保函等证明文件后,建设单位向其拨付的开工预付款被按合同规定加以扣回的情况。本表也是由施工单位编制,经监理工程师签认后上报。本表也是填写财务支付月报的依据之一。

2.填表说明

扣回预付款的计算方法应按合同有关规定,其金额按合同规定计算后如实填入表中。

(九)施工及主要设备报表

1.编表目的

本表反映的是到施工现场人员及机具设备与计划的动态情况,以便考核该施工单位是否因人员不足或机具不足或因机具设备使用不当而造成的工期延误,即对其进行掌握的报表。

2.填表说明

人工及主要设备报表由施工单位填写,经监理工程师核实签认后上报。该表在填表时应按表内规定填写。

(十)监理月报表(一)

1.编表目的

本表反映的是各单项工程每月(季)所完成的工程量及对已完成工程量所作出的评价。本表由合同段监理组组长填写。

2.填表说明

(1)对本月工程完成情况的评价,即对施工单位所使用的材料、预制的构件和已施工完成的工程是否按“合同”、“规范”和图纸施工,以及达到其所要求的程序进行评价。

(2)存在问题及建议:监理工程师应对有关进度、质量、管理等方面所存在的问题进行填写,并针对存在问题提出处理意见。

(十一)监理月报表(二)

1.编表目的

本表由施工单位和监理工程师共同填写,所反映的是工程在施工中,根据监理日志和施工单位每月按合同条款的要求所提供的工程进展情况、测量和观察记录等成果的报告。

2.填表说明

(1)自然灾害受灾情况描述:对受灾部位、程度、数量等进行描述。

(2)灾害对工程计划进度的影响:本栏主要以数字加以说明。

(3)处理结果:按处理方案如实填写。

(十二)本次支付说明(附件一)

如果本次支付情况复杂,为了方便各部门的审核而需进行说明的,应填写此表。

(十三)本期分章计量支付数量汇总表(附件一)

1.编表目的

编制本表是为本期完成的数量和金额提供依据。本表反映的是本期本章完成的各细目数量和按合同单价应支付的金额(包括设计变更的增减数量和金额)在本章中之和。

2.填表说明

本期本章完成的各细目工程数量(包括变更设计)来源于工程中间计量表,其单价来源于合同清单。个别设计变更新增细目号,因工程量清单中无对应单价时,可按合同规定另做单价分析,并经批准后再执行。且其凭证号为中间计量表的编号。

(十四)工程报验数量表(附件一)

1.编表目的

本表反映该合同的所有工程细目(包括变更设计增减的工程)的报验情况,报验数量则来源于截止本期末完成的工程中间计量表。

2.填表说明

(1)序号:该合同所有工程每章每节的支付号。

(2)名称:支付号对应的支付项目。在支付项目栏下以桩号顺序填写桩号并将该项目所有工程的位置加以填写。

(十五)工程中间计量表及质量证明附件(附件二)

1.编表目的

本表是反映本期支付数量(包括设计变更增减)的原始计算表,从此表可得到各章细目的工程数量。本表由施工单位计算、填写,经现场监理、驻地监理工程师、计量监理工程师审核签认后上报。

2.填表说明

(1)计算工程量必须是经质量检验合格的工程。

(2)所计数量必须经过测量、丈量、检评,各种质量证明的附件必须完整(包括材质证明、物理力学试验报告、厂方证明文件、检测报告、化学分析)并经监理工程师、中心试验室认为合格工程的工程量,方可进行计算并纳入计量支付中。

(3)工程数量的计算必须清晰,且应附草图,计算由施工单位进行,应反复审核,必须做到准确无误。

(4)属于设计变更部分的工程量应在支付项目编号后且注明“变更”字样,其有关要求同前

(1)、(2)、(3)条所叙。

(十六)说明

(1)填表的项目名称、数字和内容,必须用计算机打印,禁止采用手写(防止涂改)。

(2)施工单位编制的每期工程支付月报9份,另加附件5份,其中附件(一)、附件(二)施工单位和监理组各留一份(监理组留原件),其余的月报和附件均按程序报送。所有报送资料均需加盖"公章"。

(3)施工单位发出的文件应主送项目监理组,需抄送建设单位的应由监理部转交。主送件需加盖"正本"字样,且正本及副本均须经正本收件人签署姓名和日期。由于各公路工程建设指挥部的要求不一致,故应仔细研究各工程项目的《施工监理工作规程》,并按其要求去办理。

复习思考题

1.支付证书有哪几种?具体内容是什么?

2.支付表格都有哪些?

第五篇　工程监理信息管理

第一章　工程监理信息管理概述

第一节　监理信息的概念、任务、类型

随着我国工程建设管理体制改革的深化,工程管理已从过去的行政管理过渡到合同管理,实行项目法人责任制、工程招投标制、工程监理制和合同管理制已成为工程项目管理的重要措施。信息管理作为工程建设监理中五监控(质量、安全、环保、费用、进度)、两管理(合同、信息)、一协调(组织)的组成部分,受到越来越多的重视。

信息是监理控制、管理、协调的依据,也是监理工作的结果。信息监理工程师运用信息管理的基本方法,明确信息流程,制定相应的信息收集制度,利用高效的手段处理信息,为监理工程师的决策提供可靠的依据。

一、监理信息管理的概念

1.公路工程信息

公路工程建设范畴中的信息反映公路工程建设的状况和规律,是对建设过程中各种数据的解释和处理,监理工程师依赖这些信息作出判断和决策。公路工程信息多以数据为载体,通常以文字、数值、图表、图像等形式表现。

2.信息管理

信息管理是对信息进行收集、整理、处理、存储、传递与应用等一系列工作的总称,是建设单位、施工单位和监理工程师在工程实施日常管理工作中的一个重要组成部分,具有全方位、全过程的特点。

为了达到信息管理的目的,监理人员应了解信息管理的各个基本环节。这些环节包括:

(1)了解和掌握信息的来源,并对信息进行分类;

(2)掌握和正确运用信息管理的各种手段;

(3)掌握信息流程中的各个环节,如信息的收集、分析、处理、储存、检索、传递和运用等,并建立相应的信息管理系统。

3.监理信息管理

工程监理信息管理是指以工程项目作为目标系统的管理信息系统。它通过对工程项目建设监理过程中信息的采集、加工和处理,也即通过统计分析、对比分析、趋势预测等处理过程,

为监理工程师的决策提供依据，对工程的费用、进度、质量、安全生产、环境保护进行控制；同时它也为确定索赔内容、索赔金额及反索赔提供确凿的事实依据。

二、监理信息管理的任务与类型

1.监理信息管理的任务

监理信息管理包括监理信息的收集、传递与处理、存储、发布等方面，根据公路工程款额巨大、建设期长、质量要求高、各种合同多、使用机械、设备、材料数量大的特点，信息管理采取人工决策和计算机辅助管理相结合的手段，特别是利用计算机准确及时地收集、处理、传递和存储大量数据，并进行工程进度、质量、费用、安全生产、环境保护的动态分析，达到工程监理的高效、迅速、准确。监理信息管理的基本任务：

(1)实施最优控制

控制是监理的主要手段和方法。控制主要任务则是把计划的执行情况与计划的目标进行比较，找出差异及分析差异，以便采取有效措施去排除或预防差异的产生，使总体目标得以顺利实现。

为能方便地进行比较分析及采取措施去控制项目的进度、质量、费用、安全生产和环境保护目标，监理工程师首先应掌握有关项目的五大目标的计划值，掌握施工单位编制的实施性施工组织设计，还应及时了解五大目标的执行情况。监理工程师只有在充分掌握、分析处理上述两方面信息的基础上，方能实施最优控制。

(2)进行合理决策

工程监理决策正确与否，将直接影响公路工程项目建设总目标的实现，以及监理单位（监理公司）和监理工程师个人的信誉。监理决策的正确与否，虽然取决于各种因素，但其中最重要的因素之一就是信息。为此，在工程的设计、施工招标、施工等各个阶段，监理工程师都必须充分地收集、分析整理各种信息。只有这样，方能作出科学的、合理的监理决策。

(3)妥善协调工程项目建设各有关方面之间的关系

公路工程建设项目，尤其是高速公路项目的建设，涉及到众多的方面及单位。如地方政府部门，建设、设计、施工单位，材料设备供应单位，资金供应单位，外围工程单位，毗邻单位，运输、保险、税收单位及沿线居民等，上述各方都会对项目目标的实现带来一定的影响，为了与这些方面及单位有机地联系，支持工程顺利进行，就需要加强信息管理，妥善协调好各部门、各单位之间（特别是建设单位、监理工程师及施工单位三方之间）的关系。

(4)向建设单位和总监提供信息

根据监理工作进展，监理工程师应及时向建设单位及总监提供有参考价值的信息，以便建设单位和总监综合考虑，进行正确决策。此项任务亦是监理工程师（驻地高级监理工程师）在监理工作中应重视的且应努力完成的任务。

2.监理信息的类型

为了使信息能够更好地发挥控制作用，按监理的目标将信息划分为：工程费用控制信息、质量控制信息、进度控制信息、合同管理信息和安全生产信息。

工程费用控制信息包括：工程合同价、物价指数、各种估算指标、施工过程中的支付账单、原材料价格、机械设备台班费、人工费、各种物资单价及运杂费等。

质量控制信息包括：国家质量政策及质量标准、工程项目的建设标准、质量目标分解体系、质量控制工作流程、质量控制工作制度、质量控制的风险分析、质量抽样检查的数据、验收有关记录和报告等信息。对重要工程和隐蔽工程还应包括有关的照片、录像等。

进度控制信息包括有:施工定额、计划参考数据、施工进度计划、进度目标分解、进度控制的工作程序、进度控制的工作制度、进度控制的风险分析及进度记录等。

合同信息是建设单位与施工单位在招标过程中合同文件的信息,它们是监理工程师开展监理工作的主要依据,包括:合同协议书、中标通知书、投标书及附件、合同通用及专用条件、技术规范、图纸、投标书附表、其他有关文件(包括补遗书等)。

其他类型信息包括有:

(1)监理信息。监理信息包括监理过程中,监理工程师的一切指令、审核、审批意见、监理文件等。

(2)施工单位信息。施工单位信息是指施工过程中,反映施工单位的工程进度、质量、变更、索赔、延期、单价计量、支付、报表及其他方面的信息。

(3)试验信息。指对施工材料、混合料等性能试验信息。

(4)原始记录。包括记录的工作日记、现场检查记录、会议记录、来往函件等。

(5)上级及建设单位信息。在项目实施过程中,上级的有关指示、建设单位的有关意见和决定等相关信息。

(6)环境信息。沿线地方政府、有关单位、人民群众对建设项目的意见、建议等信息,天气气候信息等。

第二节 监理信息管理的实施方法

一、监理信息管理的基本要求

1.真实性

真实性是信息的最基本要求。以真实反映客观现实并且有价值的信息为依据才可能正确认识事物,做出切合实际、有利于工程建设的决策,否则会导致错误判断。监理工程师在搜集、整理、处理信息中应十分重视信息的真实性。

2.时限性

合同条款规定建设单位、施工单位和监理工程师必须按照合同规定时限行使职权、履行义务、开展工作。各方务必严格遵守信息的时限要求。如工程索赔、延期、合同终止、费用和法规的变更等条款都对信息的时限性做出明确规定,忽视信息时限可能导致工程质量事故和风险。

3.系统性和可扩充性

随时间、环境的变化,信息应得到更新和扩充,并形成一个完整的系统。监理工程师在管理工作中应将信息进行适当分类,建立有机联系,使信息成为系统,并做好不断扩充的准备。如对于持续发生的工程索赔事件,索赔信息必须随事件的进展不断扩充,最后形成这一索赔事件的全部信息记录。监理工程师如果忽视信息的可扩充性,可能因资料不完整,导致索赔处理困难。

二、信息管理的人员和设备要求

无论采取何种模式的监理组织机构,人员的配备都应考虑信息管理工作的需要。一般在每一级监理机构中,应设 1~2 名信息管理人员。信息管理人员应掌握信息管理的知识和工作方法，熟悉本工程合同条款中关于信息管理的要求，具备一定的文秘水平和计算机应用能力。

根据工程规模、工期和预计信息量应为信息管理工作配备适量的车辆、电话、传真机、微型计算机、打印机、复印机等设备。

三、建立顺畅的监理信息流程

工程管理信息在上下级、监理组织内部与外部环境之间流动，是参与工程建设的各部门、各单位之间关系的反映。通畅的信息流程能良好地发挥信息的作用。

1.监理工程师是监理信息流的中心

合同条款和监理服务协议明确赋予监理工程师直接监督管理工程实施的职责，施工过程中有关质量、进度、费用等信息须通过监理贯通，监理工程师即处于监理信息流的中心。

2.信息流畅通是信息管理的保障

保证信息畅通是信息管理的必需，工作实践中应注意：

(1)理顺信息流动的渠道

监理机构上下级之间形成垂直信息流，机构内部分工之间形成横向信息流。在一般情况下，建立健全监理组织机构和监理工作制度并认真执行，比较容易畅通信息流渠道。因此监理工作中不断完善监理工作制度，明确监理岗位职责，有章必循，加强监理内部工作配合，及时进行信息沟通，避免垂直信息流的越级流动。

(2)确保物质技术条件

信息流的顺利贯通依赖一定的物质技术条件，应注意技术设备的实用性。随着办公条件的现代化和计算机的普及，计算机网络信息系统逐步应用于工程项目的管理中，在有条件的情况下，计算机网络设备也成为信息流需要的物质技术条件。

四、健全监理信息管理制度

信息管理制度是信息管理的基础之一，在工程准备阶段，监理工程师应结合工程特点和监理控制的重点，制订信息管理制度，并在施工期内检查执行情况，收集反馈意见，适时修订和完善。

信息管理的基本制度应有：

1.信息管理的岗位职责

(1)协助监理工程师制订信息管理的有关规章制度。

(2)收集、整理、分析、处理信息，提供决策。

(3)维护信息系统，保证信息的安全、准确、保密。

(4)协调信息管理，确保需要的信息及时、准确。督促监理人员在规定的时间内，以规定的形式向信息管理系统提供标准化信息。

2.资料档案管理制度

资料档案是监理工程师执行施工合同，有效控制工程质量、进度、费用，正确评价工程，处理合同纠纷和索赔的依据，也是工程竣工后道路养护工作的重要的数据资料。监理工程师应规范资料档案管理制度，符合以下基本要求：

(1)资料所反映的工程项目情况和有关合同内容必须真实、准确、完整，签章有效、齐全。

(2)资料的制作有利于长期保存，表面整洁、字迹清晰，无随意涂改。若有涂改，涂改处应有签章。

(3)资料必须以规定表格或监理工程师认可的形式填写,纸张大小一致。

(4)资料的签发手续符合合同规定,不得无理拖延或扣压。

(5)各类资料的归档按时间、编号或项目等顺序依次存放,便于查询。

(6)借阅规定明确,手续完善,符合保密规定。

3.收发文件制度

收发文件必须符合国家有关公文处理的一般规定。

4.监理月报制度

5.工地会议制度

6.监理日志制度

五、监理信息的处理

信息从收集、加工整理、存储到成果发布、检索、传递、使用即信息的处理过程,应达到准确、完整、及时的基本要求。

1.信息的收集

明确采集渠道,及时收集数据资料是信息管理的第一步。收集工作的质量直接影响信息管理的质量。在不同施工阶段,信息收集的内容和侧重不同。

(1)施工准备期

施工准备期监理工程师主要任务有:熟悉合同文件、进行现场复审、查看施工环境、制订监理图表、审批施工总体计划等。信息主要来源于合同文件、投标书、地质勘测资料、复测记录、临时和永久占地计划协议书、施工单位提交的进度计划等。

(2)施工期

施工期监理工程师应围绕工程质量、进度、费用、安全生产和环境保护五大控制目标的实现采集信息。这一阶段,伴随工程进展的信息量加大,来源复杂,监理工程师应以各种检查、检测记录、监理日志、工地会议纪要、往来文件和施工、技术报表等为信息的主要来源,将各方面信息综合分析,去伪存真,利用有效信息。

(3)工程缺陷责任期

监理工程师在缺陷责任期内监督施工单位履行缺陷责任期的合同义务,尽快完成交工验收或未完工程和遗留工程缺陷,定期检查工程完成情况,记录监理日志等资料,是这一时期主要的信息资料。

2.加工整理

收集到的信息须经过过滤、排序、计算、比较、选择等步骤加工整理成有实际效力的信息。信息加工整理办法在质量管理中有排列图法、直方图法、相关图法、控制图法等数据的分析方法;费用和进度管理中有大小曲线法、香蕉图法、横道图法、网络技术等分析方法;合同管理中有数据对比等一些抽象的信息分析方法。

3.存储

信息的存储是按不同方式将信息归档保存在不同部门的过程。监理工作要求将大部分信息存储在文件或表格中,或以计算机存储器存放工程质量检测、试验数据并建立质量数据库。一部分信息可用挂图、图片等形式存储。信息管理部门应存储有关工程监控管理的全部信息,其他职能部门应根据需要存储业务范围内的必要信息。

4.传递

信息借助一定的载体传递到特定的部门中,形成信息流。信息管理部门是信息传递的必经部门,将信息用各种适用的方式,如书面报表、文件、电报、传真或电子邮件等传递给监理工程师或需要信息的部门,成为监理工作的依据。

5.检索

当前有用的信息将被立即用于指导施工,暂时不用的信息存储后,在使用时,通过信息检索而被调用。对信息进行编码或分类,可大大节约存储空间和检索时间。

6.使用

信息使用时应注意保护和保密。尤其是将文件形式的信息借阅给相关的部门,应记录信息的去向和复制的份数,防止信息丢失或遗漏。有一些特殊的信息仅在监理部门内部使用,具有一定的保密性,使用时应严格控制信息传递范围,防止泄密。

复习思考题

1.什么是公路工程信息、信息管理和监理信息管理?

2.监理信息管理的任务和类型是什么?

3.监理信息管理的基本要求是什么?

4.监理信息的处理方法是什么?

第二章　公路工程施工监理信息的收集与管理

第一节　公路工程施工监理信息的收集

在公路工程施工监理过程中，信息管理工作质量的好坏，很大程度上取决于收集到的原始资料的全面性和可靠性。因此，建立一套完善的信息收集制度是非常必要的。

一、工程项目建设前期的信息收集内容

公路工程建设项目，尤其是高速公路建设项目，大多是工程规模宏大、投资巨大、技术复杂的工程项目，在正式开工前、需进行大量的准备工作，而在工程进程中将产生大量的包含着丰富内容的文件。承担该工程项目的监理单位及监理工程师应当了解和掌握这些内容，即需事先收集到这些文件。

1.收集设计任务书及其有关资料

所有新建或改(扩)建的公路工程项目根据资源条件和国民经济发展规划，由主管部门牵头组织有关单位提前编制设计任务书，设计任务书是确定拟建工程项目建设方案(包括建设规模、建设布局、建设周期等原则问题)的重要文件，也是编制工程设计文件的重要依据。设计任务书一般应包括下列内容：

(1)该公路工程建设的目的和依据；

(2)工程建设规模和技术标准；

(3)工程沿线的工程地质条件、建筑材料供应情况、交通运输条件等；

(4)工程建设总工期；

(5)投资(融资)渠道和控制造价；

(6)工程建设地点和占地估算；

(7)工程的经济效益分析；

(8)生态、环境保护方面的要求；

(9)存在的问题和对策。

2.设计文件及有关资料的收集

拟建的公路工程项目的设计任务书经主管部门审批后，即委托设计单位编制设计文件。依照项目规模大小，虽有一阶段、二阶段、三阶段设计，但其包括内容大致如下：

(1)社会情况调查。工程沿线地区的工农业生产、社会经济、文化历史沿革、人民生活水准、风俗习惯、自然灾害等情况的调查。

(2)工程技术勘测情况的调查。应注意收集公路沿线地区的自然与资源条件资料，如河流、水文、地质、地形、地貌、气象、不良工程地质等。

(3)技术经济勘察情况调查。主要收集公路工程沿线地区的建筑材料、水电供应、交通运输条件、劳力资源(数量、工资标准)、机械设备租赁等资料。

(4)生态环境情况调查。主要收集动、植物生态情况,环保情况等。

3.招投标合同文件及有关资料的收集

公路工程建设项目在招投标过程中形成的合同文件,是该工程项目在建设中进行管理的依据和法规,其主要内容包括:投标邀请书、投标须知、合同双方签署的合同协议书、履约保函、合同条件(合同通用条件及合同专用条件)、投标书及其附件、工程量清单及其附件、技术规范、招标图纸、发包单位在招标期间发生的所有补充通知,施工单位在投标期内所补充的所有书面文件及随投标书一起报送的资料与附图,发包单位发布的中标通知书,承发包双方在商议合同时双方共同签署的补充文件等。也就是说,在招投标文件中包含了大量的信息,包括甲方的全部"要约"条件及乙方的全部"承诺"条件。例如:甲方(建设单位)所提供的三通一平、征地拆迁、通信条件等;乙方(施工单位)所提供的原材料、人力、机械设备、施工图纸与方案、投资保证、工期保证、质量保证、安全保证、环保措施等。

二、公路工程施工过程中的信息收集

在公路工程施工阶段中,每天都会发生各种各样的情况,其中必然包含着各种信息,这些信息需要监理工程师及时收集和处理。

1.收集建设单位提供的信息

建设单位作为工程建设项目的组织者,在我国往往以工程建设指挥部的形式出现。建设单位在施工中间须按照合同文件的规定向施工单位提供相应的施工条件,并要随时表达对工程实施中各方面的意见和看法,下达某些指令,尤其是建设单位在施工过程中对施工进度、质量、费用支付、合同管理等方面的意见和看法,以及建设单位上级单位对工程建设实施中的各种意见和看法及指令,建设单位定期提供的气象预报、洪水汛情预报,由建设单位负责提供的某些建材的品种、数量、质量、价格、提货地点、提货方式、材质证明、试验检测资料、运距等信息。

2.收集施工单位提供的信息

施工单位在施工过程中所提供的信息包括两个方面:其一是施工现场所发生的各种情况,如形象进度、施工质量缺陷、隐蔽工程状况、质量事故、施工现场管理状况等有形的信息;其二是施工中施工单位经常向其上级主管部门、建设单位、设计代表、监理工程师(驻地监理组)及其他方面报送的各种文件。如向监理组报送的实施性施工组织计划、每周工作计划、每月工作计划、开工申请报告、分项工程施工方案及措施、各种工程项目自检报告、质量事故报告、有关问题的处理意见、月支付申请表、工程变更申请及工程变更令、清量变更表等。

以上两方面的信息,施工单位自身必须收集和掌握;监理工程师在现场管理中也必须收集和掌握,并将收集到的信息加以整理,汇集成丰富的信息资料。

3.驻地监理工程师的记录

驻地监理工程师的记录,包括工程施工历史记录、工程质量抽查记录、工程量计量记录、工程款支付记录、开工记录、隐蔽工程检测记录、竣工验收记录等内容。

(1)现场监理人员的日报表。主要内容包括:当天施工单位的施工记录;施工单位当天参加施工的人员(工种、数量等);施工单位当天施工用的机械、设备(名称、数量、工作时间等);当天发现的施工质量问题;当天的施工进度及其与计划的施工进度的比较(若发生施工进度拖延,应记录其原因及影响的范围和程度,施工单位是否会提出延期或索赔等);当天的综合评语;其他说明(应注意的事项等)。

现场监理的日报表，即监理日志可采用表格式，应简明扼要并要求每日填写。

(2)工地日记。主要内容包括：现场每日的天气情况记录，当天是晴、阴或雨雪，当天的最高、最低气温，当天的降雨(雪)量；当天的风力，当天因气候原因而损失的工作时间等，现场监理人员日报表；监理工作纪要；其他有关情况与应说明的问题等。

(3)驻地高监的日记。主要包括以下内容：当天所作的重要决定；当天对施工单位所作的主要指示；当天发生的纠纷及协调解决方法；当天对驻地合同段现场的监理工程师(监理人员)的指示；当天与其他人达成的任何主要协议，或对其他人的主要指示等。驻地高监日记应每日记录，但该日记仅为驻地高监的个人记录。

(4)驻地高监月报。驻地高监每月应以月报形式向总监理工程师及建设单位书面汇报下列情况：所管辖合同段(施工单位)的简介；各合同段的施工进度状况(按指挥部生产调度会议要求及施工组织设计中的进度计划进行比较)；工程进度拖延的原因及其分析；工程质量情况与问题；工程进度中的主要困难与问题，如施工中的重大质量事故、重大索赔事件、材料及设备供货困难、组织与协调方面的困难、异常恶劣的天气情况；工程变更、设计变更；工程款支付情况等。

(5)驻地高监对施工单位的指示。主要内容为：监理通知单，工地会议纪要，日常指示(工地协调会中发出的指示)，在施工现场发出的指示等。

(6)驻地高监发给施工单位的补充图纸。

(7)工程施工质量记录。主要包括：工程材料试验、混凝土配合比试验等试验样本送检及试验结果记录；隐蔽工程检查、结构构件检测、几何尺寸检查、外观质量检查等检测记录；构件、结构破坏试验，结构静载试验等试验检测记录等。

4.收集工地会议信息

工地会议是监理工程师进行监理工作的重要方法，且是监理工程师行政管理的一部分。工地会议中包含着大量的监理信息，监理工程师须重视，并应建立一套完善的会议制度，以便于会议信息的收集。

三、工程竣工阶段的信息收集

公路工程竣工并按合同技术规范要求进行竣工验收时，需要大量的与竣工验收有关的各种信息资料。这些信息资料由两部分组成：一部分是在整个施工过程中长期积累形成的，另一部分则是在竣工验收期间根据施工期间积累的资料整理分析而形成的。完整的竣工资料由施工单位在监理工程师的监督指导下，以及工程项目建设指挥部(建设单位代表)和中心试验室积极配合下编制完成并归档。

各省市均根据交通部《公路工程竣(交)工验收办法》(2004 年 交通部令第 3 号)的通知精神，结合国家《基本建设项目档案管理暂行规定》和各省重点公路建设项目的实际情况，制定了相应的公路工程建设项目竣工技术文件编制办法。

第二节　工程监理信息的加工与整理

在公路工程建设过程中，监理工程师除应注意对各种原始资料加以收集外，还须将收集到的各种资料进行加工整理，并同时对施工过程中出现的各种问题进行妥善处理。当对收集的原始资料进行加工处理时，按其加工整理的深浅程度可将信息分为以下几个类别：第一类为对资料和数据进行简单的整理和过滤，加工整理出的信息叫二次信息；第二类是对信息进行分析，概括综合成能产生辅助决策的信息；第三类是采用数学模型，通过统计推断获得可产生决策的信息。

一、监理信息的检索与使用

针对监理信息，无论是存档案库或存入计算机的信息、资料，为了便于查找，事前都要拟定科学的查找方法和手段，做好编目分类工作，即建立起科学的检索系统。实践证明，科学而健全的检索系统可以使报表、文件、资料、档案等信息既保存完好，查找起来又极方便；除对监理信息进行必要的检索之外，监理信息的传递也是一种处理的途径。而监理信息的传递主要是指借助于一定的载体将其在需要的范围内的传送。信息通过传递，形成各种信息流。监理工作中的信息流，利用纸张、磁盘、磁带、录像带等载体，将图纸、报表、文件、记录通过电信、各种收发、会议等传递手段，不断地输送到监理工程师手中，成为他们工作的依据；不断地输送到上级有关部门，作为他们指挥决策的参考的根据。

充分地利用监理信息进行施工监理的全过程控制。监理信息管理的目的，是为了更好地使用它为决策服务。大中型公路工程建设项目的管理工作，涉及的信息类型复杂，信息量甚大。如项目的投资控制、施工进度控制、施工质量控制、合同管理等方面的信息，种类繁多，内容丰富。大中型公路工程项目如此巨大的信息量，要实现高效快捷的信息管理使监理工作流程程序化、监理记录标准化、监理报告系统化，可利用电脑存储量大的特点，将工程项目有关的信息资料，高速准确地处理成所需要的各种信息成果，尤其是利用建设项目监理软件包，可以让监理工程师更方便地进行进度控制、质量监理、投资费用控制及合同管理等监理工作。

工程建设中的各种信息，均需经过监理工程师的提炼、归纳，方可形成计算机能够接受的规范化的标准信息，就是经过计算机处理而输出的信息，也必须再经过监理工程师的分析、综合、判断后，才能成为决策的依据。

二、监理信息的加工与整理

监理工程师在具体施工过程中，根据当时收集的信息而作出的决策（或决定）大致有以下几方面。

1.对工程施工进度状况的意见和批示。

每个月（或每季度）监理工程师都要对工程进度进行对比分析并作出综合评价，其中包括整个工程当月在各方面所完成的实际工程量，以及实际工程量与合同规定的计划数量之间的比较。若某一部分拖后，且为关键路线时，则应分析其原因、存在问题和困难，并提出解决的意见和批示。

2.对工程质量情况的意见和指示

监理工程师应将当月施工中发生的各种质量问题，包括现场巡视和抽检发现的各种问题，以及施工中出现的质量事故加以系统的归纳和分析。对各种质量缺陷、问题、事故（含重大事故）的处理情况，除在月报中进行阶段性的归纳和评价外，当有必要时还可向建设单位进行专门的质量情况报告，而对施工单位，则应以《监理通知单》的形式，发出书面指示。

3.对工程计量与支付情况的意见和指示

工程计量支付，尤其是中期支付，包括工程款、材料设备预付款、工程变更、保留金、索赔、价格调整、工程交工支付等，支付内容繁多且程序复杂。在按月进行的工程计量与支付过程中，监理工程师除对工程量的实际完成情况和投资完成情况进行统计与分析外，还应在统计与分析的基础上作一些短期预测，从而为建设单位在资金组织和使用上提出咨询意见。

4.对工程索赔的处理意见

公路工程合同在实施过程中，由于建设单位或监理工程师职责范围的延误；建设单位或施工单位均无法控制的因素（特殊风险）；变更、检验及缺陷责任期内经调查确认为不属于合同项内施工单位的责任的调查费用；施工单位遇到的不属于现场气候条件的，凭以往经验无法预见的外界障碍或条件，并已实际造成影响工期和费用增加等。上述情况，直接导致施工单位受到额外的时间损失和费用增加。施工单位将通过合法程序向建设单位提出正当赔偿，即索赔。一般情况下，监理工程师对索赔应先预控，并想方设法防止施工单位提出不必要的索赔。当出现索赔事件时，监理工程师则应积极调查取证，实事求是，秉公处理。因此，监理工程师必须充分熟悉合同，掌握合同的有关条款，说明了什么是引起索赔的主要原因，并采取相应措施。对不成立的索赔事件，则应尽快答复。总之，对工程索赔的处理要及时稳妥。

复习思考题

1.公路工程施工监理信息的收集内容是什么？

2.加工与整理的工程监理信息类别是什么？

3.工程监理信息的检索内容是什么？

4.工程监理信息的加工与整理主要体现在哪几个方面？

第三章　工程监理文档管理

一个大型的公路工程建设项目,在其实施过程中会产生各种各样的文件,如有关上级部门的审批文件、设计文件、合同文件等,各个部门,如建设单位、施工单位、监理机构之间互相交递的信件、函件等。这些信、函件是工程的历史性文件,必须妥善保管。严格的文件管理可以避免工程失误及施工错误,可以正确处理工程延期及工程索赔等。在监理工作中,报表文件的体系化、规格化、标准化是监理工作有序进行的基础工作,亦是监理信息科学化的重要内容。实际工作中,不同类型的工程项目所产生的文件及所需要的监理报表并非完全一致。监理工程师应根据所监理项目的具体情况来设计适合该项目监理工作需要的各种文件及报表。如湘耒高速公路,在监理工作中有关设计变更、工程变更、延期、索赔、计量与支付等的表格达近200余种,南昌大桥工程项目的监理表格有130多种……。对于世界银行贷款项目,根据"世行"规定:借款单位在工程执行阶段,必须按期向"世行"提交有关贷款项目的各种报告。上述报表(报告)共同组成该项目的报告,以利于世界银行对该贷款投资项目的监督。

第一节　监理档案构成

监理工程师与建设单位、施工单位或指定分包商之间有关工程质量、进度和费用的一切往来的函件和报表均应分类编号归档保存。监理工程师应督促施工单位在合同规定时间内,向监理工程师提交完整、准确、清晰的竣工图纸、资料和各类档案。

档案通常分为行政档案、财务(支付)档案和技术档案等,监理档案的具体构成如下:

(1)行政档案

行政档案包括:

①监理工程师与建设单位之间的来往函件;

②监理工程师与施工单位或指定分包人之间来往的函件、书面协议、申请批复、会议记录;

③监理工程师与技术专家之间来往的函件;

④监理工程师内部来往的函件、请求报告、报告的批复;

⑤驻地监理工程师与第三方之间的来往函件、协议;

⑥工程监理月报。

(2)财务(支付)档案

①施工单位提出的延期索赔申请及批准的延期时间和百货费用;

②施工单位提出的计日工计划以及批准的计日工计划和单价;

③施工单位提出的价格调整申请以及批准的价格调整指数;

④额外或紧急工程的费用计算;

⑤设计变更批准的费用计算;

⑥各类支付证书；

⑦保险单及付款收据；

⑧其他的费用支付证明；

⑨工程进度月报。

(3)技术档案

技术档案包括：

①工程开工及停工指令；

②额外及紧急工程图纸；

③变更图纸；

④现场指令；

⑤检查记录；

⑥验收记录；

⑦试验记录；

⑧施工图纸；

⑨交工图纸。

按工程监理控制目标，监理资料可分为以下5类：

(1)质量控制资料——检验、试验以及有关质量的监理指令；

(2)进度控制资料——总体进度计划，旬、月度计划及其完成，进度计划调整资料以及有关计划的监理指令；

(3)费用控制资料——工程量统计、计量与支付、工程费用变更资料以及有关费用控制的监理指令；

(4)合同管理资料——有关工程分包、变更、索赔、延期等来往文件、监理月报和相关监理指令；

(5)监理内部管理资料——规章制度、监理费用、工作考核、奖惩等。

第二节　监理表格管理

监理表格是监理档案的组成部分，它的规范化、标准化是监理工作有秩序进行的基础，是监理信息科学化管理的一项重要内容。

(一)监理表式构成

监理表式分为五大部分：监表、支表、检表、试表和评表。

1.监表

监表是监理工程师在履行监理职责进行工程监控时使用的表格。

2.支表

支表是进行工程计量和支付申请和审批的用表。

3.检表和试表

检表和试表主要是施工单位自检使用的表格，监理工程师也可以此做旁站监理记录和抽查检验使用。

4.评表

评表是工程项目中间或全部交工后，将检表和试表的结果汇总，按照《公路工程质量检验评定标准》规定对分项评定,分部、单位工程和整个工程质量进行评定的用表。

(二)监理表式的制订和修订程序

(1)在工程准备阶段,监理机构应依据《公路工程监理规范》组织编制监理表式。表式应规范、标准、齐全、适用,以信息管理部门为主,其他技术、试验部门协助共同编制,最迟于工程开工前完成。

(2)在第一次工地会议上监理工程师应向施工单位印发监理表式,说明编制要求提交程序、份数、范围、时限等。

(3)工程中,监理工程师应针对使用监理表式不符合规定的情况向监理人员或施工单位作进一步地解释,并听取对表式的反馈意见,适时对监理表式进行修订或补充。

(4)对于因情况变化已不适用于实际的表式,应及时修订和补充,进一步完善表式系统。

第三节　竣 工 文 件

竣工文件全面反映工程建设过程中的质量、进度、投资状况,记载合同履约的执行情况,为工程竣工后的管养运营提供备查信息。按照施工合同条款和交通部《公路工程竣(交)工验收办法》(2004 年 交通部令第 3 号)的规定,竣工文件的编制应由建设单位组织,建设单位、监理工程师、施工单位根据编制要求和内容分别承担共同完成。

(一)竣工文件的构成体系和编制责任(图 5-3-1)

(二)竣工文件编制程序

1.前期准备工作

(1)工程准备期,制订监理表式并及时下发

(2)明确单位、分部、分项工程的划分

单位、分部、分项工程的划分以部颁《公路工程质量检验评定标准》(F80/1—2004)为依据。对于特大桥等工程,亦可根据具体情况另行划分。在工程开工之前,监理工程师应督促施工单位按合同规定并结合工程特点进行分项、分部、单位工程的划分。监理工程师审核同意分部、单位工程的划分后,报建设单位批准。当工程规模较大,施工单位较多,为便于统一划分口径,应由监理工程师提出划分方案建议征求施工单位意见后决定。施工期间的文件、报表按此归档。

(3)印发《竣工文件编制方法》

《竣工文件编制方法》内容应包括竣工文件构成体系和编制责任、各卷组成和使用的表格或图表、归卷要求和份数等。《竣工文件编制办法》应由建设单位或建设单位委托监理单位编制,编写完成后,应征求建设单位和档案管理部门的意见,最终定稿,并尽快印发给各监理机构和施工单位。以 2 年工期为例,宜在开工后的半年内编写完成。

2.施工期的竣工资料

监理单位和施工单位的竣工文件应按《竣工文件编制办法》要求,在施工过程中逐步形成。监理工程师应在施工过程中对资料整理档案管理定期检查督促。在编制办法印发后,应和施工单位就《编制办法》的规定统一认识,明确要求,必要时应制定补充规定或组织研讨。在路基、小桥涵基本完成和路面工程完工时,应组织全面检查,审查资料的完整性、准确性以及与编制办法要求的符合性,督促监理机构和施工单位对存在的问题及早整改。

竣工文件
(一)综合文件
1.竣工验收文件
(1)竣工验收签定书
验收小组
(2)交工验收报告
(3)竣工验收申请、批准文件
建设单位
2.工程总结
(4)施工总结
施工单位
(5)监理总结
监理单位
(6)设计总结
设计单位
(7)建设单位总结
建设单位
(8)质量监督工作总结
质量监督部门
3.征地拆迁资料
(1)征地拆迁合同、协议
(2)征地批文
(3)征地土地数量一览表
(4)占地图及土地证
建设单位
4.上级批准文件和有关指标
5.建设项目承发包合同、协议文件
建设单位
6.工程交接表
(1)综合指标数据表
(2)路基工程交接表
(3)路面工程交接表
(4)桥梁、交叉工程交接表
(5)工程质量评定成果表
施工单位编制，监理审查
(二)竣工决算
1.编制说明
2.单位工程决算表
3.劳力、主要材料实际消耗一览表
4.机械台班消耗一览表
5.最终支付证书
6.工程变更及费用增加一览表
7.工程索赔一览表
施工单位编制，监理审查，建设单位汇总
(三)竣工图表
1.竣工总说明
2.竣工图纸
施工单位编制，监理审查
竣工文件
(四)设计施工文件
1.技术、设计文件
(1)审批的设计及有关文件
建设单位和监理工程师以审批权限而定
(2)审批的设计变更及有关文件
监理单位
(3)设计、施工中重大技术问题的往来文件、会议纪要等
施工单位
2.施工文件
(1)工程质量文件
(2)试验、检测报告
(3)隐蔽工程检查记录
(4)成品、半成口检查记录
施工单位编制，监理工程师审查
(五)进度控制文件
1.总进度图(表)
2.计划、批准文件
3.分期进度图(表)、(月、季、半年、年)计划、批准文件
4.开工报告和批复文件
5.有关进度的往来文件
施工单位编制，监理工程师审查
竣工文件
(六)投资控制文件
施工单位编制，监理工程师审查
(七)施工原始记录
1.施工日志、监理日志
2.开、完工记录
3.天气、温度及自然灾害等记录
4.各工序施工原始记录
5.各工点、各工序测量原始记录
6.施工照片集
7.其他各种原始记录(含音像资料)
施工单位编制，监理工程师审查

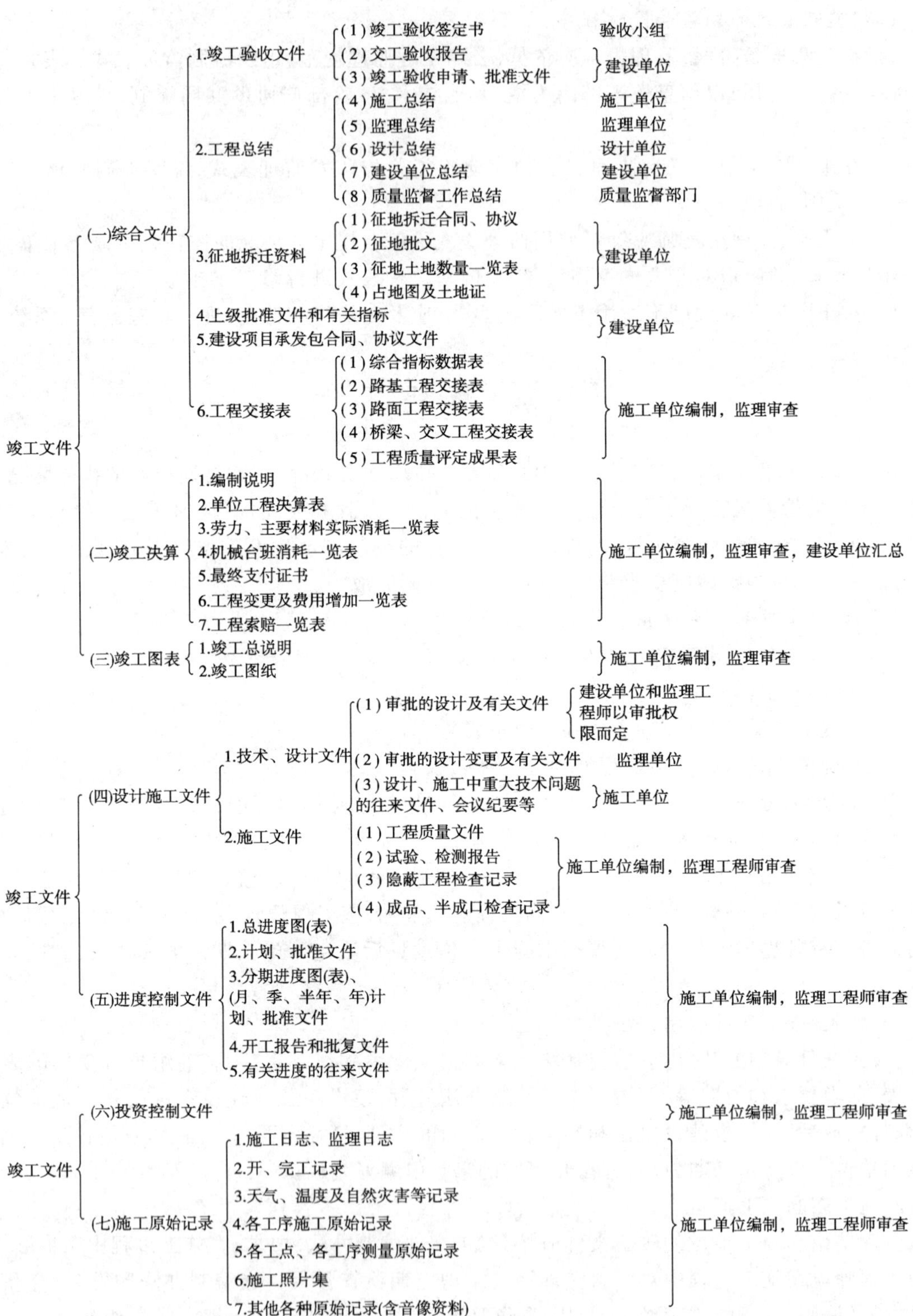

图 5-3-1

3.交工资料

工程交工资料是交工验收的必备资料，是竣工文件的基础部分。在工程交工验收之前，按照交工条件的要求，施工单位和监理机构除应完成项目实施过程中的检测、试验和合同、支付等资料的汇编外，还应按编制责任完成工程项目的质量评定和各类汇总报表(如质量评定成果、工程交接表和工程总结等；编制竣工图表；完成竣工决算的基础资料；收集施工过程中的原始记录；完成各种文件的整理分类等)。

4.竣工文件

竣工文件应在交工资料的基础上，补充缺陷责任期中完成的项目资料，必要时修订交工资料中的某些数据报表，以使资料与实际情况相符，并按照竣工文件的编制体系，将各自承担的部分进一步完善，施工单位和监理应于竣工验收之前2~3个月内将竣工文件提交给建设单位，由建设单位按照案卷归档的要求将全部资料统一装订组卷，编排档号和总目录。

(三)竣工文件编制注意事项

1.分包工程的竣工文件编制

因指定分包而出现施工交叉时，由分包人完成的工程资料应由分包人整理，质量评定应依据单位、分部、分项工程的划分确定是由施工单位或分包人进行。竣工决算、竣工图表宜由双方共同完成。

2.编制人员的管理

竣工文件编制人员应定人、定岗、定责、避免因中途更换人员而造成编制工作脱节，一般由负责日常管理文档的人员主持竣工文件的编制工作。

3.分阶段实施，集中整理

在施工过程中，施工单位的现场质量检查、质量验收资料必须按划分的分项、分部和单位工程收集归档。每完成一分项工程，应及时评定工程质量，并将该工程的资料(包括原始记录)按竣工文件的编制要求进行初步整理，逐步完善每一单位工程乃至全线的基础资料。施工结束时，填报编制综合类文件，再集中整理，以完全符合编制要求。

(四)监理工程师在竣工文件编制中的工作

1.审查施工单位的工程决算表

竣工决算是竣工文件的重要组成部分，包括工程决算和财务决算。监理工程师的主要职责是审查施工单位的工程决算。工程决算内容如前表所示。监理工程师审查的重点应放在最终支付证书、工程变更及费用增加一览表和工程索赔一览表上。最终支付证书是由总监理工程师签发并经建设单位批准的最后支付证书，应与工程竣工结算单和清账书中所列的工程款一致。

工程变更和索赔一览表中的项目应有相应的批准文件，数量和款额计算正确，附有关依据或证明，无漏项和重复列支，并有确认再无任何追加项目的说明。

2.审查施工单位的竣工图表

监理工程师审查竣工图表应掌握以下几个要点：

(1)竣工图、表应完整、准确，全面反映工程竣工的实际情况。各项数据如长度、宽度、厚度、高程、坡度、角度、地质情况等要与竣工部位的实际完全一致。

(2)凡竣工项目均必须有竣工图。竣工图要求图面清晰，线条、字迹、图表等工整、清楚、干净。竣工图应逐张加盖竣工图章。

(3)依据竣工数据绘制竣工图，应遵循以下原则，并重点审查变更工程项目的图表：

①如果某项工程完全按照原设计图纸施工没有变化时,可利用原设计图纸,加盖竣工图章;

②在施工中与设计图无变更,仅有工程数量的变化,仅制作竣工工程数量表装入竣工图内;

③若实际工程与原设计图不符发生工程变更,则必须重新绘制竣工图。

3.监理工作报告

监理工作报告是本工程施工监理工作的全面总结,说明监理工程师对监理合同的履行情况,实施监控的措施和达到的效果,以及对工程运营和养护提出建议,内容包括:

(1)工程基本概况;

(2)监理组织机构及工作起、止时间;

(3)关于工程质量、进度、费用监理和合同管理的执行情况;

(4)分项、分部、单位工程质量评估(包括缺陷责任期中发现的质量及处理措施);

(5)工程费用分析;

(6)对工程建设中存在的问题的处理意见和建议;

(7)照片或录像。

复习思考题

1.监理档案主要是由哪几种构成?其具体的内容是什么?

2.监理表格主要是由哪几部分构成?

3.竣工文件主要是由哪几部分构成?

4.竣工文件编制的程序是什么?

第六篇　工程项目安全监理与环境监理

第一章　工程项目安全监理

第一节　工程项目安全监理概述

当前，随着我国建筑业体制改革的深入，建设监理制度已得到全面推广，建设单位、施工单位和监理单位认识到抓好建筑施工安全工作，不仅是对职工的身体健康和生命安全的保障，也是保证施工工期、发挥投资效益的基本条件。而且随着建筑企业自主权加大，政府管理职能削弱以后，大量的施工安全工作应由安全中介组织来承担，而监理公司正是这种中介组织。

但目前部分监理单位对安全监理的目的、安全监理的程序和主要工作内容，认识还未到位。有的监理单位缺乏必须的安全技术力量，部分监理工程师对建筑施工安全技术标准和规范不熟悉，甚至个别监理工程师片面认为建筑施工安全只是施工单位的事，与监理单位无关，对施工现场出现的安全生产隐患熟视无睹，不加以纠正和控制。

安全生产涉及到施工现场所有的人、物和环境，安全工作贯穿于施工现场生产的全过程。所以，无论建设单位是否委托监理单位实施安全监理工作，因为监理单位是对施工全过程进行监理的，对安全工作也就应进行监理。监理单位只有在质量控制、进度控制、投资控制（俗称“三控制”）基础上，引入安全控制环节，把建设监理的“三控制”发展成为“四控制”，把加强安全监理作为政府行为的延伸，把原来政府行业主管部门的安全监督扩大到全社会，才能使得建筑行业安全生产意识、安全管理水平有根本性提高。

工程建设安全监理的目的是对工程建设中对人的不安全行为、物的不安全状态、作业环境的防护及施工全过程进行安全评价、动态监控管理和督查，并采取法律、经济、行政和技术的手段，保证建设行为符合国家安全生产、劳动保护法律、法规和有关政策，制止建设行为中的冒险性、盲目性和随意性，督促落实各级安全生产责任制和各项安全技术措施，有效地消除各类事故隐患，实现安全生产。

工程的安全、施工的安全是工程建设节省投资、保证工期、质量创优的前提，在建设项目各项指标既定的情况下，工程投资的控制受进度、质量、安全等因素的共同制约；工程进度的控制又受资金、质量、安全的影响；工程质量的控制从表面上看与安全不产生直接的关系，但安全又可以通过对进度和投资的制约来间接影响质量。因此，在工程建设中，要做到投资省、进度快、质量好，就需要监理工程师按照有关法律、法规以及合同文件的规定认真实施安全监理。

《范本》中规定：投标人（中标后为施工单位）与建设单位在签订工程施工承包合同的同时，

还必须签订工程施工安全生产合同。监理工程师必须加强对安全生产的监理工作。

一、安全生产监理的定义及遵循的原则

1.安全生产监理与施工项目安全监理

安全生产监理,是指监理工程师对施工方安全生产工作进行的策划,计划、组织、指挥、协调、控制和改进的一系列活动进行审查和监理,同时,在监理大纲、实施细则中应有相应的安全生产监理工作规定要求,目的是保证在施工生产活动中的人身健康安全、财产安全,促进生产的发展,保持社会的稳定。

施工项目安全监理,就是监理工程师依据"安全生产合同"及相关规定规程对施工方在施工过程中,组织安全生产的全部活动:包括对施工方编制的安全生产保证体系的审批及其实施,对生产要素流动、整合过程进行监控,使生产要素中的人的不安全行为和物的不安全状态得以避免、减少或消除,达到减少一般事故,杜绝伤亡事故,从而保证安全生产目标的实现。

2.安全生产监理必须遵循的原则

"管生产必须管安全"原则对监理工程师来说是指对项目在生产过程中必须坚持在抓施工生产监理的同时抓好安全生产监理。

企业必须执行国家《安全生产法》的规定,要保护劳动者的安全与健康,保证国家财产和人民生命财产的安全,尽一切努力在生产和其他活动中避免一切可以避免的事故;其次,项目的最优化目标是高产、低耗、优质、安全。忽视安全,片面追求产量、产值,是无法达到最优化目标的。伤亡事故的发生,不仅会给企业,还可能给环境、社会,乃至在国际上造成恶劣影响,造成无法弥补的损失。因此,监理工程师对安全生产的监理工作必须加强,抓紧抓落实。

必须充分的认识安全和生产的统一性,生产和安全是一个有机的整体,两者不能分割更不能对立起来,应将安全寓于生产之中,生产组织者在生产技术实施过程中,应当承担安全生产的责任,监理工程师必须要求施工单位把"管生产必须管安全"原则落实到每个员工的岗位责任制上去,从组织上、制度上落实明确,以保证这一原则的实施。监理工程师应认真审批施工单位的安全保障体系,要求科学合理、运行有效、操作可靠。

二、工程项目安全生产监理的主要内容

(1)贯彻执行"安全第一,预防为主"的方针和国家现行的安全生产的法律、法规以及建设行政主管部门的安全生产规章和标准。

(2)督促施工单位落实安全生产的组织保证体系,建立健全安全生产责任制。

(3)督促施工单位对职工尤其是农民工进行安全生产教育及分部分项工程的有针对性的安全技术交底。

(4)审查施工组织设计及其安全技术措施的合理性,针对性、适用性、可操作性及可靠性,要求施工单位在编制各项生产、技术设计时,应同步编制安全生产组织技术措施设计。

(5)检查并督促施工单位按照建筑施工安全技术标准和规范要求,制定并落实分部分项工程或各工序及关键部位的有针对性的安全技术措施。

(6)监督检查施工现场的消防工作、文明施工、卫生防疫、冬季防寒、夏季防暑等项工作。

(7)定期或不定期的组织安全综合检查,严格按《建筑施工安全检查标准》(JGJ 59—99)进行评价,提出处理意见并限期整改。

(8)发现违章冒险作业的要责令其停止作业,发现隐患的要下达"暂时停工令",责令其停

工整改。

三、工程建设安全生产监理阶段划分

通常情况把工程建设安全监理划分为招标阶段、施工准备阶段、施工阶段、竣工验收阶段4个阶段,各阶段有不同的工作重心。

招标阶段应审查施工单位的安全资质和协助拟定建设单位与施工单位之间及总承包单位与分包单位之间的安全生产协议。

施工准备阶段应制定安全监理程序,审查项目安全生产责任制及管理网络和各项安全技术措施,督查已到达现场的工、料、机的安全状态和对全体员工进行安全生产教育、提高安全意识等是否达到规定的要求,要特别注意安全措施的有效性、针对性、可操作性和可靠性的审查。

施工阶段应明确工程项目安全监理的依据和有关安全生产的法令、法规、政策和规定,明确项目安全监理的职责,并严格按其职责开展监理工作。

四、监理对安全生产的监控

道路交通工程由于受自然和施工条件的限制,存在施工工作面多,交叉作业多,地下操作多,水中(水下)及高空作业多,施工场地小的"四多一小"现象,这些现象的客观存在,带来了较多的不安全因素。一是施工工作面多,易出现一些一时难以发觉的薄弱环节;二是交叉作业多,顾此失彼现象经常发生;三是地下操作多,水中(水下)及高空作业多,危险性相应增加;四是施工场地小,磕碰事件发生的概率大,因此,监理工程师在工作中必须确立"安全第一,预防为主"的思想观念,认识"安全重于泰山"的内涵,切实做好安全生产监控工作。

1.督促建立健全的安全生产责任制

施工单位的安全生产保证体系和工程安全规章制度对施工安全有着直接的影响,因此,监理工程师要严格审核施工单位提交的安全生产保证体系,对其中存在的问题或疏漏之处,应及时指正并要求限期整改,同时要加强事前和事中监督检查,深入现场,对施工中易发生安全事故的作业或地段进行经常性的督促,发现不足应要求施工单位及时改进。要积极利用工程质量现场会、监理协调会等机会,开展安全生产的宣传教育,以促进施下单位及施工人员重视施工安全,增强安全意识,防止和避免各类事故的发生。

2.严格安全事故监控

许多工程安全事故,往往是由于施工单位施工和管理不当造成的,特别是当前建设市场竞争激烈,一些施工单位低价"抢标"在先。简化作业程序在后,给工程的安全生产带来了较大的隐患。因此,监理工程师必须严格安全事故监控,加强事前和事中的安全监控,一旦安全事故发生,应坚持"四不放过"的原则,即事故原因不查清不放过;事故主要责任者认识不到位不放过;全体施工人员未受到教育不放过;主管领导责任不落实不放过。要认真查明事故原因研究防范措施,对责任者进行批评、教育或处罚,并以具体事例向有关施工人员进行宣传教育,防止安全事故的再次发生。对于施工过程中发生的安全事故,不分事故大小,要求施工人员按规定立即上报,并进行认真的调查研究。对于一些复杂的工程安全事故,监理工程师还应按规定组织专家进行调查、试验验证,定期观测或专项论证,以明确责任、正确处理。

五、监理工程师在安全生产监理方面应注意的几个问题

(1)严格审查施工组织设计中有关安全生产的保证体系、技术措施、防护措施等。

施工组织设计是指导施工企业进行规范、有序施工的技术性文件。严格施工组织设计审查,可以从源头上把好安全生产关。首先要审查施工组织设计中施工安全生产保证体系是否健全、完善,责任制是否层层有分工、层层抓落实,运行流程是否畅通,是否可形成一个有效的安全生产监控网络;其次要审查安全生产技术措施是否健全、完善,内容是否切合本地区、本工程实际,尤其是对采用的新技术、新工艺、新设备、新材料,其安全生产技术措施是否切实可行;再次要审查用于施工现场的安全保护用品、材料是否安全、可靠,数量能否满足施工要求。安全经费是否落实,并满足相应的要求,全员安全教育计划是否落实等,对上述主要问题的审查要认真、仔细,对不符合规范要求的内容坚决不得批准,并责令施工企业改正后方可签字。

(2)抓好安全生产技术措施的落实,要以抓工程项目部的安全生产监控网络为主,监督检查其有关内容的落实情况。要把好材料、工序、分项、分部工程的安全生产检验关,从材料、机械使用到施工技术、操作规程均应按规范要求进行检查。另外,对从业人员要求持证上岗,严格禁止使用无证人员,以减少安全生产隐患。

(3)做好施工安全生产的日常监理工作。由于施工企业在职工安全生产教育方面以及安全生产控制能力方面可能存在这样或那样的缺陷,从而出现这样或那样的安全问题,如现场用电、脚手架搭拆、安全网封挂、脚手架板搭设、物料提升架使用、施工现场配戴安全帽以及施工中技术操作问题等等。因此,监理人对施工安全保证体系必须常抓不懈,同时要通过检查、巡视等手段强化安全生产监理工作,发现问题及时下达监理通知,对较大的隐患要采取下达停工令等手段,责令施工企业进行整改直至达到规范要求。

(4)关注施工人员的身体健康状况,凡不适合相应的工种的人员,如潜水工种、高空作业工种等,一律不得安排上岗。

(5)及时做好有关安全生产监理工作的资料整理和归档工作。安全生产责任重大。目前全国建筑业安全生产形势十分严峻,在强调施工企业加强自我管理的同时,如何加强监管工作应成为我们目前迫切需要解决的问题。

第二节　工程项目安全监理技术

一、检查施工单位的管理职责

1.审查施工单位的安全管理目标

工程项目实施施工总承包的,由总承包单位负责制定施工项目的安全管理目标并要求确保:

(1)项目经理为施工项目安全生产第一责任人,对安全生产应负全面的领导责任,实现重大伤亡事故为零的目标;

(2)有适合于工程项目规模、特点的应用安全技术及符合国家规定的劳动保护条件;

(3)应符合国家安全生产法律、行政法规和建筑行业安全规章、规程及对建设单位和社会要求的承诺;

(4)形成为全体员工所理解的文件,并实施保持。

2.审查施工单位的安全管理组织

(1)职责和权限是否明确。施工项目经理对从事与安全有关的管理、操作和检查人员,特别是需要独立行使权力开展工作的人员,规定其职责、权限和相互关系,并形成文件:

①编制安全计划,决定资源配备是否完善、合理、可行、可靠;

②安全生产管理体系实施的监督、检查和评价规定是否合理、可行、有效;

③纠正和预防措施是否合理、可行、有效。

(2)资源。对管理、执行和检查活动,项目经理部是否确定并提供了充分的资源,能否满足安全生产管理体系的有效运行和安全管理目标的实现的需要。资源包括:

①配备与施工安全相适应并经培训考核持证的管理、操作和检查人员;

②施工安全技术及防护设施;

③用电和消防设施;

④施工机械安全装置;

⑤必要的安全检测工具;

⑥安全技术措施的经费;

⑦劳动保护条件

二、审核施工单位的安全管理体系

1.安全管理体系是否贯彻了下述原则:

(1)安全生产管理体系应符合建筑业企业和本工程项目施工生产管理现状及特点,使之符合安全生产法规的要求。

(2)建立安全管理体系并形成文件。体系文件包括安全计划,企业制订的各类安全管理标准,相关的国家、行业、地方法律和法规文件、各类记录,报表和台账。

2.安全生产策划是否符合下述要求:

(1)针对工程项目的规模、结构、环境、技术含量、施工风险和资源配置等因素进行安全生产策划。

(2)根据安全生产策划结果,单独编制安全保证计划,也可在项目施工组织设计中完整独立体现。

(3)安全保证计划实施前,按要求报项目建设单位或企业确认审批。

(4)确认要求:

①项目建设单位或企业有关负责人主持安全计划的审核;

②执行安全计划的项目经理部负责人及相关部门参与确认;

③确认安全计划的完整性和可行性;

④各级安全生产岗位责任制得到确认;

⑤任何与安全计划不一致事宜都应得到解决;

⑥项目经理部有满足安全保证的能力得到确认;

⑦记录并保存确认过程:

⑧经确认的项目安全计划,应送上级主管部门备案。

三、审查施工单位的采购控制

其监控要求是:

(1)项目经理部对自行采购的安全设施所需的材料、设备及防护用品进行控制。监理工程师应检查确认所采购的安全设施所需的材料、设备及防护用品符合安全规定的要求。

(2)一般要求项目经理部分管生产的副经理,负责组织项目材料、设备部门采购安全设施所需的材料、设备及防护用品。

(3)监理工程师应检查项目经理部对分包单位自行采购的安全设施所需的材料、设备及防护用品应实行控制,控制的方式和程度取决于安全用品的类别及使用安全要求的情况。

(4)了解供应商的情况,并应作相应的评价。

(5)监理工程师应明确对采购资料的要求及控制方式。

(6)对采购安全设施所需的材料、设备及防护用品的供货和检验方式,应检查是否符合合同中作出的规定要求。

四、审核施工单位的施工过程中的安全控制

1)检查项目经理部对施工过程中可能影响安全生产的因素进行控制的情况,是否是按安全生产的规章制度,操作规程和程序要求进行施工。

(1)审查施工单位的安全策划,编制的安全计划的可行性、可操作性和可靠性;

(2)检查施工单位是否按建设单位提供的资料对施工现场及其受影响的区域内地下障碍物清除或采取相应的措施对周围道路管线采取的保护措施是否符合要求;

(3)检查施工单位所制订的现场安全、劳动保护、文明施工和环境保护措施及所编制临时用电施工组织设计;

(4)检查施工单位是否按安全、文明、卫生、健康的要求布置宿舍、食堂、饮用水及卫生设施;

(5)检查落实施工机械设备、安全设施及防护用品进场计划的情况是否符合规定的要求;

(6)检查施工单位所制订各类劳动保护技术措施的合理性、适用性、可靠性及可操作性;

(7)检查施工单位所制订现场安全专业管理、特种作业和施工人员管理是否坚持了相关的规范、规程的规定;

(8)检查施工单位对从事危险作业的员工,是否依法办理意外伤害保险;

(9)检查各类持证上岗人员的资格落实的情况;

(10)验证所需的安全设施、设备及防护用品是否符合合同文件和相关规定的要求;

(11)检查、验收临时用电设施;

(12)对施工机械设备,按规定进行检查、验收,检查施工单位对进场设备进行维护、保持机械的完好状态的情况;

(13)监理工程师应对脚手架工程的搭设,按施工组织设计规定进行验收;

(14)对专项编制的安全技术措施落实进行检查;

(15)检查劳动保护技术措施计划落实情况,并从严控制员工的加班加点;

(16)检查施工单位施工作业人员在操作前,是否由项目施工负责人编制有作业指导书、安全技术交底文本等及对施工人员进行安全技术交底,并要求双方签字确认并保存交底记录的情况是否符合规定的要求;

(17)检查施工单位对施工过程中的洞口、临边、高处作业所采取的安全防护措施是否符合规定的要求,是否规定专人负责搭设与检查;

(18)检查施工单位对施工现场的环境(现场废水、尘毒、噪声、振动、坠落物)进行有效控制,防止职业危害,建立良好的作业环境的情况是否符合相关标准和规定的要求;

(19)监理工程师应对施工中动用明火采取审批措施,现场的消防器材配置及危险物品运输、储存、使用得到有效管理是否落实到位,并符合相关的规范规定的要求;

(20)检查督促施工作业人员做好班后清理工作以及对作业区域的安全防护设施进行维护；

(21)检查搭设或拆除的安全防护设施、脚手架、起重机械设备的情况是否符合规定的要求,如当天未完成时,应要求做好局部的收尾,并设置临时安全措施。

2)检查项目经理部是否根据安全计划中确定的特殊关键过程,落实了监控人员,确定了监控方式、措施并实施重点监控,必要时应实施旁站监控。

(1)检查对监控人员进行技能培训,保证监控人员行使职责与权利不受干扰的情况。检校记录监控过程并及时反馈到相关部门。

(2)审查施工单位把危险性较大的悬空作业、起重机械安装和拆除定为危险的作业所编制作业指导书及实施重点监控的情况是否符合规定的要求。

(3)审查施工单位在连续施工过程中安全设施的衔接工作情况,是否有落实到专人负责。

(4)监理工程师及时地掌握事故隐患的信息反馈,并应按有关规定及时处理。

五、监理工程师及时做好安全检查、检验和标识

1)监理工程师应定期对施工过程、行为及设施进行检查、检验或验证,确保工程施工符合安全要求。并对检查、检验或验证的状态做好记录和标识。

2)监理工程师安全检查的要求

(1)施工现场的安全检查,应按国家、行业、地方的相关标准执行。当上述标准不能覆盖工程项目的具体情况时,应在安全计划中明确规定。

(2)定期检查和验证现场的安全生产状况,并做好记录。

(3)监理工程师对发现的事故隐患应按有关规定要求做出分析和处理,特别对分包单位的违章处理应按安全生产文件的规定进行处理。

3)监理工程师检查安全设施所需的材料、设备及防护用品。

(1)监理工程师应按安全计划与合同的规定检验进场的安全设施所需的材料、设备及防护用品,是否符合安全使用的要求。

(2)监理工程师对检验不合格品进行标识并按有关规定处理。

4)监理工程师应进行过程检验和标识

(1)监理工程师根据安全计划的要求,对施工现场的安全设施、设备进行检验,要求通过检验的设施、设备才能安装和使用。

(2)检查验收脚手架、井架和龙门架、塔吊、施工电梯的组装和搭设情况。

(3)对危险性较大的起重、升降设备,检查是否经过当地政府法定安全管理部门的检测合格。

(4)监理工程师检查施工过程中的安全设施。对通道防护棚;电梯井内隔离排或安全网;楼层周边、预留洞口的防护设施;悬挑钢平台;外挑安全网等要求组装完毕后检查验收合格才能使用。

(5)监理工程师检查验收记录保存情况。

六、检查施工单位的事故隐患控制方式

1)监理工程师检查项目经理部是否能对存在隐患的安全设施、过程和行为进行有效的控制,是否确保不合格设施不使用、不合格物资不放行、不合格过程不通过、不安全行为不放过。

2)监理工程师检查项目经理部明确了事故隐患责任人员的名单,是否规定其职责和权限。

3)监理工程师检查处理方式的内容

(1)停止使用、封存;

(2)指定专人进行整改以达到规定要求;

(2)进行返工,以达到规定要求;

(4)对有不安全行为的人员进行教育或处罚;

(5)对不安全生产的过程重新组织。

4)监理工程师验证的项目

(1)监理工程师检查项目部安监部门对存在隐患的安全设施、安全防护用品整改的情况;

(2)监理工程师检查对上级部门提出的重大事故隐患,项目经理部是否组织实施整改,是否进行验证及上报主管部门备案。

七、检查施工单位的纠正和预防的措施

1)监理工程师检查项目部对已经发生或潜在的事故隐患是否做了分析和处理,是否采取纠正和预防措施。

2)监理工程师检查纠正措施和程序

(1)检查施工单位当发生事故时,是否是按先抢救伤员及国家财产,保护现场,再按照规定的程序向上级有关部门报告。

(2)检查是否对产生事故的原因作了记录和调查,是否研究和制定防止同类事故的纠正措施。

(3)检查是否对存在事故隐患的设施、设备、安全防护用品做了标识和派专人值班看管,查明造成事故隐患的原因后,是否制定相应的纠正措施。

(4)检查是否验证纠正措施效果的情况。

3)检查是否制定了预防措施

(1)针对影响施工安全的过程、审核结果、安全记录和建设单位意见、社会投诉等,是否进行了分析潜在事故隐患的因素;

(2)检查对采取的预防措施是否确定了处理步骤;

(3)检查预防措施实施控制情况,是否措施落到实处;

(4)检查所采取的预防措施实施效果是否反馈到相关部门。

八、检查施工单位的安全教育和培训情况

1)监理工程师检查施工单位对员工的安全教育和培训情况,是否实施了未经过安全生产教育培训的员工不得上岗作业制度。

2)检查施工单位的安全教育和培训的重点是否是加强了安全生产意识和安全管理水平提高;是否加强了操作者遵章守纪、自我保护和提高防范事故的能力。

3)审核安全培训的内容

(1)施工管理人员的安全专业技能;

(2)岗位的安全技术操作规程;

(3)施工现场的安全规章、文明施工制度;

(4)特种作业人员的安全技术操作规程及措施;

(5)新工艺、新材料、新技术、新设备实施中特定的安全技术规定；

(6)安全计划中有针对性的安全措施要求；

(7)特定环境中的安全注意事项；

(8)对潜在的事故隐患或发生紧急情况时，如何采取防范及自我解救的措施。

4)检查施工单位是否在法定节假日前后、上岗前、事故后、工作对象改变时，有针对性的安全教育。

5)检查施工单位教育培训是否是按等级、层次和工作性质不同分别进行培训，对从事特种作业的人员是否按规定进行资格考核和专业培训。

6)检查施工单位对分包单位的安全教育及平时的安全教育培训的情况及新工人三级安全教育情况。

7)检查施工单位是否保存培训教育记录，是否按规定建立了员工劳动保护记录卡。

8)检查项目经理部在安全计划中是否指定安全教育培训部门或责任人。

九、及时检查施工单位的安全记录

1)检查项目经理部是否建立了安全管理体系运行的安全记录，其中包括台账、报表、原始记录等。

2)检查安全记录的建立、收集和整理情况。是否按国家、行业、地方和上级的有关规定，确定安全记录种类、格式。当规定表格不能满足安全记录需要时，安全保证计划是否制定了记录。

3)检查是否确定了安全记录的部门或相关人员，是否按规定收集、整理(包括分包单位在内)各类安全管理资料的要求，并装订成册。

4)检查是否对安全记录进行标识、编目和立卷，是否符合国家、行业、地方和上级有关规定和要求。

5)检查安全记录的储存和保管情况

(1)检查项目经理部是否有专人对安全记录进行保管，储存的环境是否应利于保存和检索。

(2)检查安全记录的完整性，是否延续到工程项目竣工。

复习思考题

1.安全生产监理的定义及遵循的原则是什么？

2.工程建设安全生产监理分为哪几个阶段？

3.简述工程项目安全监理技术。

第二章　工程质量监理的事故分析与处理

第一节　质量事故的概念及产生原因

一、工程质量事故的概念

工程质量事故是指由于勘测、设计、施工、监理、试验检测等责任过失而使工程在下述时限内遭受损或产生不可弥补的本质缺陷,因构造物倒塌造成人身伤亡或财产损失以及需加固、补强、返工处理的事故。

(1)道路工程:现场监理鉴认至工程项目通车后两年内;

(2)结构工程:施工过程中和设计使用年限内。

公路工程质量事故分质量问题、一般质量事故及重大质量事故三类。

(1)质量问题:质量较差、造成直接经济损失(包括修复费用)在20万元以下;

(2)一般质量事故:质量低劣或达不到合格标准,需加固补强,直接经济损失(包括修复费用)在20万元至300万元之间的事故;

(3) 重大质量事故:由于责任过失造成工程倒塌、报废和造成人身伤亡或者重大经济损失(损失在300万元以上)的事故。

二、工程质量问题和质量事故的成因

1.违背建设程序

建设程序是工程项目建设过程及其客观规律的反映,不按建设程序办事,例如,未搞清地质情况就仓促开工;边设计、边施工;无图施工;不经竣工验收就交付使用等常是导致工程质量问题的重要原因。

2.违反法规行为

例如,无证设计;无证施工;越级设计;越级施工;工程招投标中的不公平竞争;超常的底价中标;非法分包;转包、挂靠;擅自修改设计等行为。

3.地质勘察失真

未认真进行地质勘察或勘探时钻孔深度、间距、范围不符合规定要求,地质勘察报告不详细、不准确、不能全面反映实际的地基情况等,从而使地下情况不清,或对基岩起伏、土层分布误判,或未查清地下软土层、墓穴、孔洞等,它们均会导致采用不恰当或错误的基础方案,造成地基不均匀沉降、失稳,使上部结构或墙体开裂、破坏,或引发建筑物倾斜、倒塌等质量事故。

4.设计差错

主要是盲目套用图纸,采用不正确的结构方案,计算简图与实际受力情况不符,荷载取值过小,内力分析有误,沉降缝或变形缝设置不当,悬挑结构未进行抗倾覆验算,以及计算错误等。

5.施工与管理及监理不到位

不按图纸施工或未经设计部门同意擅自修改设计。不按有关的施工规范和操作规程施工,浇筑混凝土时振捣不良,造成薄弱部位。施工组织管理紊乱,不熟悉图纸,盲目施工。施工方案考虑不周,施工顺序颠倒;图纸未经会审,仓促施工;技术交底不清,违章作业;疏于检查、验收等,均可能导致质量问题。施工前未经监理工程师审核施工技术方案和施工组织设计或监理人员现场监管不严等都能导致质量事故。

6.使用不合格的原材料、制品及设备。

(1)建筑材料及制品不合格

诸如,钢筋物理力学性能不良会导致钢筋混凝土结构产生裂缝;水泥安定性不合格会造成混凝土爆裂;过火石灰使路基开裂等。此外,预制构件截面尺寸不足,支撑锚固长度不足,未可靠地建立预应力值,漏放或少放钢筋,板面开裂等均可能出现断裂、坍塌。

(2)建筑设备不合格

如运输、吊装设备不合格,均可导致工程质量事故。

(3)自然环境因素

空气温度、湿度、暴雨、大风、洪水、环境水污染、日晒和浪潮等均可能成为质量问题的诱因。

(4)使用不当

对建筑物或设施使用不当也易造成质量问题,如超载等。

第二节　工程质量问题和质量事故处理的目的及程序

一、工程质量问题和质量事故处理的目的

道路交通工程项目在工程质量问题和质量事故处理时,其主要目的主要表现在:

(1)使工程质量事故消灭在萌芽状态,保证公路项目整个工程的建设顺利进行及质量达到设计和规范及建设单位要求的目标。

(2)当工程质量事故发生后,及时处理,可减少人员伤亡和财产损失,可避免不合格工程的存在,避免质量隐患,并可保证工程的下道工序或下一个分项工程的质量不受影响,也避免建设单位和施工单位之间的质量扯皮现象,最终使整个工程的质量达到设计和规范及建设单位要求的目标。

二、工程质量问题和质量事故的处理程序

1.工程质量问题的现场处理方式

在各项工程的施工过程中或完工以后,现场监理人员如发现工程项目存在着技术规范所不容许的质量问题,应根据质量问题的性质和严重程度,按如下方式处理:

(1)应有可靠资料和数据证明质量问题即将产生或已存在。

(2)当因施工原因而引起的质量问题处于萌芽状态时,应及时制止,并要求施工单位立即更换不合格材料、设备或不称职的施工人员,或要求其立即改变不正确的施工方法和操作工艺。监理人员最好下指令(先现场指令,后有工地指示确认)明确。

(3)当因施工而引起的质量问题已出现时,应立即向施工单位发出暂停施工的指令(工程

暂时停工指令)并向建设单位报告。待施工单位采取了足以保证施工质量的有效措施,并对质量问题进行了正确的补救处理后,经监理工程师现场复核合格后,再书面通知其恢复施工。

(4)当现场监理人员已经证明并通知施工单位继续施工将带来更大的危害,而施工单位仍然继续施工,并继续造成工程缺陷或严重缺陷时,监理工程师有权拒绝验收。已造成质量危害的工程,可根据有关规定,要求施工单位纠正或重建,对不合格工程不予计量和支付。也可由建设单位雇用其他施工单位拆除或重建。为这些工作所付出的费用,应从付给施工单位的款项中扣除。

(5)当质量问题发生在某道工序或单项工程完工以后,并对下道工序或分项工程产生质量影响时,监理工程师应在对质量问题产生的原因及责任作出了判定并确定了补救方案后,再进行质量问题的处理或下道工序或分项的施工。

(6)在交工使用后的缺陷责任期内发现施工质量问题时,监理工程师应及时指令施工单位进行修补、加固或返工处理。

2.工程质量事故的监理处理程序

当某项工程在施工期间(包括缺陷责任期间)出现了技术规范所不允许的断层、裂缝、倾斜、倒塌、沉降、强度不足等情况时,应视为质量事故。对质量事故可按如下程序处理:

(1)监理工程师应立即指令施工单位暂停该项工程的施工,并采取有效的安全措施。

(2)监理工程师应要求施工单位尽快提交质量事故报告,并报告建设单位。质量事故报告应准确且详细地反映该项工程的名称、部位、事故原因、应急措施、处理方案以及损失的费用等。

(3)监理工程师应组织有关人员,在对质量事故现场进行审查、分析、诊断、测试或验算的基础上,对施工单位提交的处理方案予以审查、修正、批准,并指令恢复该项工程施工。

(4)监理工程师应对施工单位提出的有争议的质量事故责任予以判定。判定时应全面审查有关施工记录、监理记录、设计资料及水文地质现状,必要时还应进行实际检验测试。在分清技术责任时,应明确事故处理的费用数额、承担比例及支付方式。

第三节　质量事故的调查方式及处理的结论

一、质量事故的调查方式

《公路工程质量事故等级划分和报告制度》规定国务院交通主管部门归口管理全国公路工程质量事故,省级交通主管部门归口管理本辖区内的公路工程质量事故。质量事故的调查处理实行统一领导、分级负责的原则。重大质量事故由国务院交通主管部门会同省级交通主管部门负责调查处理;一般质量事故由省级交通主管部门调查处理;质量问题原则上由建设单位或建设单位负责调查处理。

(1)质量事故发生后,事故发生单位必须以最快的方式,将事故的简要情况同时向建设单位、监理单位、质量监督站报告。

(2)当发生重大质量事故时,在事故发生后,事故发生单位和该工程的建设、施工、监理单位,应严格保护事故现场,采取有效措施抢救人员和财产,防止事故扩大。因抢救人员、疏导交通等原因,需要移动现场物件时,应当作出标记,绘制现场简图并做出书面记录,妥善保存现场重要痕迹、物证,并应采取拍照或录像等直录方式反映现场原状。

(3)质量事故处理实行“三不放过”原则:事故原因不清不放过;事故责任者和群众没有受到教育不放过;没有防范措施不放过。

(4)质量事故建立定期报告制度。各级质量监督站每季末将《公路工程质量事故季报》报上一级交通主管部门和质量监督站。

(5)质量事故书面报告内容:

①工程项目名称,事故发生的时间、地点,建设、设计、施工、监理单位名称;

②事故发生的简要经过、造成工程损伤状况、伤亡人数和直接经济损失的初步估计;

③事故发生原因的初步判断;

④事故发生后采取的措施及事故控制情况;

⑤事故报告单位。

二、质量事故的处理结论

1.事故的性质

1)一般质量事故

(1)一级一般质量事故:直接经济损失在150~300万元之间。

(2)二级一般质量事故:直接经济损失在50~150万元之间。

(3)三级一般质量事故:直接经济损失在20~50元万之间。

2)重大质量事故

(1)一级重大质量事故,具备下列条件之一者:

①死亡30人以上;

②直接经济损失1000万元以上;

③特大型桥梁主体结构垮塌。

(2)二级重大质量事故,具备下列条件之一者:

①死亡10人以上,29人以下;

②接经济损失500万元以上,不满1000万元;

③大型桥梁主体结构垮塌。

(3)三级重大质量事故,具备下列条件之一者:

①死亡1人以上,9人以下;

②直接经济损失300万元以上,不满500万元;

③中小型桥梁主体结构垮塌。

2.事故的责任人及补救方式

(1)勘察设计单位的责任:由勘察设计单位负责,重新勘察设计。费用由勘察设计单位负责。

(2)建设单位的责任:由建设单位负责拆除事故工程(建设单位可请当事施工单位或委托其他施工单位)并重建。由此引起的费用由建设单位承担。

(3)施工单位的责任:由施工单位负责拆除事故工程,并重建。由此引起的费用由施工单位承担。

(4)当多方有责任时:在分清技术责任时,应明确各方对事故承担的比例及处理的费用数额、支付方式。

(5)当由于监理指令不当引起工程质量事故时:扣除一定比例的监理服务费用,建设单位可更换监理工程师。由施工单位负责拆除事故工程，并重建。由此引起的费用由建设单位承担。

复习思考题

1.公路工程质量事故是怎样分类的？

2.工程质量问题和质量事故的成因是什么？

3.工程质量问题和质量事故处理的目的及程序是什么？

4.简述质量事故的调查方式及处理的结论。

第三章　公路工程环境监理

第一节　工程环境监理的概述

我国工程环境监理发展刚刚起步,在许多方面都是空白,法律法规尚不健全且有很多不够成熟。下面就公路工程环境监理知识作简要的介绍。

一、工程环境监理的概念

所谓工程环境监理,是指具有相应资质的监理企业,接受建设单位的委托,承担其建设项目的环境管理工作,并代表建设单位对承建单位的建设行为对环境的影响情况进行检查,对污染防治和生态保护的情况进行检查,确保各项环保措施落到实处。对未按有关环境保护要求施工的,应责令建设单位限期改正;造成生态破坏的,应采取补救措施或予以恢复的专业化服务活动。环境监理工作主要针对工程施工所影响的环境敏感地区、环境敏感点及自然保护区。

1.环境敏感地区

所谓环境敏感地区是针对下列情况而言的,即从环境功能要求来说,是指城镇集中生活的居住区、水源保护区、名胜古迹区、风景游览区、温泉、疗养区和自然保护区;从环境质量现状来说,是指环境污染负荷大、环境质量现状已接近或超过质量标准的地区;从环境的稀释、扩散和自净能力来说,是指水文条件复杂(包括水量少、水质差、水体交换缓慢、各水期水量相差悬殊等)或气象条件不利(包括风速小、静风频率大、逆温持续时间长不利于烟气扩散)以及处于地形复杂的山谷、海湖陆风交换频率大的沿海、海口、河口等地区。除以上所述地区以外的具有一般环境条件的地区,属于非环境敏感地区。

2.环境敏感点

环境敏感点就工程建设项目而言,主要包括在工程范围内的环境敏感地区中的具体点位,分为生态环境敏感点,水环境敏感点,如海滨度假区、海水游乐场所等;声气环境敏感点,如学校教室,医院住院病房,居民集中居住点、宾馆、疗养院等;其他环境敏感点,如自然、人文遗迹的核心区、风景名胜区等。

3.自然保护区

我国所称的自然保护区,是指国家为了保护自然环境和自然资源,促进国民经济的持续发展,将一定面积的陆地和水体划分出来,并经各级人民政府批准而进行特殊保护和管理的区域。

二、工程环境监理的依据

工程环境监理的主要依据是,与建设项目环境保护相关的法律、法规、技术规范和标准、工程及环境质量标准、环境影响报告书(表)、设计文件、工程监理合同和建设工程承包合同等。工程环境监理合同、工程环境监理过程各种文件报告以及工程环境监理总结报告是工程环保验收的重要依据。例如：

(1)《中华人民共和国环境保护法》；

(2)《中华人民共和国大气污染防治法》(2000)；

(3)《中华人民共和国水污染防治法》(1995)；

(4)《中华人民共和国环境噪声污染防治法》(1996)；

(5)《中华人民共和国固体废物污染环境防治法》(1997)；

(6) 国务院第 253 号令《建设项目环境保护管理条例》；

(7) 建设部、国家计委建监(95)737 号文，关于印发《工程建设监理》的通知；

(8) 交通部《公路工程施工监理规范》(2006 版)；

(9)交通部《公路环境保护设计规范》(JTJ/T 006—98)

(10)《关于在重点项目中开展工程环境监理试点的通知》(国家环保总局环发[2002]141号)；

(11)本工程环境监理合同；

(12)本工程施工合同；

(13)本工程设计图纸、设计说明及其他设计文件。

三、工程环境监理遵循的原则

从事建设项目工程环境监理活动，应当遵循守法、诚信、公正、科学的准则，协调好工程建设与环境保护、建设单位与施工单位之间的关系，为工程的环境管理服务。工程的环境监理应当和建设单位的环境管理、政府部门的环境监督执法严格区分开来，确立工程环境监理是“第三方”的原则。

工程环境监理可单独建立监理管理体系，也可纳入工程监理的管理体系中，但不得弱化环境监理的地位。工程环境监理工作，应理顺环境监理单位和建设单位单位、施工单位、工程监理单位、环境监测单位及政府环境主管部门等各方之间的关系，为做好环境监理工作创造有利条件。工程环境监理单位应根据工程特点，制定符合工程实际情况、规范化的监理计划，使工程环境监理工作有序开展。

四、工程环境监理单位和工程环境监理工程师

从事工程环境监理的单位须有相应的工程监理资质。建设单位可通过一定形式委托有资质的并经环境保护业务培训的第三方开展工程环境监理工作。双方依据主管部门批准的环境影响报告书、有关设计文件和相关法律法规等签订工程环境监理合同。

工程环境监理单位与施工单位是监理与被监理的关系，和建设单位之间是被委托与委托的合同关系。工程环境监理总工程师应熟悉环境保护专业，并了解工程监理的知识。工程环境监理工程师应具备环境保护的专业知识和技能。从事工程环境监理的监理工程师需接受相应环保专业知识的培训。

五、工程环境监理的任务

工程环境监理的主要任务是根据《中华人民共和国环境保护法》及相关法律法规，对工程建设中破坏环境的行为进行监督管理。其中包括：

对工程施工对环境的影响进行检查；对环保设施的设计落实情况进行检查；对污染防治和

生态保护的情况进行检查;对没有按有关环境保护要求施工的施工单位责令限期改正;对因建设工程施工造成的生态破坏,应监督建设单位采取补救措施或予以恢复。

第二节　工程环境监理管理体系

一、环境监理的委托与工作程序

1.工程环境监理的委托

建设单位一般通过招标投标方式择优选定工程环境监理单位。工程环境监理单位承担监理业务,应当与建设单位签订书面建设项目工程环境监理合同。工程建设项目环境监理合同的主要条款是:监理的范围和内容、双方的权利和义务、监理费的计取与支付、违约责任、双方约定的其他事项。

工程环境监理费可根据工程具体情况和工作量计算确定,并在工程概算中列支。

2.监理工作程序

(1)编制工程建设期工程环境监理规划。

(2)按照工程环境监理规划、工程建设进度、各项环保对策措施编制工程环境监理细则。

(3)依据工程环境监理细则实施建设期环境监理。

(4)参与工程环保竣工验收,签署工程环境监理意见。

(5)工程环境监理业务完成后,向建设单位提交监理档案资料。

二、环境监理管理体系

工程环境监理单位应根据所承担的工程环境监理任务,组建工程建设项目环境监理机构。监理机构一般由工程环境总监理工程师、工程环境监理工程师和其他监理人员组成。工程环境监理机构应进驻施工现场。

对纳入工程监理的环境监理管理体系,应在工程建设项目监理机构中设置一名环境监理的副总监理工程师,负责工程的环境监理工作,同时应任命一定数量的环境监理工程师,具体落实各项工程的环境保护工作。

实施工程环境监理前,建设单位应将委托的监理单位、监理的内容等有关情况,书面通知被监理单位。

施工期环境监理过程中,被监理单位应当按照与建设单位签订的工程建设合同和落实有关环保对策措施的规定接受工程环境监理。

建设单位不得擅自更改工程环境总监理工程师的指令。工程环境总监理工程师要公正地协调建设单位与被监理单位的争议。

对施工过程中出现的重大环境问题,特别是出现与工程进度有直接关系的环境事件时,应由建设单位主持协调,达成一致意见后,由工程监理与工程环境监理联合签发监理指令。对其他一般性环境问题,工程环境监理有权直接下达监理指令。

三、职责与权利

1.建设单位的职责和权利

(1)执行国家有关环境保护的方针、政策、法令。

(2)负责工程施工期环境保护工作。

(3)组织、支持并协助工程环境监理单位开展环境监理工作,组织落实审批的环境影响报告书、水土保持方案以及后续设计文件中提出的有关环境保护对策措施。

(4)负责或组织制定有关环境保护规章制度、规划、计划、招投标合同等,并负责组织实施。

2.工程环境监理的职责、权利

(1)遵守、执行国家和地方的有关环境保护法规。

(2)受建设单位委托,监督、检查工程及影响区域的环境保护工作;定期向建设单位报告环境监理工作情况。

(3)填写监理巡视记录,记录巡视情况、存在的环境问题和解决情况,必要时要以问题通知单的形式将检查中发现的环境问题书面通知施工单位,要求限期处理。对超出合同的重大问题要及时报建设单位决定。

(4)审查施工单位提交的各类环境报告。

(5)向建设单位提交月报告、半年进度评估报告,整理归档有关资料。

(6)参加由实施单位组织的初步验收和由建设单位或有关主管部门主持的竣工验收活动。

3.施工单位的职责和权利

(1)遵守、执行国家和地方的有关环境保护法规、标准以及合同规定的有关环保条款。

(2)按照与建设单位签订的工程建设合同的规定接受工程建设期环境监理。

(3)建立辖区内的环境管理体系,并明确一名合格的环境管理工作人员,负责本辖区的环境保护工作。

(4)根据工程总体施工计划和施工方案,按照设计文件中的环境保护要求,在工程开工时编制《环境管理计划》,并提交环境监理审查。

(5)随时接受建设单位、监理工程师关于环境保护工作的监督、检查,并主动为其提供有关情况和资料。

(6)主动向建设单位或监理工程师汇报本辖区可能出现或已经出现的环境问题以及解决的情况。

(7)每月编制一份环境月报送达环境监理工程师。月报应对本标内的环境监测、"环境问题通知"的响应等有关环境保护工作的履行情况进行全面总结。

(8)对预期或已经对环境造成破坏或污染的施工活动,施工单位有权提出该施工活动变更的申请,报环境监理单位审查,由建设单位批准。

第三节　环境监理工作文件的构成

工程环境监理工作文件是指监理单位投标时编制的监理大纲、监理合同签订以后编制的监理方案(规划)和专业监理工程师编制的监理实施细则。

一、环境监理大纲

工程环境监理大纲是监理单位在建设单位开始委托监理的过程中,特别是在建设单位进行监理招标过程中,为承揽到监理业务而编写的监理方案性文件。

监理单位编制监理大纲有以下两个作用:一是使建设单位认可监理大纲中的监理方案,从而承揽到监理业务;二是为项目监理机构今后开展监理工作制定基本的工作方案。为使监理大纲的内容和监理实施过程紧密结合，监理大纲的编制人员应当是监理单位的技术部门人员，也应包括拟定的总监理工程师。总监理工程师参与编制监理大纲有利于监理规划的编制。监理大纲的内容应当根据建设单位所发布的监理招标文件的要求而制定，一般来说，应该包括如下主要内容：

1.拟派往项目监理机构的监理人员情况介绍

在监理大纲中，监理单位需要介绍拟派往所承揽或投标工程的项目监理机构的主要监理人员，并对他们的资格进行说明。

2.拟采用的监理方案

监理单位应当根据建设单位所提供的工程信息，并结合自己为投标所初步掌握的工程资料，制定出拟采用的监理方案。监理方案的具体内容包括：项目监理机构的方案、建设工程环境目标的具体控制方案、项目监理机构在监理过程中进行组织协调的方案等。

3.将提供给建设单位的监理阶段性文件

在监理大纲中，监理单位还应该明确未来工程监理工作中向建设单位提供的阶段性的监理文件，这将有助于建设单位掌握工程建设过程中的环境保护动态。

二、环境监理方案

环境监理方案（规划）是监理单位接受业务委托并签订委托监理合同之后，在项目总监理工程师的主持下，根据委托监理合同，在监理大纲的基础上，结合工程的具体情况，广泛收集工程信息和资料的情况下制定，经监理单位技术负责人批准，用来指导项目监理机构全面开展监理工作的指导性文件。

从内容上讲，环境监理大纲与环境监理方案都是围绕着整个项目监理机构所开展的监理工作来编写的，但环境监理方案的内容要比环境监理大纲更翔实、更全面。

三、环境监理细则

环境监理细则与监理方案的关系可以比作施工图设计与初步设计的关系。也就是说，环境监理细则是在环境监理方案的基础上，针对建设工程中某一专业或某一方面的监理工作，由项目监理机构的专业监理工程师编写并经总监理工程师批准实施的操作性文件。

监理实施细则的作用是指导本专业或本子项目具体监理业务的开展。

监理大纲、监理方案、监理实施细则是相互关联的，都是建设工程监理工作文件的组成部分。它们之间存在着明显的依据性关系：在编写监理方案时，一定要严格根据监理大纲的有关内容来编写；在制定监理实施细则时，一定要在监理方案的指导下进行。一般来说，监理单位开展监理活动应当编制以上工作文件，但这也不是一成不变的。对于简单的监理活动只编写监理实施细则就可以了，而有些建设工程也可以制定较详细的监理方案，而不再编写监理实施细则。

第四节　公路工程环境监理

一、公路工程环境监理概述

1.公路环境监理概念及意义

公路环境保护施工监理，是在施工过程中通过监理工程师进行的环境保护管理工作，与整个施工组织管理紧密结合。它包括两部分内容，第一，监理公路主体工程的各项施工行为应符合环保要求，如噪声、废气、污水等排放均应达标，称为“环保达标监理”；第二，对保护营运和施工期的环境而建设的各环境保护单项工程进行监理，称为“环保（单项）工程监理”。

“环保工程监理”所指的环保工程，包括环保设施（如污水处理、声屏障）、边坡防护、排水、绿化等；通常环保监理的对象界定为声屏障、污水处理、生态绿化和取弃土场地生态防治与恢复等项目。一般将其看作两类，一是土木的环保工程如声屏障、污水处理等，二是生态环境保护主要为绿化工程、取弃土场地生态防治与恢复等。土木的环保工程监理与主体工程内容一样，不再赘述；而生态的环保工程监理具有较强的特殊性，这里重点进行讲述。

实施环境保护工程监理的意义重大。一方面从保护国家财产和人民安全的角度出发，使公路建设满足“坚固、适用、美观”的要求；另一方面，由于工程建设投资大、构造复杂，一旦建成就是不能轻易改变的固定产品，应及时发现、避免和减轻工程施工中存在的问题，把好环保关，把好质量关。因此，监理工程师在审查施工组织设计前一定要按设计文件和环境影响评价报告的有关要求制定施工环境保护措施，审查合格后方可同意工程开工建设。

2.公路环境监理的人员要求

1)环境监理单位和监理工程师、监理部

建立合理的公路环境保护监理体制，与现有工程监理体制、环保监理的工作内容、监理工程师的人员状况等密切相关。

(1)环境监理单位

在公路工程监理行为中，处于附属工程的环保监理工作，目前多由具有公路工程资质（综合资质）的监理公司承担。

(2)环境监理工程师及其任务

建立环境保护监理体制，首先要有环保监理工程师。

交通部环境保护监理工程师属于“专业监理工程师”，分类中划为交通工程等附属设施的C类，编号为C4。公路工程环保监理工程师针对“达标监理”和“工程监理”不同的侧重任务，现在较多的是采用专职和兼职兼顾的体制。

专职环保监理工程师，是指在具有综合资质的监理公司中的环保专业工程师。他们的工作侧重于“达标监理”工作，以及专业的环保工程监理，如绿化、污水处理、噪声控制工程等的监理。尽管监理工作从理论上说大同小异，但实际上绿化等环保工程对土木工程师来讲“隔行如隔山”。例如，由土木工程师管理绿化工作，往往只能抓住验收环节，而对苗木质量、种植工序的把握，就不得要领了；在声屏障施工中，除非专业工程师，难以掌握屏障体材料或安装等质量隐患，形成隐蔽工程后，再难以从施工中发现问题；污水处理工程亦是如此，而且，污水处理设备安装后，新通车时服务区的污水量很少，处理设备难以试车，这也就更要有专业监理工程师来保证设备的施工质量。因此从质量、进度、费用等三大控制指标和合同管理方面来讲，专业的环保工程应由专业监理工程师负责监理工作，成立专门的监理部进行管理。监理部的组成人员，可以直接向专业环保或绿化（监理）公司进行招标。当然，除了绿化工程量大、持续时间长之外，声屏障、污水处理施工时间短，可以由专业工程师负责，而不单独成立机构也能满足监理任务的需要。

兼职环境监理工程师，是指土木工程的监理工程师，经过环境保护的专业培训，兼职承担环保监理工作。他们侧重于监督各工序达到环保要求。

环境监理工程师是专业监理工程师，应该具有高级技术职称，具有较高的专业水平和实践经验，熟悉环保专业的技术标准、规范、规程、图纸及其变更或特殊要求。其职责和权限由总监代表(或高级驻地监理工程师)书面授予，全面负责工程项目的监理工作。环保监理班子，根据签订的监理委托合同，制订监理规划和具体的实施计划，开展监理工作。

环保监理工程师主要职责是根据环境保护要求和专业技术标准、规范、规程、图纸及其变更或特殊要求，围绕着监督施工单位实施各项工程的环境保护和质量控制目标这一中心制定的；一般有以下任务：

(1)调整和监督施工单位，实施各项工程的环境保护措施以及各单项环保工程的质量控制目标，包括：提出各项工作流程及质量控制程序，监督检查和测验工程质量；系统记录并分析整理各项质量成果；向上级汇报现场质量状况，每月提出本专业(或项目)的质量报告等；

(2)及时调整不适当的设计，使施工行为和单项工程符合环境保护要求；

(3)及时补充必要的设计，使施工行为和单项工程符合环境保护要求。

2)环保监理工作的领导

在建设单位领导下，首先应设立总监代表，或副总监(环保)，或总监办工程师。这样才能保证环境保护工作有技术责任人，才能保证环境保护的管理力度。

3)环保监理部的设置

在公路建设中，环保监理工程师是单独组成项目的环保监理部(组)，设立单独的机构，还是合并在土木工程的监理部之中，为总监代表之下的环保监理体制，应根据达标监理和环保单项工程监理任务不同分别考虑。

环保监理工程师的全体，一般包括：总监代表(或环保总监或总监办工程师)；高级驻地监理工程师(监理部主任)；土木工程、绿化工程、灌溉工程、合同与进度管理等专业监理工程师和监理员；各合同标段的兼职环境监理工程师(监理员)；其他辅助人员如文秘、驾驶员等。

环保工程监理专业性强，但业务内容相似，工作量有限，可以将各标段的监理工作集合起来，即环保监理部并列于合同段(标段)监理部，由总监代表(或环保总监、总监办工程师)领导，或由高级驻地监理工程师领导，统一接受总监办的领导。

环保达标监理工作，可以由土木工程监理组的监理工程师兼顾，由监理组长主持。经过环保业务培训，兼职的监理工程师应具有环境保护的责任心和技术水平。但实际工作中，环境保护与主体工程经常发生冲突，其中的倾向性与取舍，是土木监理工程师需要特别注意的。而公路的路基施工和路面施工两大施工阶段之间，不同监理组的交接，也可能影响环境保护监理工作的连贯性和熟悉程度。为避免以上的缺点，可成立“环保达标监理部”，设在总监办之下，与各合同段的土木工程监理部并列。这样也顾及了环保监理的专业性较强，但业务内容相似的特点。

3.环境监理实施时间

现阶段施工中的环境污染控制及需要关注的环境敏感点，是设计中的空白；同时环保单项工程由公路主体工程的设计单位设计，专业性不强。因此，环保监理如能从设计到验收进行全过程监理，会更好地落实环保工作。至少，环保监理必须在施工单位进场前启动，否则就会造成环境污染、破坏等既成事实。

4.明确细节、修改设计和调整延误

环境保护单项工程，往往是随总合同一起签订的。限于目前对环保的重视和理解程度，许多条文不尽完善，如质量、进度、支付等细节，需要在原基础上进一步明确。

对于生态工程而言，面对有生命的植物，质量不可能描述得详细清楚，因此容易发生争论。合同未明确的质量要求应在开工前尽量细致地约定明白。

如果工程按照预想顺利进行的话，监理工程师容易安排和控制。事实上由于主观安排和客观自然条件的变化，绿化等工程的延误非常普遍。因此延误调整是极其重要的环节。

合同往往是承包单价，需要进一步分解，这样才能在进度和支付上加以控制。及时调整不适当的设计，使施工行为符合环境保护要求。

5.设备、天气等特殊条款

设备、天气等特殊问题，公路工程不同于园林工程的一般约定，最初容易被忽略，以后又会尖锐地暴露出来，因此应在合同中订立特殊条款予以明确。

监理需要的必要的设施、设备，一般由建设单位通过承包合同支付给施工单位，也可根据监理合同，由建设单位提供或监理自行解决。无论采取何种方式，均应在合同中明确，一般包括在工程量清单之内。这些设施和设备在施工期归监理妥善管理、使用，工程竣工后归建设单位所有。

绿化工程的季节性强，天气因素的风险责任哪些属于不可预见的甲方风险，可能动用备用金，哪些属于乙方消化的责任，都应明确分清。

交工问题。绿化工程具有在适宜的季节突击完成某部分的工程量的特点，而如果在盛夏等不宜种植的季节来临前仍有许多工程量没有完工，监理工程师宜暂时安排停工，避免不必要的损失。对于之前已完成的工程量，在合同规定的情况下，可以分段交工。如果推迟到全部工程完工后一次性验收，实际上增加了部分工程的质量缺陷责任期，增加了管护工作量。

二、公路工程环保达标监理要点

公路工程是生态型建设项目，环保监理重点在于保护生态环境，控制施工单位污水、废气、噪声等污染物的排放，保证生态保护目标的实现。《公路工程环境保护设计规范》中，对环保达标的要求做出了广泛而明确的规定；另外在具体项目的“环境影响报告书”中，针对本工程编制了环境保护措施篇章，监理工作应按照国家或地方政府的环境保护要求和批准的环保措施的落实情况进行监督执行。

凡此环保内容，都应包括在建设单位的招标文件中，而且投标人应计算有关工程量及经费，原则上不再补助。

1.基本要求

1)加强生态保护宣传教育

对施工人员进行生态保护知识的教育，以及法律、法规的宣传，使全体施工人员树立生态忧患意识和了解基本的生态保护知识，行动起来，从我做起，积极参与保护生态环境的行动。工程监理作为宣传教育工作者，应积极宣传生态保护的知识、法规及操作方法，以使项目生态保护工作顺利进行。

2)保护生态系统的完整性

应重视保护生物多样性，采取积极措施，尽可能消除和减少对生物多样性的不利影响。加强对动物保护。在选址驻地、预制场、拌和站等人员活动较多场所，应避开动物(主要是受保护的动物)的栖息地和主要活动区；禁止施工人员偷猎活动；在野生动物经常出现的路段施工路基时，对高切深挖处应设置路障，防止动物摔损，监理人员有责任对应该设置路障的地段提出要求。山区公路废渣应严格按设计集中堆放，减小废渣地表覆盖面，保护动物的栖息和繁殖场所。减少植物损坏。严格划定施工作业范围,禁止砍伐、碾压施工作业界限以外的树木和草丛。对施工现场和运输道路定期洒水。洒水时间和频率依照环评报告要求操作,或由工程监理根据当地的气象情况及植物的敏感性提出洒水时间和频率的要求,并监督实施。

在一些生态脆弱地区施工时,更应注意表层土壤和表层植被的保存,采取分段施工、植被移植的方法,即把公路划分为若干个施工段,将本段取土坑及路基基底草皮铲下后,及时移植到先期已施工完毕的路基边坡和取土场地表,使地表植被的损失量减少到最小程度。在公路建设中,要尽量保护道路用地范围之外的现有植被不受破坏,若因临时工程破坏了现有植被,必须在拆除临时工程后及时等量予以恢复。

3)保护自然景观

不因一时的方便而破坏有意义的泉水、溪流、山岩、土丘等地物、地貌。

4)保护水环境

施工作业废水含有大量悬浮物和油类,不得直接排入水体,要经沉淀、砂滤处理后方可排放。材料堆放场特别是化学品堆放场应设挡护、排水和处理设施,防止雨水冲刷进入水体,对水生生物造成影响。

另外,隧道、桥梁、生活营地、取弃土等均应做到后述的各项环保要求。

5)保护土壤环境

禁止施工作业废水散排和施工垃圾任意堆放,防止土壤污染。公路施工应注意保存施工场地原表层土壤(俗称熟土)。

6)保护文物

在某些发达国家如罗马尼亚,非常重视文化遗产,政府规定文物专家要派驻到现场,而我国这项工作多落在有责任心的监理身上。施工过程如发现文物,要及时报告有关部门,并妥善保护、处理。

7)保护声环境

各分项工程所用施工机械,应采取降噪措施或调整作业时间或调整施工机械,以保证居民正常生活环境。按《公路环境保护设计规范》(JTJ/T 006—98),防治交通噪声的措施,包括调整公路线位、堆筑弃方土堤、建筑物设置隔声设施、建造声屏障、栽植绿化带、调整受影响建筑物的使用功能等。声屏障作为一种通过控制交通噪声传播途径来降低噪声的措施,简单、实用、可行、经济、有效。表 6-3-1 为各种结构类型声屏障的特点。

8)不得对邻近的设施及其正常使用产生破坏及干扰

各种结构类型声屏障的特点 表 6-3-1

类　型	特　　点
土堤结构	适用于地广人稀的区域,最经济减噪办法,降噪效果约 3 ~ 5dB。建造此类声屏障所需空地比较大
混凝土砖石结构	适用于郊区和农村区域,易与周围自然环境相协调,价格便宜,且便于施工与维护。降噪效果约 10 ~ 13dB
木质结构	适用于农村、郊区个人住宅或院落且木材资源比较丰富的地区。降噪效果约 6 ~ 14dB
金属和复合材料结构	世界各国最普遍使用的结构。材料易于加工,可制成各种形式,安装简便,易于景观设计和规模制造生产,降噪效果也很好
组合式结构	必须根据现场条件、周围环境、景观要求和经济性决定

2.水土保持综合措施

新建公路项目一般都有水土保持方案。水土保持方案的总体防治目标为：

人为新增水土流失得到基本控制。除工程占地、生活区占地外，土地复垦及恢复植被面积必须占破坏地表面积的 90% 以上。采用各类设施阻拦的弃土石渣量要占弃土石渣总量的 80% 以上。

原有地面水土流失应得到有效治理。使防治范围的植被覆盖率达 40% 以上，治理程度达 50% 以上，原有水土流失量减少 60% 以上。

道路施工和营运安全应得到保证，为沿线地区实现可持续发展创造有利条件。

公路施工应严格按照设计和项目的水土保护方案施工操作。在施工过程中根据实际情况采用相应的管理和工程措施。

根据公路建设的特点，在施工期间，合理安排各工序的施工时间和程序，分段施工，尽量减少工作面。在土方工程完成后，立即开始护坡、护角、挡土墙、路基边坡植草、铺砌排水沟等工程。完成一段后再开始下一段工种。

路基施工中，挖、填方工程量过大的路段避免雨季施工，抓住旱季，掀起施工高潮，有效地避免雨季施工带来的严重水土流失。如不能避开雨季施工，应尽量减少施工面坡度，并做到施工用料的随取、随运、随铺、随压，以减少雨水冲刷侵蚀。在雨季来临之前将开挖或回填土方的边坡的排水设施处理好，并防止路基施工中发生泥水污染农田的事件。

山区道路在滑坡、崩塌及泥石流路段施工时，严格按设计要求施工。施工过程尽量采用机械开挖，避免放大炮作业，防止爆破引起地质灾害。施工全过程对现场进行监控，及时发现问题，采取工程措施。

路堑开挖前先挖截水沟，挖至设计高程后及时砌筑护坡、排水沟、急流槽等设施，并保证工程质量，防止坡面崩塌造成的不必要的水土流失。在有雨水地面径流线处开挖路基时，以及在临时土堆周围和其他容易产生水土流失的地段，应设置土沉淀池，让雨水流经的流速减慢使泥沙下沉，防止水土流失。土沉淀池为深 0.5m、面积 20 ~ 30m^2 的凹地，可用推土机在路基旁推出。雨水经过沉淀池可使泥砂沉淀。土沉淀池的出水一侧均设置土工布围栏，截拦泥砂。当路基建成、排水涵管铺设完毕后，推平沉淀池。路堤填土后立即平整顶面并压密实，设路拱横坡，边坡铺砌前挖设临时急流槽并用塑料布铺底，雨季时用沙袋或草席压住坡面进行暂时防护。及时开始拱型框架等护坡工程，绿化植草，土木工程和生物工程相结合。这种综合治理的成功办法，可以有效地防止路堑边坡滑塌造成的水土流失。

堆弃土场水土保持。高填土的弃土场要设排水系统。操作时边填边压。倒土前应先做初步的挡护，待弃土完成后再对挡墙重新修建。取、弃土场施工完毕全面修整，覆盖表层土及时绿化，并根据可能性造田。在临时堆土场及容易发生水土流失的施工地段设置土工布围栏，其做法是布宽 65cm，每 3m 设置一根立柱，土工布固定在立柱上，土工布底部 15cm 压在泥土下。土工布围栏在截拦泥砂的同时，可使雨水通过。

山区道路路基施工要先做初步挡护再进行开挖或填土，防止土、石进入河流或谷地影响水质和泄洪，路基工程工序结束后再重新按设计要求修建挡墙。

为防止弃土场水土流失，山区弃土场尽量选择在谷地的一翼，避免设在集中过水处。弃土场要修砌挡墙。

3.路基工程

1)场地清理

公路永久和临时用地内的所有非适用材料，均应清除与移运到适宜的地方妥善处理。

清除的表层腐殖熟土应集中堆放，以备工程后期用于绿化或用于弃土、渣场的复土还耕。

2)保持水系

不论何种原因，在没有得到有关管理部门书面同意的情况下，各类施工活动不应干扰河流、水道、现有灌渠或排水系统的自然流动。及时沟通排水系统，为邻近的土地所有者提供灌溉与排水用的临时管道。

3)路基填、挖方

取土、挖方和运输过程中不得损坏自然环境。山岩边坡爆破提倡光面爆破法。及时建设临时排水设施，和永久排水设施，水土流失不得排入农田、耕地和污染自然水源，不得引起淤积和冲刷。临时坡面应做集中排水槽；暴露面及时压实、及时洒水，注重水土保持工作，并控制扬尘污染。

粉煤灰路堤施工中，粉煤灰的运输和堆放应呈潮湿状态，运输车辆周边密闭，顶面加盖，以防粉煤灰沿路散落飞扬而污染环境。同时在施工路堤两侧应有良好的排水设施和防雨冲刷的措施，以防粉煤灰污染附近水源和农田等。

4.路面工程

1)灰土和沥青拌和

要按照批准的场拌、路拌要求施工，重点控制扬尘和沥青烟中的苯并芘污染，控制污水排放。拌和场选址应远离自然村落，并在其常年主导风向下风处。拌和设备应配装有集尘等环保装置。路拌要及时洒水；细粉料拌和作业，应设置喷水嘴装置。运输易引起扬尘的材料时，车辆应备有盖布及类似物进行遮盖。配备临时污水汇集设施，对拌和场清洗砂石料的污水应汇集处理回用，不得直接排出施工现场以外的地方。细粉料堆应进行遮盖或洒水措施处理。

2)路面摊铺

摊铺施工剩余废弃料必须收集，运到废弃料场集中处理，不得随意抛弃。

5.桥涵工程

施工现场材料应堆放整齐有序。废弃的包装等材料应每日清理收集。

严格控制污水排放。施工时采用先进的施工工艺，如沉井法施工，减少作业面和影响面；钻孔桩必须设置泥浆沉淀池，不得将钻孔泥浆直接排入河水或河道中，经沉淀后再排放，减小悬浮固体的排放量。

桥梁预制厂必须设置排水系统，防止产生的废水随意溢流。有条件者，也可采取废水回收处理后循环使用。

6.隧道工程

渣石应充分纵向调运利用，废渣应在合理的弃渣场堆放整齐、稳固，并修建必要的排水设施。隧道位置若处于潜水层时，应重视地下水渗露问题，一旦发现处于潜水层，应及时采取措施防露止水。对高切坡处出现的地下涌水也应采取止水措施。施工废水经过沉淀等处理后方可排放，不得对自然水体造成污染。凿岩施工必须采用湿法钻孔。通风量必须保证能够有效地通风除尘并置换新鲜空气进入作业面。

7.施工生活营地

这里指施工单位和驻地监理工程师的临时驻地。

(1)选址和修建时须得到环保监理工程师的同意，并尽量减少对自然环境的损害。

(2)生活用水须符合饮用水标准。

(3)修建临时性卫生设施。在合适的地点为汇集与处理由临时驻地的住房、办公室、其他建筑物和流动性设施排放的污水,须修建容量适当的临时污水处理池,建有化粪池或其他能满足要求的系统,并予以管理、维护直至合同终止。

(4)垃圾处理。必须有专人负责清理集中并处理。可与当地有关单位联系定期运至指定的处理场,临时施工现场产生的施工垃圾必须随当地日作业班组清理集中处理。垃圾管理工作直至工程竣工交验后为止。严格控制无序倾倒。

(5)修建临时工程应尽量减少对原自然环境的损害;在竣工拆除临时工程后,应恢复原来的自然状态。

8.取土弃土

取、弃土场应按设计或有关文件规定的界限和要求施工,考虑到以后的利用,绝不能任意选址或扩大范围。采石取土区、弃土场、工程构件作业区禁止选用森林、草地和湿地。

在高速公路与高速公路交叉之处,需要修建大型立交枢纽,面积可达 20~40 万 m^2 征用土地后,可结合园林及池塘统一规划,适当取土,但有些单位随意取土,给本应是优美环境重点区域的立交区,留下了一个个凌乱的取土坑。如果说立交区的取土坑较易改造成池塘的话,那么路侧的取土坑受到周围环境的限制,更应该妥善规划。某公路取土坑紧邻路基不足 50m,集中取土,深挖达 10m 以上。这样虽然方便了路基施工,但以后无论养鱼或灌溉都几乎无法利用,经过的人们看到的是公路给环保留下的一块伤疤。

禁止废渣、土石等向洞口、水体、山涧的随意堆弃和无序倾倒。弃方不得弃入或侵占耕地、渠道、河道、道路等场所。必须运至指定的弃方场。

取土坑须控制位置、深度和坡度,并在周围适当绿化。采用浅取土方式时,取土厚度应在当地地下水位线以上至少 0.3m,防止地下水出露影响生态。

弃土堆放应整齐、稳定,必要时坡脚要加固处理,并且排水通畅。

完工后应对取土场进行修整和清理。可按要求在地表覆盖熟土还耕;或与当地土地管理部门商议后,对取土坑进行改造,放缓边坡,开发成水源、鱼塘。

9.施工临时道路

施工临时道路的影响范围可能大于最后竣工的公路工程用地范围,尤其在山区兴建公路时,需要大量的临时道路,这些道路缺乏规划、设计,缺乏维护,缺乏管理,缺乏复垦要求,因此也是环保监理中难度最大的工作之一。施工临时道路需要环保监理工程师在审批程序上的参与,保证临时道路经过妥善规划、设计,绕开了生态敏感地区;即使在旱季也不阻断山谷中的洪水通道。

妥善维护,路面洒水保湿,控制扬尘;车辆运输控制时段和车况,控制噪声;落实复垦要求,并做具体的竣工要求。

10.清渣

施工后的场地清渣是施工单位全部工程的一部分,不清场不能进行竣工验收。场地应无大于 30cm 的明显的低洼或高地,废渣如果埋入地下,埋深应大于 60cm(设计的草地区域)或 100cm(设计的乔灌木区域),并用水泥墩等做永久、明显的标记和简要说明。

复习思考题

1.工程环境监理的概念、依据、原则和任务是什么?

2.环境监理有哪些工作文件?

3.环保达标监理工作的主要环节是什么?

4.简述环保达标监理工作的主要内容。

附录1　2004年公路工程监理工程师执业资格考试《监理理论》试题及参考答案

一、单选题(下列各题中,只有一个备选项最符合题意,请将该备选项的代号填入括号,如果选错或不选不得分,每题1分,共20分)

1.把对工程的(　　)交给监理工程师,是执行好监理制度的关键。

A.工程费用支付的签认和否决权　　B.停工与返工权

C.旁站与验收权　　D.验收与计量权

2.在工程项目建设中,始终处于主要负责者地位的是(　　)。

A.项目法人　B.监理单位　C.承包人　D.政府建设主管部门

3.监理工程师对结构物混凝土体积进行计量,应以(　　)为准。

A.合同图纸净尺寸　　B.现场实际测量尺寸

C.与业主协商确定　　D.与承包人共同确认

4.在公路工程监理过程中,承包人应当按照(　　)的规定接受监理。

A.公路工程承包合同　　B.公路工程监理合同

C.监理单位给承包人的书面通知　　D.项目法人给承包人的书面通知

5.(　　)是一项由业主提供给承包人用作开工费用的无息款项。

A.暂定金额　　B.动员预付款

C.保留金　　D.计日工

6.承包人的质量控制主要靠(　　)来实现。

A.监理工程师的监控　　B.质量监督部门的监督

C.承包人的质量自检体系　　D.业主提供的条件

7.公路工程施工质量监理程序的第一个环节是(　　)。

A.承包人自检　　B.承包人填报《质量验收通知单》

C.承包人填报《开工申请单》　　D.监理抽检质量

8.(　　)就是预先分析目标偏离的可能性,并拟订和采取各项预防性措施,以使计划目标得以实现。

A.全面控制　B.主动控制　C.被动控制　D.反馈控制

9.某公路工程在缺陷责任期内,由于洪水造成了该公路的损坏,其修复费用应由(　　)承担。

A.承包人　B.设计单位　C.运营单位　D.业主

10.命令源最多的组织结构形成是(　　)。

A.直线式　B.职能式　C.矩阵式　D.直线职能式

11.风险管理中(　　)项工作最重要。

A.风险的预测和识别　　B.风险分析和评估

C.规划并决策　　D.风险回避

12.如果某项工作拖延的时间超过其局部时差但没有超过总时差,则(　　)。

A.其紧后工作不能按最早时间开　　B.会影响工程总工期

C.该项工作会变成关键工作　　D.对后续工作工期及总工期无影响

13.承包人开挖基坑的范围超过了合同技术规范规定的超挖上限,虽然没有变更令,监理工程师(　　)。

A.可以根据实际情况对超挖部分予以计量　　B.对超过上限部分不予计量

C.承包人协商处理

14.路面水泥稳定基层摊铺时混合料的含水量宜高于最佳含水量(　　),以补偿摊铺及碾压过程中的水分损失。

A.0.5%~1.0%　　B.1.0%~1.5%　　C.1.0%~2.0%　　D.2.0%~2.5%

15.业主在选择监理工程师(单位)时考虑的因素有(　　)。

A.技术评价　　B.既考虑技术方面评价,也考虑费用的评价

C.对监理单位的经济实力评价　　D.费用评价

16.监理合同的标的是(　　)。

A.酬金　　B.工程项目　　C.技术与酬金　　D.设计图纸

17.每一个控制过程都是经过投入、转换、(　　)、对比、纠正等基本步骤。

A.检查　　B.分析　　C.反馈　　D.决策

18.在建设工程的实施过程中,如果提高工程质量标准,一般会导致(　　)。

A.投资增加,工期缩短　　B.投资减少,工期延长

C.投资增加,工期延长　　D.投资减少,工期缩短

19.在一组数据中最大值与最小值之差称为(　　)。

A.中位数　　B.极差　　C.标准差　　D.变异系数

20.在采用邀请招标方式选择公路工程监理单位时,邀请的监理投标单位最少不得少于(　　)家。

A.3　　B.4　　C.5　　D.8

二、多选题(在下列各题的备选答案中,有两个及其以上的备选项符合题意,请将其代号填入括号内;若选项中有错误选项该题不得分,选项正确但不完全的每个选项给0.5分,完全正确得满分;每题2分,共40分。)

1.下列违约中属于承包人一般违约的有(　　)。

A.无正当理由不开工或拖延工期

B.未按合同照管好工程

C.由于承包人的责任,使业主的利益受到损害

D.无视监理工程师的警告,一贯公然忽视履行合同规定的责任与义务

2.组织设计的原则包括(　　)。

A.目的性原则　　B.有效管理跨度原则　　C.精简的原则

D.集权与分权相结合原则　　E.责、权、力、效、利相匹配的原则

3.工程监理的相关学科是(　　)。

A.系统工程　　B.经济管理学　　C.投资学

D.技术经济学　　E.组织学　　F.工程监理学

4.监理工程师必须在确认延期事件满足(　　)条件后,才受理工程延期申请。

A.由于非承包人的责任,工程不能按原定工期完工

B.延期情况发生后,承包人在合同规定期限内向监理工程师发出工程延期的通知

C.未经监理工程师同意,随意分包工程,或将整个工程分包出去

D.延期时间终止后,承包人在合同规定的期限内,向监理工程师提交正式的延期申请报告

E.承包人承诺继续按合同规定向监理工程师提交有关延期的详细资料,并根据监理工程师的要求随时提供有关证明

5.我国《公路工程施工监理合同范本》由(　　)组成。

A.合同协议书　　B.合同通用条款

C.合同所列的技术标准　　D.合同所定的监理职责及业主授权

E.合同专用条款　　F.附件

6.监理工程师对进度计划的审查内容为(　　)。

A.工期安排的合理性　　B.施工准备的可靠性

C.计划与能力的适应性　　D.机械设备的协调性

E.实现目标的准确性

7.在合同支付项目中,业主先支付给承包人,并在一定期间又要扣回的款项有(　　)。

A.保留金　　B.动员预付款

C.索赔费用　　D.延迟付款利息

E.材料预付款

8.在工程网络计划中,关键线路是指(　　)的线路。

A.双代号网络计划中没有虚箭线

B.时标网络计划中没有波形线

C.单代号网络计划中相邻两项工作之间间隔均为零

D.双代号网络计划中由关键节点组成

9.工作之间的逻辑关系包括(　　)。

A.工艺关系　　B.紧前工作

C.紧后工作　　D.组织关系

E.先行工作　　F.后续工作

10.工程项目建设承发包的形式按计价方式不同分为(　　)。

A.固定总价合同　　B.固定单价合同

C.计量估价合同　　D.成本加酬金合同

11.有节奏流水施工的种类有(　　)。

A.等节奏流水施工　　B.等步距异节奏

C.异步距异节奏　　D.变化步距节奏

12.进度监理的基本方法有(　　)。

A.横道图法　　B.S 曲线法　　C.斜条图法

13.公路工程计量的原则是(　　)。

A.不符合合同文件要求的工程不计量

B.承包人手续不全不计量

C.按合同文件规定的方法、范围、内容、单位计量

D.按监理工程师同意的方法计量

E.按习惯计量的方法计量

14.在工程项目实施过程中(　　)应接受政府监督。

A.业主　　B.监理单位

C.材料设备供应单位　　D.承包人

15.工程项目建设管理的组织结构模式有(　　)。

A.工程项目总承包模式　　B.工程指挥部管理模式

C.交钥匙管理模式　　D.业主自管模式

E.社会监理管理模式

16.路基压实度可用(　　)检测。

A.灌砂法　　B.环刀法

C.核子密度仪法　　D.钻孔取芯法

17.质量控制中比较常用而有效的统计方法有(　　)。

A.频数分布直方图法　　B.排列图法

C.控制图法　　D.加权平均法

E.因果分析图法

18.在工程项目建设监理的目标中,(　　)必须优先予以保证。

A.安全可靠性　　B.投资费用

C.使用功能　　D.施工质量

E.工程进度

19.在工程量清单的编制工作中,工程量计算的依据是(　　)。

A.设计图纸　　B.工程定额

C.项目编号　　D.工程量计算规则

20.工程质量监理的主要方法有(　　)。

A.旁站　　B.试验　　C.抽检　　D.工序控制

三、判断题(认为下述观点正确的在括号内画"√",错误的画"×";判断准确得分,否则不得分;每题1分,共10分)

1.监理工程师是施工合同文件中授权承担工程监理工作的个人。　　(

2.当监理中心试验室试验结果与承包人的试验结果出现允许误差以外的差异时,一般以承包人的试验结果为准。　　(

3.承包人的质量负责人在工序施工中可不在现场,但在自检和监理工程师验收时,必须亲临现场。　　(

4.工程施工过程中的费用监理,主要是对工程计量与支付的监督和管理。　　(

5.业主如不同意项目总监理工程师下达的工程指令,可直接向承包人下达更改指令。

(

6.监理工程师可指令承包人按计HT完成特殊的、较小的变更工程或附加工程。　　(

7.PDCA管理循环的四个阶段,符合"实践—认识—再实践—再认识"规律。　　(

8.工程质量监理是监理工程师对一项工程实行全过程、全方位、全天候的旁站。　　(

9.只要业主同意,承包人就可雇用任何分包商而无需监理审查批准。　　(

10.已经支付过材料预付款的材料,其所有权归业主。　　(

四、简答题(要求简明扼要,每题 5 分,共 10 分)

1.什么是合同的变更、转让?

2.简述与工程施工监理活动相关的各行为主体之间的关系。

五、论述题

1.某承包人在 1 月份完成了 3 座涵洞和 500 立方米土方,但是涵洞洞身混凝土试件的 7 天抗压强度试验结果未达到要求。试述监理工程师是否同意承包人申报 1 月份的工程量。

2.试述监理工程师在质量监理、进度监理、费用监理方面的职责和权限。

参考答案

一、单选题

1.A 2.A 3.A 4.A 5.B 6.C 7.C 8.B 9.D 10.B

11.A 12.A 13.B 14.A 15.B 16.C 17.C 18.C 19.B 20.A

二、多选题

1.BC	2.ABDE	3.CDEF	4.ABDE	5.ABEF
6.ABC	7.BE	8.BC	9.AD	10.ABCD
11.ABC	12.ABCD	13.ACD(选 B 不扣分)	14.ABCD	15.BDE
16.ABC	17.ABCE	18.ACD	19.AD	20.ABCD

三、判断题

1.× 2.× 3.× 4.√ 5.× 6.√ 7.√ 8.× 9.× 10.√

四、简答题

略。

五、论述题

略。

附录2　2005年公路工程监理工程师执业资格考试《监理理论》试题(A卷)及参考答案

一、单选题(下列各题中,只有一个备选项最符合题意,请将你认为最符合题意的一个备选项序号填在括号内,选错或不选不得分。每题1分,共20分)

1.如果不具有(　　),监理就难以保证三大目标的实现。

A.科学性　　B.服务性　　C.独立性　　D.委托性

2.公路工程施工过程中,施工监理的主要依据是(　　)。

A.监理委托合同及施工承包合同　　B.建设单位的会议纪要

C.设计合同文件　　D.质量监督信息

3.已经运到施工现场的施工机械设备是承包人资产,承包人可以(　　)。

A.自由调用　　B.经业主同意后,可自由调用

C.经监理批准即可自由调用　　D.经监理批准、业主同意,才能自由调用

4.在法律上,合同的签订可分为要约和承诺两个阶段,一般认为(　　)。

A.工程招标是要约,工程投标是承诺

B.工程招标是要约,工程投标是再要约,定标则是承诺

C.工程招标是要约邀请,工程投标是要约,定标则是承诺

D.工程招标、投标是要约,定标则是承诺

5.设计单位、监理工程师、承包人均可按照规定程度提出设计变更要求,但必须经过(　　)的批准才能生效。

A.工程专家　　B.监理工程师

C.总监理工程师　　D.业主

6.承包人的费用索赔是指承包人由于(　　)原因而造成的费用损失或增加而向业主提出的费用补偿要求。

A.不可预见因素　　B.天气因素

C.业主因素　　D.非承包人自身

7.按《公路工程施工监理规范》规定,各类高级监理人员一般应占监理人数的(　　)以上。

A.5%　　B.10%　　C.15%　　D.20%

8.(　　)就是预先分析目标偏离的可能性,并拟订和采取各项预防性措施,以便计划目标得以实现。

A.全面控制　　B.主动控制

C.被动控制　　D.反馈控制

9.下列属于工程进度监理职责与权限的是(　　)。

A.主持开工前的第一次工地会议

B.签发动员预付款支付证书

C.审批承包人在开工前提交的现金流动计划

D.签发各项工程的开工通知单

10.进度控制中横道图是常用图之一,以下四项中哪一项不是其优点(　　)。

A.形象直观　　B.搭接关系明确

C.逻辑关系严谨　　D.制作方便快捷

11.(　　)不是确定关键线路的方法。

A.线路枚举法　　B.关键工作法

C.关键节点法　　D.S曲线法

12.除工地实验室外,承包人试验室还包括(　　)。

A.中心试验室　　B.流动试验室

C.检测中心　　D.质监站试验室

13.(　　)不是质量检验的方法。

A.目测法　　B.量测法　　C.分层法　　D.试验法

14.(　　)不是工程费用的部分。

A.间接成本　　B.设备费

C.法定税金　　D.利润

15.(　　)不是公路工程建设资金的筹资方式。

A.政府特许经营　　B.成立政府项目责任公司

C.发放国债　　D.群众集资

16.工程计量时,应以(　　)的数量为准。

A.图纸给定　　B.工程量清单

C.实际完成　　D.实际完成并经监理签认

17.工程支付必须以(　　)为基础。

A.工程质量　　B.工程进度

C.工程计量　　D.工程量清单

18.质量缺陷的处理方案一般应由(　　)提出。

A.施工单位　　B.建设单位

C.监理单位　　D.设计单位

19.(　　)不是监理月报的内容。

A.工程描述　　B.监理收发函件

C.工程质量、进度、支付状况　　D.监理工作执行情况

20.《公路工程施工监理规范》明确的监理技术档案不包括(　　)。

A.现场指令　　B.监理日报

C.检查记录　　D.试验记录

二、多选题(在下列各题的备选答案中,有两个或两个以上的备选项符合题意,请将你认为符合题意的备选项序号填在括号内;若选项中有错误选项该题不得分,选项正确但不完全的每个选项给0.5分,完全正确的得满分。每题2分,共40分)

1.(　　)属于项目监理组织内部工作制度

A.监理组织工作会议制度　　B.监理工作日志制度

C.施工图纸会审制度　　D.监理周报制度

E.技术经济签证制度

2.公路建设必须招标的项目有(　　)。

A.投资3000万元以上　　B.单项合同价200万元以上

C.材料设备单项合同100万元以上　　D.设计、监理费单项合同50万元以上

E.国家机密工程

3.以下属总监理工程师的职责与权限的有(　　)。

A.审查批准工程建设合同　　B.审查批准工程延期

C.签发工程支付证书　　D.处理重大质量事故

4.在公路工程施工项目监理的目标中(　　)必须优先予以保证。

A.安全可靠性　　B.投资费用

C.使用功能　　D.施工质量

E.工程进度

5.监理目标控制的前提工作是(　　)。

A.目标规划和计划　　B.落实好控制机构、人员和职能

C.与被监理单位的充分协商　　D.与业主合作监理

E.落实全部项目建设资金

6.月(季)度施工进度计划包括(　　)。

A.工程施工总进度计划　　B.分项工程施工进度计划

C.设备、材料采购计划　　D.资金流动计划与施工人员安排计划

7.提交总进度计划应包括下述内容(　　)。

A.总进度计划　　B.关键工程进度计划

C.现金流动计划　　D.施工组织计划

E.进度计划调整方案

8.工程进度事中控制过程中应重点做好下列工作(　　)。

A.编制项目实施总进度计划　　B.工程进度检查

C.按合同要求进行工程计量验收　　D.进度计量签证

E.建立工程进度状况监理日志

9.施工进度滞后时,监理工程师可建议承包人加快进度的措施有(　　)。

A.采取技术措施,缩短工艺流程　　B.增加设备和人员

C.改善劳动条件和福利　　D.开辟新工作面

E.加班加点　　F.加强现场管理

10.(　　)是评价项目施工质量的尺度。

A.质量检验评定标准　　B.合同文件

C.设计文件　　D.质量数据

E.工程验收资料　　F.质量评定资料

11.质量监理分为(　　)几个阶段。

A.施工准备阶段　　B.施工阶段

C.竣工验收阶段　　D.交工及缺陷责任期阶段

12.监理工程师书面指示进行某项检查试验,届时他既未出席,又未发布其他指令,承包人应(　　)。

A.推迟试验等待监理工程师出席　　B.自行试验

C.将试验记录送监理工程师

D.质量是否合格由试验数据判定

E.不必试验、书面请求监理工程师承认该部分产品合格

13.施工人员素质是影响工程质量的主要因素之一,除此之外还有(　　)。

A.工程材料

B.机械设备

C.工艺方法

D.环境条件

14.根据建设任务、施工管理和质量检验评定需要,公路建设项目可划分为(　　)。

A.单位工程

B.单项工程

C.重点工程

D.一般工程

E.分部工程

F.分项工程

15.施工现场经费包括(　　)。

A.施工技术装备费

B.临时设施费

C.施工机构迁移费

D.现场管理费

16.工程计量的主要文件(可能是依据)包括(　　)。

A.工程量的主要及说明

B.合同图纸

C.工程变更及修订的工程量清单

D.合同条件

E.技术规范及有关计量的补充协议

17.承包人在完成较小附加工程后申请计日工支付时,应提供(　　)。

A.用工清单

B.材料清单

C.设备清单

D.费用清单

E.工程量清单

18.竣工验收时,有关各方提交的工作报告应包括(　　)。

A.设计工作报告

B.监理工作报告

C.生产安全报告

D.项目执行报告

E.质量监督工作报告及工程质量鉴定

F.环境保护情况报告

19.第一次工地会议的参加者包括(　　)。

A.业主

B.承包人

C.监理工程师

D.项目部担任主要职务的部门负责人

E.一般分包人

20.公路工程施工监理合同协议书附件由(　　)组成。

A.监理服务形式、范围、内容

B.业主提供的监理工作条件

C.监理人员的数量、结构

D.监理费与支付

三、判断题(认为下述观点正确的在括号内画"√",错误的画"×",判断准确得分,否则不得分。每题1分,共10分)

1.工程监理的实质是监理工程师在工程管理中处于核心地位,运用业主授予的权力,对三大目标实行全面监理。(　　)

2.承包人提出的变更与监理提出的变更一样,一旦获得批准,承包人有权获得额外的费用补偿。(　　)

3.《公路工程施工监理招标评标办法》规定:国内项目工程监理投标价高于概算定额建安工程费的1.4%,其投标无效。(　　)

4.监理单位只有具备了维护其独立性,公正性所需要的条件和从事监理工作应当具备的

人员素质、专业技能、管理水平、监理经验等条件,才能有效地开展工程建设监理业务。(　　)

5.监理工程师在进行进度控制时,要明确进度计划不变是绝对的,变是相对的。(　　)

6.在公路工程项目的实施性网络计划图中,关键线路的数量越多,每个工作的控制越能到位,进度监理就越容易。(　　)

7.在工程缺陷责任期,如果发现已交工程的任何工程缺陷或工程质量不合格,若施工单位没有执行监理工程师的修复指示,建设单位有权安排修补缺陷,监理工程师应确定费用,并在支付承包人的款项中扣除。(　　)

8.第一次工地会议是监理工程师检查承包人的施工准备情况的一次会议。(　　)

9.对监理人员履行职责的能力、表现和职业道德,进行评价、考核和处理是总监理工程师的职责和权限。(　　)

10.对不符合技术规范和合同条件要求的工程项目,监理工程师有权暂时拒绝支付。

(　　)

四、综合分析题(按所给问题的背景资料,正确分析并回答问题,每题15分,共30分)

1.简述监理工程师在施工准备阶段的主要任务。

2.某高速公路工程全长160km,跨甲、乙两省市,划分为甲1、甲2、甲3和乙1、乙2、五个施工合同段,并相应设置现场监理机构。请按照监理规范的要求选择适当的监理组织形式,画出监理组织结构图,并分析该组织模式的优缺点。

参考答案

一、单选题

1.A　2.A　3.C　4.C　5.B　6.D　7.B　8.B　9.C　10.C

11.D　12.B　13.C　14.B　15.D　16.D　17.C　18.A　19.B　20.B

二、多选题

1.ABD　2.ABCD　3.BCD　4.ACD　5.AB

6.BCD　7.BC　8.BCDE　9.ABDE　10.ABC

11.ABD　12.BCD　13.ABCD　14.AEF　15.BD

16.ABCDE　17.ABCD　18.ABCDE　19.ABCD　20.ABD

三、判断题

1.√　2.×　3.×　4.√　5.×　6.×　7.√　8.×　9.√　10.√

四、综合分析题

1.答:答案要点(参见《监理规范》3.3.1):

(1)参加施工招标,熟悉施工设计文件;

(2)制定详细的监理工作计划;

(3)发布开工令;

(4)召开第一次工地会议;

(5)审批承包人的工程进度计划(含施工组织设计);

(6)审批承包人的质量保证体系;

(7)检验承包人的进场材料;

(8)审批承包人的标准试验;

(9)检查承包人的保险及担保,支付动员预付款;

(10)审查承包人的施工机械设备;

(11)验收承包人的施工定线;

(12)验收承包人测定的地面线;

(13)审批承包人提前的施工图;

(14)检查承包人占用工程场地;

(15)监理其他与保证工期开工有关的施工准备工作。

2.答:(1)按照现行《公路工程施工监理规范》,现场监理机构一般按工程招标合同段设置基层机构,可视情况分别设置一级、二级或三级监理机构。由于该工程为跨省市,根据监理机构设置的适用条件,应设置三级监理机构,有4种监理组织结构可供选择:直线式、职能式、直线一职能式、矩阵式,一般常用的是直线式或直线职能式。本题以直线式为例。

(2)画直线式结构图如附录图5-1:

该项目采用直线式监理组织结构很适用。根据合同段的数量可设置五个合同段驻地办公室。

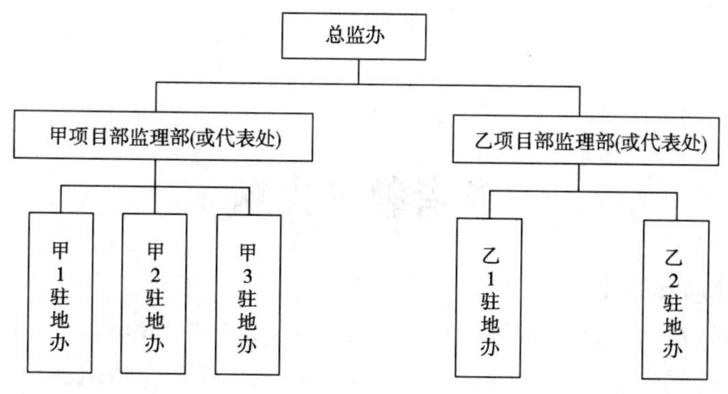

附录图 5-1

(注:如以直线一职能式结构形式绘出图也可,但优缺点与具相应。)

(3)直线式监理组织具有结构简单、职责分明、权力集中、命令统一、决策迅速、指挥灵活等优点;其缺点是结构呆板,专业分工差,横向联系困难等。

(如果采用直线一职能式等形式的特点叙述也可,但要结构图一致。)

参考教学大纲

一、本课程的性质和任务

《公路施工监理》是高职高专工程监理专业的一门专业主干课程。

本教材在编写过程中参考了交通部公路、水运工程监理工程师执业资格考试的大纲(2004年、2005年版)的内容及要求，再结合《公路工程施工监理规范》(2006年版)、《公路工程国内招标文件范本》(2003年版)等要求编写完成。

通过讲课、作业、示例等多个教学环节，使学生掌握公路工程施工监理的基本概念、基本理论和基本方法，并应对公路工程施工中的工程质量、安全生产、环境保护、工程费用、工程进度、监理信息管理等相关内容要求掌握和了解，为将来学生从事公路工程施工监理工作奠定良好的基础。

二、课程教学基本要求

1.对能力培养的要求：

通过本课程的学习，学生应达到下列要求：

(1)掌握公路工程监理的基本概念、监理的任务、组织、方法和监理单位的选择。

(2)掌握现行公路质量检验评定标准、质量监理的依据、程序和方法。

(3)掌握公路工程施工进度监理的实施与计划的调整。包括进度监理常用的方法和监理工程师对进度计划的审批程序、计划延误处理的方法。

(4)掌握公路工程施工质量监理的方法和要点。主要包括路基工程、路面工程、桥涵工程、隧道工程、交通工程及机电设施等工程监理内容及要点。

(5)掌握监理工程师在费用监理方面的职责、权限、投标报价、工程计量支付、索赔等内容。

(6)了解工程监理的信息与档案的管理。

(7)了解公路工程施工安全管理与环境监理的内容。

2.教学编写具体内容及重点和难点

(1)本课程的基本内容：

《公路施工监理》主要介绍了公路施工监理的基本理论、方法和要点。主要内容包括公路工程施工监理的概论，公路施工进度监理，公路施工质量监理，公路施工费用监理，公路施工安全生产监理与环境监理以及公路工程施工信息管理等内容。

(2)本课程重点和难点

重点是监理工作的基本概念、基本理论、基本方法及注意事项。难点是公路工程施工质量监理。

3.课外作业

各章后附相应的复习思考题与习题，可以从中选题作为书面作业。

4.学时分配

本课程总时数为108学时，具体分配建议如下：

篇	章　节	教学时数		
		总学时	讲授课时	其他课时
第一篇 监理概论	第一章　绪论	14	4	
	第二章　工程施工监理		10	
第二篇 工程质量监理	第一章　质量监理概述	48	2	
	第二章　质量监理程序与方法		4	
	第三章　质量监理实验室		4	
	第四章　路基工程施工质量监理		8	
	第五章　路面工程施工质量监理		8	
	第六章　桥涵工程施工质量监理		8	
	第七章　隧道工程施工质量监理		8	
	第八章　交通工程及机电设施质量监理		4	
	第九章　交工及缺陷责任期的质量监理		2	
第三篇 工程进度监理	第一章　进度监理概述	10	2	
	第二章　公路施工进度计划监理		8	
第四篇 工程费用监理	第一章　工程费用	18	2	
	第二章　工程量清单内容		4	
	第三章　工程计量		4	
	第四章　工程支付		4	
	第五章　清单支付与合同支付		2	
	第六章　支付证书及其表格		2	
第五篇 工程监理信息管理	第一章　工程监理信息管理概述	8	2	
	第二章　工程监理信息的收集与管理		4	
	第三章　工程监理文档管理		2	
第六篇 工程项目安全监理与环境监理	第一章　工程项目安全监理	10	2	
	第二章　工程质量事故的分析与处理		4	
	第三章　公路工程环境监理		4	
合　计		108		

三、几点说明

1.先修课程要求

本课程在很多方面与《公路工程检测技术》、《公路工程质量检验标准》有关，因此在教学过程中，应尽量先进行这两门课程的学习。同时及时地补充新的技术规范和新标准的内容，加强学生对新标准和规范的运用。

2.教学方法提示

在教学的过程中针对本省的高速公路监理的基本情况，结合实际进行讲解，加深学生对高速公路的监理知识的了解。

3.学时分配

本课程总学时为108课时，学时分配方案是以学期授课周数为18周，周学时为6学时为例，各校可以根据实际情况，进行适当的调整。

参 考 文 献

[1] 中华人民共和国行业标准.公路工程施工监理规范(JTG G10—2006).北京:人民交通出版社,2006

[2] 中华人民共和国行业标准.公路工程质量检验评定标准(JTG F80—2004).北京:人民交通出版社,2004

[3] 浙江省交通厅工程质量监督站.公路施工环境保护监理(公路工程监理培训教材).北京:人民交通出版社,2005

[4] 中华人民共和国行业标准.公路工程竣(交)工验收办法.北京:人民交通出版社,2004

[5] 中华人民共和国行业标准.公路路基设计规范(JTG D30—2004).北京:人民交通出版社,2004

[6] 中华人民共和国行业标准.公路路基施工技术规范(JTG F10—2006).北京:人民交通出版社,2006

[7] 中华人民共和国行业标准.公路路面基层施工技术规范(JTJ 034—2000).北京:人民交通出版社,2000

[8] 中华人民共和国行业标准.公路水泥混凝土路面施工技术规范(JTG F30—2003).北京:人民交通出版社,2003

[9] 中华人民共和国行业标准.公路沥青路面施工技术规范 (JTG F40—2004).北京:人民交通出版社,2004

[10] 中华人民共和国行业标准.桥涵施工技术规范(JTJ 041—2000).北京:人民交通出版社,2000

[11] 中华人民共和国行业标准.公路隧道施工技术规范(JTJ 042—94).北京:人民交通出版社,1994

[12] 国际咨询工程师联合会(FIDIC).土木工程施工合同条件应用指南.北京:航空工业出版社,1992

[13] 中华人民共和国行业标准.公路工程水泥及水泥混凝土试验规程(JTG E30—2005).北京:人民交通出版社,2005

[14] 中华人民共和国行业标准.公路工程集料试验规程(JTG E42—2005).北京:人民交通出版社,2005

[15] 中华人民共和国行业标准.公路土工合成材料试验规程(JTG E50—2006).北京:人民交通出版社,2006

[16] 中华人民共和国行业标准.公路工程无机结合料稳定材料试验规程(JTJ 057—94).北京:人民交通出版社,1994

[17] 中华人民共和国行业标准.公路工程国内招标文件范本.北京:人民交通出版社,1999

[18] 刘建新.监理概论.北京:人民交通出版社,1999

[19] 李宇峙.工程质量监理.北京:人民交通出版社,1999

[20] 邬晓光.工程进度监理.北京:人民交通出版社,1999

[21] 张建仁.工程费用监理.北京:人民交通出版社,1999

[22] 文德云.公路施工安全技术(公路施工现场技术人员培训教材).北京:人民交通出版社

2003
[23] 文德云.公路工程施工现场控制要点.北京:人民交通出版社.2003
[24] 文德云.公路工程施工监理质量控制技术手册.北京:人民交通出版社.2006.1
[25] 交通部公路司,等.公路工程施工监理手册.北京:人民交通出版社,1999
[26] 刘吉士.公路工程施工监理实务.人民交通出版社,1999
[27] 熊焕荣.公路路基路面施工监理指南.北京:人民交通出版社.2001
[28] 公路工程建设与质量检验丛书编委会.公路工程监理.北京:中国标准出版社.2003
[29] 戴明新.交通工程环境监理.北京:人民交通出版社.2005
[30] 张晓强.公路工程施工监理.黄河水利出版社.2000
[31] 蒋玲.道路建筑材料.北京:机械工业出版社.2005
[32] 姚佳良,周志刚,唐杰军.公路工程复合材料及其应用.湖南大学出版社.2005.6
[33] 中国建设监理协会组织编写.建设工程信息管理(全国监理工程师培训考试教材).中国建筑工业出版社
[34] 全国一级建造师执业资格考试用书编写委员会编写.公路工程管理与实务(全国一级建造师执业资格考试用书).中国建筑工业出版社.2004
[35] 全国建筑施工企业项目经理培训教材编写委员会.施工项目质量与安全管理.中国建筑工业出版社.1995
[36] 全国建筑施工企业项目经理培训教材编写委员会.施工项目质量与安全管理(修订版).中国建筑工业出版社.2002
[37] 李坤宅.施工现场临时用电安全技术规范实施手册.中国建筑工业出版社.2004
[38] 陈立道.建设安全监理.中国电力出版社.2002
[39] 祁宁春,等.工程建设监理概论.北京:中国水利水电出版社,1999
[40] 北京市建设委员会.北京市桥梁工程施工安全技术规程.2004
[41] 李文不.公路工程施工监理基础.北京:人民交通出版社.2002
[42] 杨劲,李世蓉.建设项目进度控制.北京:地震出版社,1993
[43] 雷俊卿,等.土木工程项目管理手册.北京:人民交通出版社,1995
[44] 江苏省交通厅,江苏省高速公路建设指挥部,江苏省档案局.江苏省高速公路建设项目档案管理规范.2003
[45] 丁士昭.建设监理导论.上海:上海快必达软件出版发行公司,1990